Incerteza quântica

Rafael Chaves

Incerteza quântica

Os mistérios de uma teoria e a nova era da informação

Grafia atualizada segundo o Acordo Ortográfico da Língua Portuguesa de 1990, que entrou em vigor no Brasil em 2009.

Capa
Alceu Chiesorin Nunes

Imagem de capa
Meeting of Four, 1970, tela de Julian Stanczak. © Espólio de Julian Stanczak/ Bridgeman Images/ Easypix Brasil

Ilustrações
Bruno Algarve

Preparação
Angela Ramalho Vianna

Revisão
Angela das Neves
Julian F. Guimarães

Dados Internacionais de Catalogação na Publicação (CIP)
(Câmara Brasileira do Livro, SP, Brasil)

Chaves, Rafael
Incerteza quântica : Os mistérios de uma teoria e a nova era da informação / Rafael Chaves. — 1ª ed. — Rio de Janeiro : Zahar, 2022.

Bibliografia.
ISBN 978-65-5979-078-4

1. Ciência e tecnologia 2. Física quântica 3. Teoria quântica I. Título.

22-114788 CDD: 530.12

Índice para catálogo sistemático:
1. Teoria quântica : Física 530.12

Eliete Marques da Silva – Bibliotecária – CRB-8/9380

[2022]

EDITORA SCHWARCZ S.A.
Praça Floriano, 19, sala 3001 — Cinelândia
20031-050 — Rio de Janeiro — RJ
Telefone: (21) 3993-7510
www.companhiadasletras.com.br
www.blogdacompanhia.com.br
facebook.com/editorazahar
instagram.com/editorazahar
twitter.com/editorazahar

Para Anne, Noah e Luise.
Que as tantas e preocupantes incertezas que pairam sobre nosso mundo, diferentemente da incerteza quântica, possam logo se dissipar.

Sumário

Prólogo

Ainda me lembro do meu primeiro contato com um computador, quando um amigo da família me mostrou sua novíssima máquina equipada com um processador Intel 80386. Estávamos ainda na década de 1980, e eu não devia ter mais que seis anos. Enquanto ele digitava os caracteres brancos em uma tela preta e abria assim programas variados e jogos pixelados, minha mente absorvia com veneração todas aquelas novas possibilidades. Esses dispositivos eram caríssimos e, apesar de meus pedidos reiterados, adquirir uma máquina daquelas era algo fora da realidade da minha família. Meu primeiro computador viria a ser na verdade um videogame, o saudoso Atari 2600, que eu ganhara de presente após um palpite certeiro de meu pai no jogo do bicho. E, apesar de não ter um computador propriamente dito, eu lia tudo sobre o tema nas revistas existentes na época, sabia todos os comandos, atalhos, novos programas e suas últimas atualizações. Não foi surpresa para ninguém quando comecei o curso técnico de informática industrial em uma idade na qual as espinhas mal haviam começado a brotar na minha face adolescente.

Eu finalmente tinha os mais variados computadores e sistemas operacionais à minha disposição. Mas, enquanto meus amigos de curso se embrenhavam nos segredos do software e da programação, eu ficava cada vez mais seduzido pelo hardware, os fios, as placas, os processadores, todos os mecanismos eletrônicos que operávamos remotamente através dos nossos teclados. Eu queria saber o que estava dentro daquela caixa mágica. Como era possível que com o simples apertar de teclas eu pudesse controlar dados de formas tão variadas, editar textos, imagens e planilhas, e até mesmo controlar personagens em vastos ambientes virtuais dentro de um videogame? Ao folhear um livro de eletrônica, vi, pela primeira vez, o tema que viria a definir meu futuro. O autor explicava o funcionamento dos semicondutores, materiais básicos na construção de qualquer computador moderno. E em alguma parte se desculpava dizendo que, para entender melhor aquele conceito, só falando de física quântica.

"Física quântica?", eu me perguntei. Física para mim era aquela aula chata de segunda-feira pela manhã, dada por aquele professor barbudo de cara ranzinza mas coração doce. Afinal, não era a física aquele aporrinhamento sobre bolas de bilhar, massas descendo um plano inclinado ou, na melhor das hipóteses, correntes em um circuito elétrico? Quer dizer então que o segredo para o funcionamento dos computadores estava ali? No fim, a física não era assim tão chata, eu pensei. Mas para entender sobre a tal quântica eu teria de cursar física na universidade. Não era bem o que eu havia planejado. Enquanto meus colegas, amigos e amigas se aprofundavam na ciência da computação, no começo de carreiras bem-sucedidas em grandes empresas de tecnologia, lá ia eu me formar em algo que nem era considerado profissão no Brasil.

E, para o meu desespero, durante os três primeiros semestres na universidade, nada de teoria quântica. Nem de ouvir falar. No começo, o curso de física parecia a mesma amolação da escola técnica, carrinhos indo para lá e para cá, bastões rodando, termômetros e máquinas de combustão mais velhas que o ábaco. Me parecia mais produtivo bater papo fora da sala de aula ou perder a linha nas constantes calouradas daquela época. Quando eu já cogitava largar aquela chatice, no meu quarto semestre eu finalmente encontrei o que estava buscando. Em vez de vadiar pelos corredores e praças do campus, lá estava eu escutando extasiado de que forma os elétrons se comportavam tanto como ondas quanto como partículas; de que maneira eles, tal qual um fantasma, atravessavam paredes; partículas que não tinham propriedades bem definidas, podiam estar aqui ou acolá; gatos zumbis, vivos e mortos, aparentemente ao mesmo tempo. E, sim, tudo isso podia ser usado para explicar como o bendito do semicondutor funcionava. Mas àquela altura meu interesse por computadores e seu funcionamento já havia ficado para trás. Minha nova obsessão se tornara entender a física quântica.

Concebida há mais de um século, a quântica é a mais bem-sucedida teoria física, explicando desde os constituintes fundamentais da matéria até fenômenos astrofísicos e cosmológicos. Em variadas disciplinas, cada vez mais avançadas, eu aprendia seus detalhes matemáticos, como ela podia ser usada para explicar as propriedades químicas dos elementos da tabela periódica, os diferentes tipos de magnetismo, a interação entre a luz e a matéria. Nenhuma outra teoria fora capaz de predizer os resultados de experimentos de forma tão precisa e, em alguns casos, com mais de dez dígitos de exatidão. No entanto, por incrível que pareça, a matemática para entender o básico da teoria não era assim tão complicada. Algo que qualquer estudante de ciências exatas aprende logo no primeiro ano de universidade.

O real problema era interpretar o que aquelas equações e postulados matemáticos tentavam nos dizer. Sejam as equações da mecânica newtoniana, equações termodinâmicas ou equações descrevendo fenômenos elétricos e magnéticos, tipicamente não temos problemas para interpretar o que está acontecendo. As equações de Maxwell, por exemplo, nos dizem que, apesar de aparentemente muito distintos, o comportamento dos relâmpagos que caem do céu, o do ímã de uma bússola e o da luz solar que nos permite observar o mundo ao nosso redor têm a mesma origem. Pode parecer surpreendente à primeira vista, mas são todas diferentes manifestações de uma mesma lei física.

Até a teoria da relatividade de Einstein e suas consequências bizarras podem ser entendidas e interpretadas. Na relatividade, vemos que o espaço e o tempo são, como o nome indica, relativos. Dependendo de quem olha, o comprimento pode ser contraído e o tempo, dilatado. Certamente são predições não usuais, mas elas decorrem de um postulado simples, que nos diz que a velocidade da luz é uma constante universal. Independentemente de nossa velocidade, seja parados em terra, dentro de um carro em movimento ou de uma nave a toda, sempre veremos os raios de luz se propagando à mesma velocidade. Em sua versão mais geral, a relatividade nos diz que a matéria, o espaço e o tempo estão intimamente conectados. Com essa teoria, entendemos que a gravidade — a força que atua entre dois corpos com massa — na verdade é uma propriedade geométrica do espaço-tempo. O que percebemos como uma força na realidade é uma curvatura do espaço.

A Lua gira em torno da Terra não porque esta faça uma força invisível sobre seu satélite: a Lua está seguindo em linha reta, só que em um espaço curvado pela massa do nosso planeta. No que chamamos de física clássica — mecânica newtoniana, termodinâmica, eletromagnetismo e mesmo a teoria da relatividade —, além de entendermos como resolver as equações matemáticas, nós sabemos como interpretá-las.

Na mecânica quântica, no entanto, as coisas deixam de ser assim. O aspecto crucial que distingue a teoria quântica de suas contrapartes clássicas é o fato de ela ser uma teoria genuinamente probabilística. Para ilustrar o que isso significa, lembre daquela sua aula sobre as leis de Newton. Ao resolver um exercício de física na escola, não dizemos algo como: "Mesmo sabendo todas as propriedades que temos para saber sobre estas bolas de bilhar, o melhor que posso dizer é que, após o choque, a bola vermelha tem probabilidade de 50% de cair em alguma das caçapas"; sabemos exatamente a direção e a velocidade que as bolas de bilhar terão após o choque. Quando a Nasa lançou a Apollo 11 rumo à Lua, o diretor de voo não disse a Nixon: "Sr. presidente, temos uma chance de 60% de pousar na Lua. Mas também há 40% de chance de que a nave vá parar em Júpiter". Pode parecer insólito, mas é justamente algo assim que acontece na mecânica quântica.

O uso de probabilidades não era por si só algo novo em física. Por exemplo, quando falamos de um gás em termodinâmica não descrevemos individualmente a posição e a velocidade de cada um das centenas de sextilhões de átomos que o compõem, mas sim da probabilidade de que um dado átomo possa ter esta ou aquela velocidade. Em um sistema com um número tão grande de constituintes, o que importa não são as propriedades individuais, mas como elas se combinam para gerar características coletivas. Características essas que podemos medir em nossos laboratórios, como a pressão, o volume ou a temperatura de um gás. No entanto, em física clássica sempre assumimos que os átomos e outros constituintes microscópicos têm posição e velocidade muito bem definidas. As probabilidades refletem apenas nosso desconhecimento dessas quantidades.

Ao contrário da física clássica, na física quântica a incerteza é fundamental. Mesmo que saibamos tudo que há para saber sobre um elétron, não podemos fazer senão predições probabilísticas sobre suas propriedades. Exagerando um pouco, quando medimos a posição de um elétron, podemos encontrá-lo aqui, no Japão ou do outro lado do Universo. Isso é o que as equações nos mostram. Mas, ao tentar entender o que isso de fato significa, nos deparamos com o verdadeiro desafio. Percebemos que não há uma forma única de interpretar o que as equações nos dizem. Alguns cientistas afirmarão que não faz sentido perguntar onde está um elétron até que ele seja de fato medido. É como se o elétron não estivesse em lugar algum até que alguém decida observá-lo. Um outro grupo dirá que neste Universo o elétron está aqui, mas em um universo paralelo ele terá sido encontrado acolá. Isso mesmo. Você leu certo. Universos paralelos.

Qualquer cientista bem treinado não terá problemas em resolver as equações quânticas e obter suas predições probabilísticas sobre o que poderá vir a acontecer em um experimento. Mas pergunte a um físico ou a uma física o que a quântica tem a dizer sobre a realidade fundamental, se é que algo assim existe, e está armado o palco para uma grande confusão.

Nas palavras de Richard Feynman: "Posso dizer, sem medo de errar, que ninguém realmente entende a mecânica quântica". Curiosamente, Feynman disse esta frase em 1965, o mesmo ano em que ganhou o prêmio Nobel de Física justamente por suas contribuições para o desenvolvimento dessa ilustre teoria.

Mesmo sem realmente entendê-la, os cientistas continuaram a usar a mecânica quântica e suas estranhas predições a todo vapor. Em ciência, essas aplicações são vastas, desde a química ao desenvolvimento de novos materiais e no estudo de variados fenômenos astrofísicos. Aplicações tecnológicas da quântica nos rendem uma lista quase interminável. Praticamente toda a microeletrônica moderna faz uso de fenômenos quânticos, desde os semicondutores, diodos e transistores sem os quais os computadores modernos não existiriam, até as memórias flash, drives de USB e discos rígidos de alta capacidade de armazenamento. A luz laser, usada em medicina, comunicação e indústria fonográfica, também é uma filha da quântica. Máquinas de ressonância magnética nuclear, que salvam inúmeras vidas todos os dias, também. Estima-se que a quântica seja responsável por ao menos um terço do produto interno bruto (PIB) de países desenvolvidos. Um grande feito para uma teoria que, aparentemente, ainda nem compreendemos por completo. Um sucesso tremendo em ciência fundamental e aplicada, o qual chamamos de primeira revolução quântica.

NOS DIAS ATUAIS ESTAMOS TESTEMUNHANDO a segunda revolução quântica. Uma revolução que nasceu da fusão da centenária teoria quântica com uma teoria ainda mais recente e igualmente inovadora, a chamada teoria da informação. Dessa fusão surgiram a informação e a computação quânticas, um novo e vibrante campo de pesquisa que busca entender de que maneira efeitos quânticos podem ser utilizados como recursos para se processar, armazenar, criptografar e transmitir a informação.

Como fruto da primeira revolução, os componentes básicos de um computador passaram a operar devido a efeitos quânticos. Entretanto, a forma como a informação é processada nesses dispositivos é completamente não quântica. Nossos computadores podem utilizar um microchip com bilhões de transistores atuando de acordo com a teoria quântica, mas o modo como a informação é processada é basicamente o mesmo das primeiras calculadoras mecânicas de séculos atrás. O hardware dos computadores atuais é, ao menos parcialmente, quântico. O software, não.

Foi somente nos anos 1980 que as reais possibilidades da informação quântica passaram a ser vislumbradas. No início dessa década, em uma série de descobertas independentes, a segunda revolução começou. Por exemplo, o chamado teorema da não clonagem mostrou que, ao contrário do que estamos acostumados no nosso dia a dia, a informação contida em sistemas quânticos não pode ser copiada à vontade. No nível mais fundamental da natureza, regida pela quântica, a informação não pode ser replicada. Longe de ser apenas uma curiosidade, esse teorema logo encontrou uma aplicação na criptografia quântica, na qual a segurança da comunicação se torna inviolável. A menos que possa quebrar as próprias leis da física, um espião à espreita não conseguirá ter acesso às nossas informações sem ser detectado.

Uma década mais tarde, a quântica se mostrou ainda mais versátil, capaz de fatorar números exponencialmente mais depressa do que qualquer computador usual e, assim, ao menos em teoria, capaz de quebrar o código criptográfico mais amplamente utilizado na internet. Essas promessas logo atraíram o interesse e o investimento de governos e corporações. A segunda revolução quântica está acontecendo neste exato momento, nos laboratórios de universidades, centros de pesquisa, startups e gigantes da tecnologia. Uma revolução que promete mudar de forma radical o modo como entendemos e lidamos com a informação.

Mas vale ressaltar que os próprios conceitos do que vêm a ser a informação e a computação são realizações um tanto quanto recentes. A noção moderna do que significa computar surgiu apenas em meados da década de 1930, quando, perguntados se todas as questões matemáticas poderiam ser solucionadas, matemáticos responderam que não. Por sua vez, a matematização da informação viria somente uma década mais tarde. E, por incrível que pareça, a teoria quântica, já amplamente reconhecida nessa época, não desempenhou qualquer influência em tais descobertas.

Apesar da genialidade e profundidade de seus teoremas, desbravando o território até então intocado do que viria a se tornar a teoria da computação e a teoria da informação, esses pioneiros falharam em reconhecer algo que em retrospecto soa óbvio: a essência da computação e da informação não está na matemática. Afinal, o que podemos ou não computar é regrado exclusivamente pelo que a natureza, e não a matemática, nos permite fazer. A percepção de que a informação é física foi a grande responsável pelo surgimento dessas admiráveis novas máquinas quânticas.

Sendo a informação física, a quântica e sua pletora de novas possibilidades abriram caminhos completamente inexplorados. Conceitos fundamentais — como a dualidade onda-partícula, o princípio da incerteza, a superposição e o emaranhamento —, apesar de ainda serem alvo de intenso debate e investigação, se tornaram novos recursos com os quais os cientistas prometem moldar o futuro da ciência e da inovação.

As tecnologias quânticas não são apenas mais rápidas, eficientes ou seguras. Imaginar um computador quântico apenas como um computador mais potente é deixar de ver o que essas máquinas de fato são. Pensar quanticamente sobre a computação e a informação é mais do que uma simples evolução. É uma ruptura. Um novo paradigma que, por mais contraintuitivo que seja, nos fornece um conjunto de regras com as quais podemos explorar os limites computacionais da natureza e, ao mesmo tempo, entender de maneira mais aprofundada a sua real essência.

Como ler este livro

Quando Stephen Hawking escreveu o best-seller *Uma breve história do tempo*, ouviu de seu editor: "A cada equação, o número de vendas do seu livro cairá pela metade". Um alerta que tentei manter em mente em minha escrita. Não porque eu queira maximizar meus lucros (embora isso não seja ruim), mas sim porque a teoria quântica e suas implicações são muito importantes e incríveis para serem acessíveis apenas a um pequeno grupo de iniciados. No entanto, mesmo especialistas no assunto encontrarão aqui um atrativo — sejam as histórias pessoais e científicas por trás de famosas descobertas, sejam as últimas novidades do mundo das tecnologias quânticas.

Em alguns momentos será impossível não usar uma ou outra expressão matemática. Mas prometo que elas serão simples e empregadas apenas com o objetivo de auxiliar ou aprofundar nossa compreensão sobre determinado conceito. As equações nunca serão o objetivo final. O único objeto matemático que usaremos de forma regular será a chamada função de onda Em vez de falar algo complexo como "O vetor de estados em um espaço de Hilbert bidimensional representando o spin do elétron pode estar em uma superposição de seus dois autovetores", escreveremos a simples equação $|\Psi\rangle = |\uparrow\rangle + |\downarrow\rangle$. Ela indica o fato de que o spin, uma espécie de bússola magnética representada pela função de onda $|\Psi\rangle$, pode estar em superposição quântica. É como se essa bússola quântica pudesse apontar para cima — $|\uparrow\rangle$ — e para baixo — $|\downarrow\rangle$ — "ao mesmo tempo", sem na verdade ser nem uma coisa nem outra. Neste ponto, é importante esclarecer o que "ao mesmo tempo" realmente quer dizer. Como veremos, podemos entender a quântica como uma teoria da informação. Tudo o que a função de onda nos diz é a probabilidade de que um certo resultado ocorra caso uma medição seja feita. Um estado em superposição pode, após uma medição, ser encontrado apontando tanto para cima quanto para baixo. Mas qual era a direção do spin antes de a medição ser realizada? A verdade é que a mecânica quântica não tem nada a nos dizer sobre isso. Nesse sentido, a função de onda codifica informação que pode ser acessada através de medições. Portanto, dizer que o spin aponta em duas direções *ao mesmo tempo* é errôneo, uma imprecisão oriunda da nossa preconcepção de que um sistema físico tem propriedades bem definidas ainda que ninguém as esteja observando. Vai soar estranho no começo, mas logo você se acostumará.

Como em qualquer outra ciência, nossa história será um tanto quanto não linear. Mais de um século após o descobrimento da quântica, seria pouco proveitoso seguir uma narrativa puramente histórica. Ao contrário, tentarei seguir uma linha mais moderna e lógica. Mas não se preocupe: se em algum momento você se perder na linha do tempo, no final do livro há uma cronologia dos momentos mais importantes da mecânica quântica e das ciências correlatas. Lá no fim também se encontra um glossário explicando de forma sucinta os principais conceitos com que iremos nos deparar ao longo da narrativa.

Cada capítulo deste livro aborda um tema central da quântica e, dentro de certos limites, pode ser lido independentemente dos anteriores, sobretudo para quem já tem algum conhecimento do tema. Aos que irão encontrar os mistérios quânticos pela primeira vez, no entanto, recomenda-se a leitura mais sequencial.

Os primeiros quatro capítulos apresentarão, em linguagem acessível e informal, não somente os conceitos fundamentais da teoria quântica como também a história e os personagens por detrás do seu desenvolvimento. O intuito é de que a perplexidade de quem adentra os mistérios quânticos pela primeira vez se confunda com a perplexidade e o maravilhamento dos próprios fundadores dessa revolução. Nos capítulos 1 e 2, veremos como a física quântica foi descoberta, derrubando por terra conceitos considerados praticamente sagrados e deixando atônita toda uma geração de cientistas. No 3, discutiremos aquela que talvez seja a marca característica da quântica, o chamado emaranhamento, que implica algo que soa quase místico: o todo é mais que a soma de suas partes. No capítulo 4, buscaremos compreender como o mundo que nos cerca pode emergir de um estrato fundamental quântico muito distinto daquilo a que estamos acostumados.

A segunda parte do livro apresenta histórias sobre como as bizarrices quânticas começaram a ser exploradas enquanto um recurso prático. No capítulo 5, falaremos de segredos, criptografia e hackers quânticos. No 6, veremos que a comunicação também pode ser beneficiada pelos truques quânticos e que a internet do futuro também será quântica. No 7 abordaremos a grande vedete do momento: será a computação quântica uma realidade? E no último capítulo analisaremos o status atual dessas tecnologias e nos permitiremos fazer um exercício de futurologia e explorar o que essa nova revolução nos reserva.

Cobriremos assim mais de cem anos e algumas das descobertas científicas mais extraordinárias da história, que nos forçam a uma revisão profunda acerca da concepção do Universo e do lugar que nele ocupamos. Entender o mundo quântico, ainda que parcialmente, tem sido meu principal propósito e minha obsessão durante as últimas duas décadas. Ao longo das próximas páginas, espero que eu consiga convencê-lo do porquê.

PARTE I

Os fundamentos da teoria quântica

1. Pode um elétron estar em dois lugares ao mesmo tempo?

Estaria a física completa?

Embora toda revolução seja fruto de esforços coletivos, é impossível não associar uma figura central ao seu início. No caso da revolução quântica, esse inovador primordial, ainda que relutante e de muitas formas extremamente conservador, foi o físico alemão Max Planck. Curiosamente, ao entrar na Universidade de Munique, com apenas dezesseis anos, um de seus professores o aconselhou a não se aprofundar no estudo da física, já que, "neste campo, praticamente tudo já foi descoberto". Desconsiderando o conselho, Planck construiu uma carreira sólida e, quase três décadas mais tarde, provou o quanto seu estimado mestre estava errado.

Entretanto, aquele professor certamente não estava sozinho na sua ideia de que o fim da física se aproximava. Um expoente da época, o físico norte-americano Albert Michelson, dizia ser bastante provável que os "grandes princípios da física já estivessem firmemente estabelecidos", e que tudo o que restava era a aplicação desses princípios a todos os fenômenos naturais. Os princípios mencionados por Michelson, a que hoje chamaríamos de física clássica, incluíam a teoria da mecânica newtoniana, a teoria eletromagnética e a teoria termodinâmica.

O surgimento e o desenvolvimento de cada uma dessas teorias nos fornecem capítulos de espetacular sucesso na história da ciência. Mas, apesar de todas as conquistas, e da esperança de Michelson de que todos os fenômenos naturais pudessem ser explicados por tais princípios, no final do século XIX alguns resultados experimentais não podiam, por mais que se tentasse, ser encaixados dentro do então paradigma da física. Nas palavras do prolífico cientista William Thomson, um dos grandes nomes da teoria termodinâmica e também conhecido como Lorde Kelvin: "A beleza e a claridade da teoria dinâmica, que coloca calor e luz como modos de movimento, está presentemente obscurecida por duas nuvens". Essas duas nuvens de Kelvin se tornaram, na virada do século, uma grande tempestade, que deu origem às duas maiores revoluções da física moderna.

A PRIMEIRA NUVEM SE REFERIA justamente a um experimento feito em 1887 por Michelson, acompanhado de outro físico norte-americano, de nome Edward Morley. Ao contrário do que se esperava, eles mostraram que a velocidade da luz era uma constante universal: independentemente de nossa velocidade em relação a um raio de luz, sempre o veríamos se propagar na mesma velocidade. Para entender o quão estranho é esse resultado, façamos uma analogia. Suponha que você esteja andando de bicicleta e veja um carro passando a uma velocidade ligeiramente maior. Digamos que você esteja a 10 km/h e o carro a 20 km/h. Se você pedalar mais rápido, não seria problema algum atingir a mesma velocidade que a do veículo. Nesse momento, ao menos do seu ponto de vista, o carro estaria parado — mas não se o carro fosse, na verdade, um raio de luz. Por mais que você pedalasse, ou mesmo se usasse uma turbina a jato, você sempre veria o carro se movendo mais veloz. Por mais rápido que você fosse, sempre veria o carro a 20 km/h. E, mais estranho ainda, alguém parado na calçada a observar suas infrutíferas tentativas também veria o carro a essa mesma velocidade.

Duas décadas antes desse experimento, o físico escocês James Maxwell havia concluído sua teoria eletromagnética, que, dentre outras várias previsões, afirmava que a luz seria uma onda eletromagnética. Sendo uma onda, esperava-se que a luz precisasse de um meio para se propagar, o chamado éter luminífero, que deveria permear todo o Universo. De fato, todas as ondas conhecidas até então necessitavam de um meio físico, fossem ondas que se propagam pela água do mar ou as ondas com as quais o som se desloca pelo ar.

A prova experimental definitiva da existência das ondas eletromagnéticas previstas por Maxwell foi dada pelo físico alemão Heinrich Hertz, interessantemente no mesmo ano do experimento de Michelson-Morley. Este último experimento, no entanto, foi incapaz de detectar o fantasmagórico éter. A origem do dilema vinha de que, se o éter realmente existisse, a velocidade da luz medida na Terra deveria depender de como nosso planeta se movimenta através dessa substância, tal como no exemplo da velocidade relativa entre a bicicleta e o carro. A velocidade da luz deveria, portanto, variar ao longo das estações do ano e do movimento da Terra ao redor do Sol. Mas, para grande surpresa de todos, o experimento de Michelson-Morley mostrava justamente o contrário. De forma irrefutável, a velocidade da luz era uma constante.

A explicação para o fenômeno viria duas décadas mais tarde, em 1905, no ano miraculoso do mais famoso de todos os cientistas, o alemão Albert Einstein. Foi nesse ano que Einstein publicou várias de suas teorias revolucionárias. Em um artigo, ele formulou a teoria da relatividade especial, que tem como postulado central justamente a ideia de que a velocidade da luz é constante, independentemente do movimento da Terra ou de quaisquer outros corpos. Em uma tacada, ele não só resolveu o problema do éter — cuja existência não é necessária, já que as ondas eletromagnéticas se propagam pelo vácuo — como também fez desmoronar o edifício da física newtoniana.

Ao contrário da teoria de Newton, na qual o espaço e o tempo eram absolutos e independentes, na relatividade o espaço e o tempo se tornaram um ente único: o espaço-tempo. A depender da velocidade de um em relação ao outro, as conclusões de dois observadores serão diferentes. A depender de quem observa, o espaço pode ser encurtado e o tempo, pasme, dilatado. As predições da relatividade, todas até hoje confirmadas, são muitas, e a mais famosa delas estabelece a equivalência entre massa e energia, naquela que talvez seja a equação mais famosa de toda a física: $E = mc^2$, E sendo a energia, m a massa da partícula e c a velocidade da luz (o símbolo c^2 nos indica que devemos multiplicar c por ele mesmo, ou seja, $c^2 = c \times c$).

Foi também no seu ano miraculoso que Einstein propôs, para surpresa e mesmo revolta de muitos, que a luz, ao contrário do que diziam Maxwell e o senso comum da época, não seria necessariamente uma onda, mas sim uma partícula, um quantum de luz chamado fóton. E aqui encontramos uma das consequências da segunda nuvem, a ser apresentada logo a seguir, no céu da física vislumbrado por Kelvin. A metamorfose da nuvem em uma incrível tempestade deu origem à teoria quântica, um paradigma físico completamente novo e com consequências ainda mais radicais, mesmo quando comparadas à teoria da relatividade. E, apesar do gênio de Einstein, os primórdios dessa nova teoria tinham sido estabelecidos alguns anos antes, quando Planck finalmente explicou o mistério da radiação do corpo negro.

Nasce uma nova física

Sendo a capital do poderoso Império prussiano, a Berlim do último quarto do século XIX teve um rápido crescimento econômico, cultural, científico e populacional, tornando-se a terceira maior cidade da Europa no começo do século XX e rivalizando em importância com as duas maiores capitais europeias, Londres e Paris. Devido à sua prosperidade econômica, ao progresso industrial e tecnológico, logo se tornou também uma vanguarda científica. Herman von Helmholtz, então o mais prestigioso físico alemão, se mudou para a cidade e foi o responsável por tornar Berlim um dos epicentros da física da época, incluindo entre seus estudantes o jovem Max Planck. Terminados os estudos, e após ocupar algumas posições em outras universidades alemãs, Planck retornou a Berlim em 1889, agora como professor, tendo ficado por lá até se aposentar, em 1926, ano em que sua posição na Universidade viria a ser ocupada pelo físico austríaco Erwin Schrödinger, outra figura emblemática do desenvolvimento da teoria quântica, e nome que surgirá repetidas vezes ao longo deste livro.

Naquela época, as aplicações práticas das três grandes teorias da física — mecânica, eletromagnetismo e termodinâmica — impulsionaram um desenvolvimento tecnológico sem precedentes. Máquinas e turbinas movidas a vapor, precursores de carros e máquinas voadoras, telefone, calculadoras mecânicas, versões rudimentares do refrigerador e muitas outras invenções datam desse período. Uma invenção de particular importância, e que de certa forma levaria à descoberta da física quântica, foi a lâmpada elétrica incandescente elaborada pelo inventor norte-americano Thomas Edison em 1878.

A luz elétrica que ilumina nossas casas não só gera luminosidade como também calor, fato facilmente comprovado ao aproximarmos a mão de uma lâmpada de filamento. Essa é uma característica geral: todos os corpos emitem calor na forma de radiação eletromagnética e essa energia é tanto maior quanto mais alta for a temperatura do corpo. Outra característica do fenômeno é o fato de que a temperatura do corpo define a cor de sua radiação. Ao esquentar um garfo de metal na chama de um fogão, ele inicialmente se torna uma brasa vermelha e depois, quando ainda mais aquecido, a radiação vai se aproximando de um tom azulado.

Entender de maneira mais aprofundada essa relação entre a energia emitida por um filamento e sua luminosidade era não somente uma questão prática relevante — já que permitiria o desenvolvimento de lâmpadas mais luminosas e eficientes —, mas também um ponto de interesse fundamental, pois conectava duas das teorias físicas da época. De um lado tínhamos o eletromagnetismo, que descrevia correntes elétricas, fenômenos magnéticos, a luz e uma miríade de outros fenômenos. Do outro, a termodinâmica, a teoria por trás das máquinas a vapor, dos refrigeradores e capaz de conectar o mundo microscópico dos átomos com o mundo macroscópico que nos rodeia.

Com o objetivo de entender a conexão entre as duas teorias, o físico alemão Gustav Kirchhoff introduziu o conceito de corpo negro, objeto que seria tanto emissor quanto absorvedor perfeito de radiação. Kirchhoff imaginou esse corpo negro como um objeto oco e com um pequeno orifício em uma das paredes, pelo qual toda a radiação absorvida ou emitida passava. Uma vez dentro da cavidade, a radiação ficaria sendo refletida nas paredes até ser completamente absorvida. Da mesma forma, quando o objeto fosse aquecido, a radiação que preencheria o corpo negro seria emitida através do orifício.

Lembremos que uma onda é caracterizada basicamente por duas propriedades: sua amplitude e frequência, como se vê na Figura 1.1. Pense numa corda com uma das pontas presa em uma parede e a outra ponta na nossa mão. Se balançamos a corda, geramos um comportamento ondulatório que irá se propagar

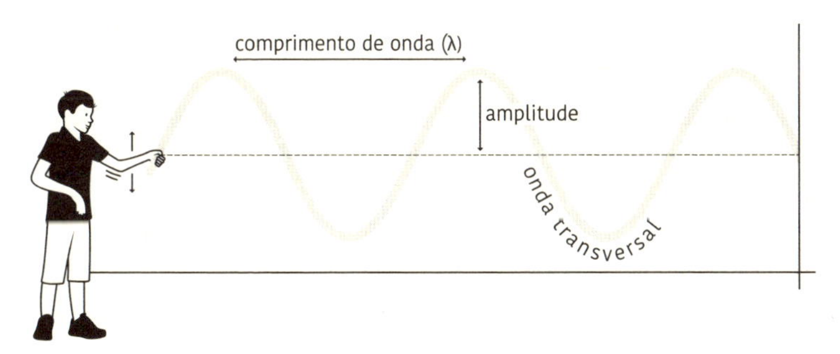

FIGURA 1.1. Uma onda é caracterizada por sua amplitude e sua frequência. A frequência é inversamente proporcional ao comprimento de onda, sendo este a distância entre dois máximos de amplitude consecutivos.

por toda sua extensão. Quanto maior for o movimento da nossa mão para cima e para baixo, maior será a amplitude da onda. Quanto mais rápido movermos a mão, maior será a frequência, quer dizer, menor será a distância entre picos consecutivos da onda, distância chamada de comprimento de onda.

Na radiação eletromagnética, quanto maior a intensidade da luz, maior é a amplitude da onda associada. Por sua vez, a frequência dessa onda determina a cor da radiação. A região de possíveis frequências define o que chamamos de espectro da radiação. Parte desse espectro é particularmente relevante para nós humanos, o que chamamos de luz visível e que compreende desde o vermelho, associado a frequências mais baixas, até o violeta, fruto de frequências mais altas. Esse é o espectro que enxergamos quando luz branca incide num prisma pelo qual a luz se decompõe de forma contínua em todas essas cores. Se tivermos sorte, podemos observar esse espetáculo de cores no céu após uma chuva, que dispersa a luz solar e forma um arco-íris. No pior dos casos, de fato não tão ruim assim, podemos tirar a poeira dos nossos CDs ou vinis antigos e apreciar a luz dispersada pelo prisma na capa do *Dark Side of the Moon* enquanto a música do Pink Floyd nos leva para uma outra dimensão.

O que chamamos de luz, e que na maior parte da história humana se resumiu ao espectro visível do vermelho ao violeta, é de fato muito mais amplo e se expande muito além dos limites da nossa percepção. A descoberta de que a luz não se restringe ao visível foi feita em 1800, quando, por acaso, o astrônomo britânico William Herschel notou que a luz dispersada por um prisma aumentava a temperatura de um termômetro. Surpreendentemente, ao mover o termômetro para além da região vermelha do espectro, onde nenhuma outra luz podia ser vista por seus olhos, ele ainda assim notava um aumento de temperatura. Havia luz ali, mas ela não podia ser vista. Herschel estava observando a região do infravermelho e detectando a existência física de um ente que nossos sentidos simplesmente não poderiam perceber. Um ano mais tarde, seria a vez de se notar que a luz também se estendia para além da região violeta do espectro. Radiação de frequência mais baixa que a luz visível define a região do infravermelho, enquanto frequências mais altas do que aquela que nossos olhos conseguem enxergar definem o ultravioleta do espectro luminoso.

Experimentos acurados mostravam não somente que a energia emitida por um corpo aquecido aumentava com sua temperatura, mas que o espectro da radiação também dependia dela. Notou-se que a radiação emitida por um corpo negro tinha um espectro contínuo de frequências que iam desde a região do infravermelho até à do ultravioleta. Em cada uma dessas frequências a radiação tinha uma certa intensidade, que começava bastante tênue para frequências mais baixas, assumindo um valor máximo em uma frequência intermediária e diminuindo novamente ao aumentarmos a frequência do espectro.

Em 1893, o físico alemão Wilhem Wien descobriu empiricamente que, à medida que a temperatura do corpo negro aumentava, também se tornava maior a frequência na qual a intensidade da luz emitida é máxima, achado que lhe daria o prêmio Nobel de Física de 1911. Corpos mais frios emitem a maior parte de sua radiação no infravermelho, mas, à medida que a temperatura aumenta, esse pico de intensidade entra na região da luz visível. Nosso Sol, por exemplo, emite a maior parte de sua radiação em uma frequência próxima à região amarelo-esverdeada do espectro de cores. É interessante notar que o que chamamos de luz visível é produto do fato de que nossos olhos evoluíram ao longo das eras para detectar a radiação emitida pelo Sol, justamente na região do espectro em que a maior parte da intensidade da luz solar de fato se encontra. Em contrapartida, animais com hábitos noturnos, para os quais a luz solar é de pouca valia, têm olhos capazes de detectar luz na região do infravermelho e, assim, perceber o calor dos corpos vivos em movimento. Fossem nossos olhos aptos a ver a luz na região do ultravioleta, certamente teríamos visões lisérgicas do mundo, mas de pouca utilidade prática, dada a tênue intensidade da luz solar ou da radiação emitida pelos corpos nessa região do espectro.

Com medições experimentais cada vez mais precisas da intensidade da radiação do corpo negro em função da frequência, tornou-se imperativo não somente obter fórmulas matemáticas que descrevessem as curvas observadas, mas também desenvolver uma teoria microscópica para esse fenômeno. Após várias tentativas, que sempre se mostravam incompatíveis com os dados experimentais em novas regiões de temperaturas ou frequências, nos últimos meses de 1900 Planck finalmente chegou a uma fórmula capaz de explicar as observações. (Em que pese seu trabalho árduo, hoje a fórmula de Planck poderia ser encontrada quase de imediato por praticamente qualquer computador, com a simples análise dos dados experimentais.) Contudo, embora a fórmula estivesse aparentemente correta, ele não sabia dizer o significado real de sua equação, já que ela não derivava de primeiros princípios, quer dizer, não utilizava as teorias físicas da época. O grande desafio permanecia em aberto.

O problema que atormentava Planck era combinar a teoria eletromagnética, descrevendo a radiação emitida e absorvida pelo corpo negro, com a temperatura deste corpo. Toda a radiação que preenchia a cavidade do corpo negro e que, ao passar pelo orifício, se convertia na radiação emitida deveria advir de propriedades termodinâmicas e mecânicas das próprias paredes do corpo negro. Para efetuar seus cálculos, Planck presumiu algo que somente mais tarde viria a ser comprovado: a teoria atômica, na qual toda a matéria se compõe de constituintes fundamentais e indivisíveis, os átomos. Ele não era um defensor fervoroso dessa hipótese — que só teria sua base teórica firmemente estabelecida por outro dos artigos revolucionários de Einstein em 1905 —, mas a considerou um artefato matemático útil para sua descrição.

Planck imaginou que a matéria era composta de pequenos osciladores, algo como uma pequena massa presa a uma mola. Cada um desses pequenos sistemas massa mola oscilava com uma certa frequência, interagindo com a radiação da cavidade e assim absorvendo e emitindo as ondas eletromagnéticas observadas no experimento. Tal como esperado pela física da época, a energia de cada uma dessas ondas era proporcional à frequência f de vibração do oscilador. Entretanto, Planck percebeu que só seria capaz de obter a equação que descrevia a radiação do corpo negro se introduzisse uma hipótese adicional. Ele precisava que os osciladores somente pudessem emitir e absorver a radiação em pacotes discretos. Em quanta de energia. Para sua equação funcionar, os osciladores só poderiam ter energias que fossem iguais a um múltiplo inteiro n da frequência f. Mais precisamente, as energias só poderiam assumir valores tais que fossem iguais a nhf ($n \times h \times f$), onde h é a chamada constante de Planck, uma das constantes fundamentais da natureza. Ou seja, se um oscilador tem frequência f, ele poderia ter energias $3hf$ ou $1001hf$, mas nunca poderia ter uma energia $1{,}5hf$ ou qualquer outra que não fosse um múltiplo inteiro da energia fundamental hf.

Para entender a estranheza dessa hipótese, pensemos que, se podemos estender uma mola por 1 ou 2 centímetros, nos parece razoável que possamos também estendê-la por um valor intermediário, digamos 1,5 centímetros. Ao contrário, o que a hipótese da quantização de Planck nos dizia era que isso não era possível. Pela hipótese quântica, eram permitidos apenas deslocamentos que correspondessem a energias que fossem múltiplos inteiros de hf. Quaisquer outros deslocamentos seriam simplesmente proibidos pela natureza.

Pela nossa experiência cotidiana, na qual certamente as coisas não funcionam assim, algo fundamental parece fora de lugar nas ideias de Planck. O fato é que a constante h de Planck é tão pequena ($h = 6{,}62 \times 10^{-34}$, basicamente o número 6 dividido por mil trilhões de trilhões) que seus efeitos na escala de energia do nosso cotidiano são simplesmente desprezíveis. Da mesma forma que não percebemos as moléculas de água individuais ao lavarmos o rosto pela manhã, nem percebemos os elétrons individuais ao tomarmos um choque na tomada: a quantização da energia é invisível na nossa experiência cotidiana. Mas somente com essa quantização Planck poderia explicar sua fórmula para a radiação do corpo negro, que anos mais tarde, em 1918, lhe renderia o prêmio Nobel de Física.

Pouco antes do Natal de 1900, Planck apresentou sua teoria para a Sociedade Alemã de Física, que a recebeu com entusiasmo e aplausos. Isso embora sua hipótese fundamental da quantização da energia tenha sido considerada, não somente pela audiência, mas também pelo próprio Planck, um simples artefato, um truque matemático sem maiores consequências. Somente cinco anos mais tarde outro gigante da ciência — talvez o maior de todos — apontaria o real significado da hipótese quântica.

Os quanta de luz

O desenvolvimento científico e tecnológico dos últimos dois séculos da história humana nos trouxe incontáveis benesses, mas também nos impôs novos dilemas que têm nos forçado, agora mais do que nunca, a assumir a responsabilidade pelas consequências de nossas escolhas. As mudanças climáticas e a deterioração do meio ambiente são efeitos diretos da nossa demanda crescente por mais e mais energia e recursos naturais. Felizmente, a ciência e a tecnologia que nos trouxeram até este momento preocupante da nossa história também serão responsáveis por um futuro mais justo e limpo. Curiosamente, uma das fontes limpas e renováveis de energia com a qual contamos hoje, a energia gerada pela luz solar incidente em células fotovoltaicas, tem sua parcela de contribuição no desenvolvimento da teoria quântica.

Em 1905, Albert Einstein não poderia imaginar o gigante da ciência que iria se tornar. Após concluir os estudos no Instituto Politécnico de Zurique sem particular destaque, encontrou grande dificuldade em se estabelecer como professor e cientista, mesmo em lugares afastados dos grandes centros europeus, e sua ambição de se tornar físico de profissão parecia definitivamente enterrada quando, no começo de 1902, ele aceitou uma posição burocrática no escritório de patentes na cidade de Berna, na Suíça. Apenas alguns anos mais tarde, contudo, ainda no mesmo escritório, Einstein escreveria, em um curto intervalo de tempo, quatro artigos científicos revolucionários. Um deles versava sobre a teoria da relatividade e mudaria para sempre a forma como entendemos o espaço e o tempo. Outro sobre a equivalência entre massa e energia. Um terceiro, sobre o movimento browniano de partículas suspensas em um líquido, que forneceria a evidência teórica necessária para embasar a teoria atômica da matéria. Por si só, qualquer uma dessas contribuições seria suficiente para que Einstein merecesse o prêmio Nobel de Física. Mas foi um quarto artigo, sobre as propriedades quânticas da luz, que lhe garantiria o prêmio máximo em 1923.

Em 1900, mesmo ano em que Planck derivou sua equação para a radiação do corpo negro, o físico britânico Lorde Rayleigh havia derivado uma outra fórmula para essa radiação. Essa fórmula, melhorada por uma correção do também britânico James Jeans, poderia ser considerada o apogeu da física moderna da época, combinando em si os princípios e técnicas da mecânica newtoniana, do eletromagnetismo e da termodinâmica. Elaborada e tecnicamente impecável, a fórmula de Rayleigh-Jeans tinha apenas um pequeno problema: ela estava errada. Apesar de reproduzir bem a radiação do corpo negro na região próxima ao infravermelho, na região do ultravioleta, de frequências mais altas, a fórmula falhava clamorosamente: previa que nessa região a energia da radiação emitida por um corpo deveria tender ao infinito. Fosse verdade, o Universo estaria imerso em uma radiação letal e ultraenergética.

O ponto de partida de Rayleigh foi usar o chamado teorema da equipartição da energia, uma peça fundamental da teoria termodinâmica dos gases, para representar a forma como a energia se dividia entre as diferentes frequências da radiação que preenchiam a cavidade do corpo negro. O gênio de Einstein foi considerar, diferentemente de Planck, que a radiação eletromagnética contida dentro da cavidade era composta não de ondas eletromagnéticas, mas sim de um gás de partículas. Usando conceitos termodinâmicos, tais como entropia, energia, volume e temperatura, Einstein voltou a derivar a equação de Planck, mas sua hipótese primordial não era de que os osciladores emitem e absorvem energia de forma quantizada. Ao contrário de seu predecessor, para o qual a hipótese quântica era apenas um artifício matemático, o que Einstein estava propondo era realmente radical e novo. Apesar de toda a evidência em favor da natureza ondulatória da luz, a essência do argumento de Einstein era antagônica: a luz na verdade seria composta de partículas.

Quando Einstein propôs sua teoria, no começo do século XX, o fato de que a luz era uma onda estava firmemente estabelecido e parecia incontestável. Mas não havia sido sempre assim. A discussão entre a natureza ondulatória ou corpuscular da luz forneceu o cenário para um dos grandes embates científicos do passado. Isaac Newton, o grande cientista inglês, havia realizado vários experimentos ópticos e desenvolvido uma teoria na qual um feixe de luz seria composto por minúsculas partículas.

Para Newton, essa natureza corpuscular era necessária para se explicar, por exemplo, por que uma pessoa pode escutar a conversa de um casal que já dobrou uma esquina e não pode mais ser visto. Sendo uma vibração ondulatória viajando em um meio de matéria, o som pode sofrer difração e, assim, se curvar ao redor de objetos. A luz, sendo uma partícula, não poderia fazer o mesmo. A teoria de Newton, no entanto, era incapaz de explicar vários outros fenômenos para os quais uma teoria ondulatória, que tinha entre seus precursores o físico holandês Christiaan Huygens, parecia muito mais adequada.

Na ausência de experimentos precisos o suficiente para detectar diferenças notáveis entre as predições das teorias, o embate entre Newton e Huygens continuou sem um resultado claro, agregando inúmeros cientistas de ambos os lados do campo de batalha. Ao longo dos anos, entretanto, dada a envergadura científica de Newton em comparação com a de Huygens, a teoria corpuscular da luz acabou se tornando a protagonista. Até que, no começo do século XIX, um jovem cientista inglês ousou desafiar o legado de Newton e o statu quo. Foi em 1801 que Thomas Young concebeu um experimento que não só ressuscitaria a teoria ondulatória de Huygens como, muitos anos mais tarde, estaria no cerne das propriedades quânticas mais paradoxais e contraintuitivas da natureza.

UMA PROPRIEDADE BÁSICA DE qualquer fenômeno ondulatório é a chamada interferência. Como mostra a Figura 1.2, quando duas ondas se encontram elas podem se somar ou se subtrair, a depender de suas amplitudes no espaço. Se, num ponto do espaço, o máximo de amplitude de uma onda se encontra com o máximo de amplitude de uma outra onda, essas amplitudes se reforçam, num processo de interferência construtiva. Se, ao contrário, a amplitude máxima de uma onda encontra o mínimo de amplitude de uma outra, essas ondas se cancelam, num processo de interferência destrutiva. Partículas, ao contrário, não sofrem interferência. Ao jogar uma bola de bilhar contra outra, não geramos uma bola de tamanho maior ou menor; pelo seu caráter corpuscular, as bolas de bilhar se chocam e se repelem, mas não interferem na natureza uma da outra.

Nenhum experimento seria melhor para se provar o caráter ondulatório de um dado fenômeno do que aquele capaz de gerar interferência. No experimento de Young, ilustrado na Figura 1.3a, luz incidia sobre um anteparo com duas fen-

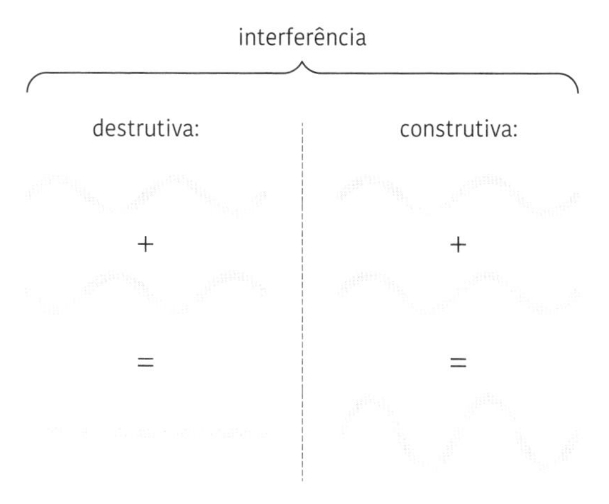

FIGURA 1.2. A característica fundamental de uma onda é que ela pode interferir. Quando o máximo de uma onda encontra o mínimo da outra, a interferência é destrutiva. Quando este máximo encontra um máximo, a interferência é construtiva.

das pelas quais essa luz poderia seguir até incidir em um painel de observação, um pouco mais adiante. Pense no que aconteceria se, ao invés de incidir luz sobre as fendas, derramássemos um balde de areia sobre elas. Esperaríamos que a maior parte dos grãos de areia fizessem um montinho no painel de observação, logo abaixo de cada uma das fendas, conforme mostrado na Figura 1.3b. Entretanto, não foi a isso que Young chegou. Ao contrário, como resultado da luz incidida ele observou um padrão de interferência com regiões claras (interferência construtiva, amplitude/intensidade mais alta da luz) e regiões escuras (interferência destrutiva, amplitude/intensidade mais baixa da luz). Uma prova cabal da natureza ondulatória da luz.

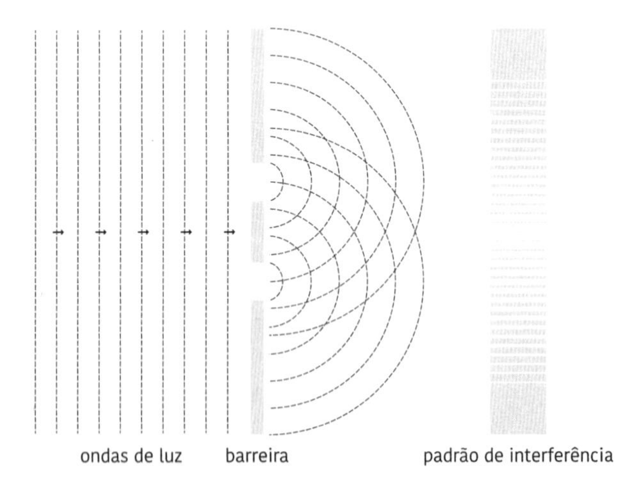

FIGURA 1.3A. Padrão de interferência observado quando uma frente de onda passa por duas fendas.

Por causa desse experimento, poucos cientistas estavam dispostos a aceitar a ideia de que a luz seria composta por partículas. Einstein sabia que, para arrefecer essa resistência mais que esperada, ele deveria encontrar uma aplicação na qual sua teoria se destacasse de forma única e emblemática. Foi assim que ele a aplicou para explicar um fenômeno pouco conhecido e ainda mal esclarecido, o chamado efeito fotoelétrico. Esse efeito havia sido descoberto por acaso em 1887, por Hertz, em sua série de experimentos visando a comprovar a existência das ondas eletromagnéticas previstas por Maxwell. Experimentador notável, Hertz percebeu que a centelha elétrica entre duas superfícies metálicas se tornava mais forte na presença de luz ultravioleta sobre os metais.

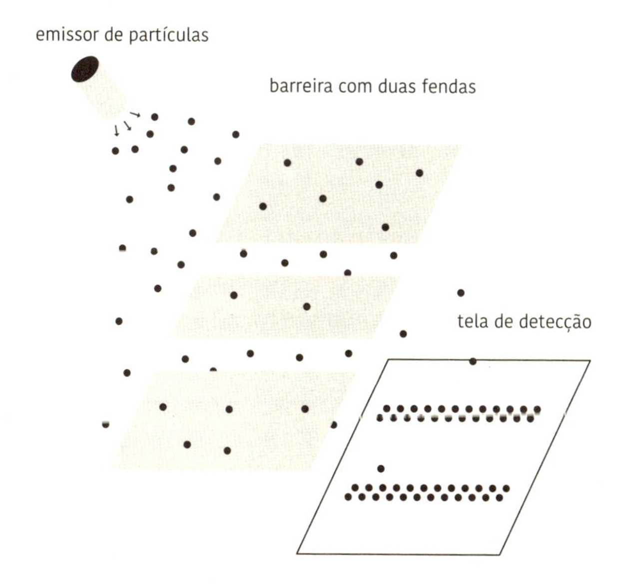

FIGURA 1.3B. O padrão que obteríamos caso enviássemos grãos de areia (partículas) pelas fendas; o padrão de interferência dá lugar a dois morrinhos logo abaixo da posição das fendas.

Vejamos. A matéria é composta de átomos, como viria a ser confirmado pelo neozelandês Ernest Rutherford, apenas em 1911. O núcleo atômico é carregado com cargas elétricas positivas, os prótons, e partículas eletricamente neutras, os nêutrons, em torno dos quais circulam elétrons carregados negativamente, atraídos pelos prótons através da força elétrica. A identidade dos átomos — seja ele um metal, como o cobre ou o ferro, seja um gás nobre, como o hélio ou o neônio — é definida pelo número de prótons em seu núcleo. E, sendo o átomo eletricamente neutro, o mesmo número de elétrons circundará o núcleo. Esses elétrons se distribuem a diferentes distâncias do núcleo atômico. Quanto mais próximos do núcleo, maior será a força elétrica de atração sobre eles e vice-versa. Nos metais, em particular, alguns dos elétrons nas órbitas mais exteriores estão ligados de modo mais fraco ao núcleo. Se fornecemos energia suficiente para o elétron exterior, sua ligação com o átomo é quebrada. E ele se torna livre para conduzir corrente elétrica através do metal e gerar as centelhas elétricas observadas por Hertz.

Assim, ao menos qualitativamente, parecia que o efeito fotoelétrico tinha uma explicação bastante simples. As ondas eletromagnéticas incidindo sobre o metal forneceriam a energia necessária para quebrar a ligação entre elétron e núcleo e gerar a corrente elétrica observada. Os resultados quantitativos, no entanto, não se encaixavam com a ideia de ondas eletromagnéticas.

Após a morte prematura de Hertz, em 1894, com apenas 36 anos, seu assistente, Philipp Lenard, deu prosseguimento aos experimentos fotoelétricos e descobriu três características bastante peculiares. Fosse a luz uma onda eletromagnética, ao aumentar sua intensidade esperaríamos que o número de elétrons ejetados se mantivesse constante, mas cada um deles deveria ganhar mais velocidade. O que Lenard observou foi justamente o oposto. Aumentando a intensidade da luz, o número de elétrons ejetados aumentava, mas a velocidade de cada um deles se mantinha inalterada. De fato, ele descobriu que a energia dos elétrons ejetados dependia exclusivamente da frequência da luz incidente; a intensidade da luz só determinava o número de elétrons na corrente gerada. Por fim, para arrematar o nó na compreensão de Lenard, havia uma frequência crítica da luz incidente, abaixo da qual nenhum elétron seria emitido, independentemente de quão intensa fosse a luz.

Para entender a perplexidade de Lenard diante de seus resultados, façamos uma analogia. Imagine que os elétrons são pequenos barcos na superfície do mar e que a força elétrica que os mantém estacionados são as âncoras fincadas nos bancos de areia. As ondas do mar farão o papel das ondas eletromagnéticas. Todo pescador esperaria que, em um dia de marolas, independentemente da frequência delas, suas embarcações estariam seguras. Mas em um dia de ressaca, com ondas enormes e de grande intensidade, não ficariam surpresos de encontrar os barcos espatifados na areia da praia. Entretanto, fossem as ondas do mar como o efeito fotoelétrico, os pescadores não precisariam se preocupar nem mesmo com tsunamis, desde que estas tivessem a frequência baixa o suficiente. Num dia de mar calmo mas com marolas bastante frequentes, no entanto, poderíamos esperar um festival de barcos ejetados em todas as direções. Que mundo estranho e assustador teríamos — mas certamente fantástico!

A HIPÓTESE DE EINSTEIN EXPLICAVA de maneira muito simples esse efeito aparentemente paradoxal. A radiação eletromagnética é composta de partículas, um quantum de luz, o qual chamamos de fóton. Cada um desses fótons tem uma energia muito específica dada por hf e que depende, portanto, da constante de Planck h e da frequência f da luz. A intensidade da luz, que na visão ondulatória seria a amplitude da onda, nesse caso seria simplesmente o número de fótons. Na explicação de Einstein para o efeito fotoelétrico, cada fóton é o responsável por tentar ejetar um elétron do metal. Caso a energia do fóton, isto é, sua frequência, não seja grande o suficiente, nenhum elétron será emitido, independentemente de aumentarmos a intensidade da luz, isto é, independentemente de o número de fótons aumentar. Podemos jogar quantas bolinhas de pingue-pongue quisermos: elas não serão o suficiente para derrubar um elefante. Em contrapartida, uma bola de canhão certamente fará o gigante dormir. Assim, quanto maior for a frequência da luz, maior será a energia de cada fóton, e maior a velocidade do elétron ejetado. Por sua vez, quanto maior a intensidade, maior será o número de fótons e, portanto, maior o número de elétrons formando a corrente elétrica observada. Com sua hipótese do caráter corpuscular da luz, Einstein não só rederivou a equação de Planck para a radiação do corpo negro como explicou um fenômeno que não poderia se encaixar na visão vigente da luz como uma onda eletromagnética.

Mas como explicar então a interferência da luz provada um século antes por Young? Fosse a luz composta de partículas, esse padrão de interferência não deveria existir. Por isso, de maneira nada surpreendente, a teoria de Einstein encontrou grande resistência e desdém. Até mesmo Max Planck, o pai da teoria quântica, era contrário a ela. Ao recomendar Einstein para a Academia Prussiana de Ciências, em 1913, Planck escreveu: "Que ele [Einstein] possa algumas vezes ter ultrapassado o alvo em suas especulações, como, por exemplo, em sua hipótese dos quanta de luz, não deveria ser usado contra ele". Einstein estava à frente de seu tempo. Apesar de receber o prêmio Nobel de Física justamente por sua explicação e pelas fórmulas para o efeito fotoelétrico, a hipótese dos quanta de luz nem era mencionada. Somente com a ajuda de um príncipe francês e de um mulherengo austríaco essa heresia viria a se tornar amplamente aceita.

Ondas de matéria

Apesar da evidência crescente em favor dos quanta de luz imaginados por Einstein — a ideia de que a luz era composta de partículas, os fótons —, foi somente em 1923, após um experimento realizado pelo físico norte-americano Arthur Compton, que essa teoria encontrou sua evidência experimental mais clara. O experimento de Compton consistia em incidir raios x, radiação eletromagnética de alta frequência, em uma superfície de grafite e observar a radiação espalhada. O que Compton observou foi que essa radiação refletida pelo grafite tinha uma frequência menor do que a frequência da radiação incidente. Era como se Compton estivesse jogando luz azul sobre a superfície mas a luz refletida voltasse vermelha. Fosse a luz de fato uma onda eletromagnética, os dois raios de luz deveriam ter a mesma frequência. Entretanto, usando a teoria de Einstein dos quanta de luz, Compton pôde explicar facilmente o fenômeno e obter equações que previam os resultados experimentais. Tal como uma bola de bilhar perde energia ao se chocar com outra bola e ser refletida, os quanta de raio x com energia *hf* também cederiam energia ao se chocar com os elétrons do grafite, sendo espalhados com menor energia e, portanto, também com uma frequência menor.

Mas, mesmo antes do experimento de Compton em 1923, Louis de Broglie, um aristocrata e físico francês, já estava convencido acerca da quantização da luz. De Broglie, no entanto, estava disposto a ir além, e se perguntou: se ondas de luz podem se comportar como partículas, por que não poderiam partículas tais como elétrons ou prótons também se comportar como ondas? Para os físicos mais conservadores da época, as heresias pareciam não ter fim. Tal como a equivalência entre massa e energia proposta anos antes por Einstein, a nova ideia de De Broglie unificava, de certa forma, dois conceitos fundamentais da física: onda e partícula. Mas a proposta do físico francês ia além da inegável beleza dessa unificação, e poderia explicar um importante dilema da física da época, o da estabilidade atômica.

Rutherford, baseando-se em experimentos que fizera em 1909, nos quais observou o espalhamento de partículas alfa atravessando uma folha fina de ouro, propôs um modelo atômico no qual um núcleo massivo, pequeno e carregado positivamente, era circundado por elétrons de carga negativa em diferentes órbitas ao redor do núcleo. Como ilustrado na Figura 1.4, nesse modelo o átomo era visto como um pequeno sistema solar. Mas, apesar de explicar os dados experimentais de então e ser uma representação bastante útil até hoje, o modelo já nascera fadado ao fracasso. A teoria eletromagnética prevê que cargas em movimentos circulares emitiriam radiação eletromagnética. Para que a energia total do sistema se conservasse — uma das leis invioláveis da natureza —, necessariamente esse elétron teria que perder energia e entrar num movimento espiral até se chocar com o núcleo. Ou seja, no modelo de Rutherford a matéria não seria estável. Ao contrário da plenitude de formas e fenômenos que observamos no mundo ao nosso redor, o Universo nesse modelo seria completamente inerte e sem vida.

Partindo dessas evidências, o grande físico dinamarquês Niels Bohr sabia que seria impossível explicar a estabilidade da matéria com a física da época. Seguindo os passos de Rutherford, em 1913 ele postulou que somente algumas órbitas em torno do núcleo eram permitidas aos elétrons, e que nessas órbitas, por algum motivo ainda desconhecido, ne-

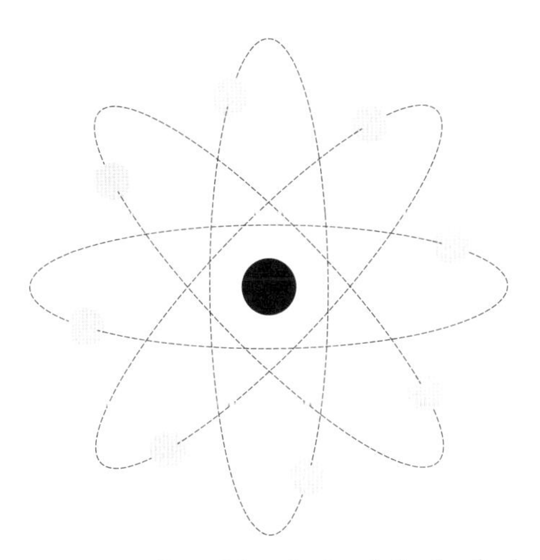

FIGURA 1.4. O modelo atômico de Rutherford com um núcleo positivamente carregado e elétrons carregados negativamente orbitando em torno do núcleo.

nhuma radiação seria emitida. Uma pista importante, que deu confiança a Bohr de que ele estava no caminho certo, veio quando se demonstrou que o momento angular de certas configurações de elétrons só poderia assumir múltiplos inteiros da constante de Planck.

Como você muito provavelmente não lembra do que se trata esse tal momento angular, e como ele terá um papel importante mais à frente, façamos uma breve digressão sobre o seu significado. Comecemos lembrando que uma partícula tem o que se chama momento, definido como o produto da massa pela sua velocidade. Quanto maior é o momento de uma partícula, maiores são o seu ímpeto e a capacidade de modificar o movimento de outras partículas. Esse é o motivo pelo qual, numa batida, um caminhão pode causar um estrago bem maior do que um carro de passeio que esteja muito mais veloz que ele. E, caso a partícula ou corpo esteja também fazendo um movimento rotacional, por exemplo um satélite em volta da Terra, temos ainda a versão angular desse momento, que será proporcional não somente à massa e à velocidade da partícula, mas também ao raio da sua trajetória.

De maneira parecida com aquela pela qual a quantização da energia feita por Planck limitava os possíveis deslocamentos de um oscilador, a quantização do momento angular também limitava as possíveis órbitas dos elétrons em torno do núcleo. As órbitas dos elétrons também eram quantizadas. Com esse modelo em mãos, Bohr pôde prever, de maneira compatível com os resultados experimentais, os diferentes níveis energéticos de um átomo de hidrogênio. E pôde também explicar um fenômeno ainda misterioso: as linhas espectrais do átomo de hidrogênio.

Para entender as linhas espectrais, imagine um elétron em uma certa órbita em torno do núcleo. No modelo de Bohr, os elétrons só poderiam ocupar órbitas bem delineadas, mas a transição entre elas era permitida, desde que outras leis da física, tal como a conservação de energia, não fossem violadas. Tais transições são os famosos saltos quânticos. Se o elétron fosse de uma órbita de energia maior para outra menor, isso implicaria a emissão de radiação. Em contrapartida, para transicionar para uma órbita de maior energia, deveria haver incidência de luz sobre o elétron. Essa luz emitida ou absorvida pelos elétrons do átomo é que define suas linhas espectrais. E o modelo de Bohr predizia, quase com perfeição, a aparência desse espectro. Entretanto, e apesar de todo o sucesso, Bohr ainda não tinha a resposta para sua pergunta fundamental: por que os elétrons nessas órbitas quantizadas não emitiam radiação?

As ondas de matéria propostas por De Broglie ofereciam a solução perfeita para esse imbróglio. Pense numa corda de violão. Ao tocarmos a corda, ela produzirá um som de frequências harmônicas determinadas pelo seu comprimento. Uma propriedade física equivalente à frequência, porém mais útil para descrever as ondas de matéria, é o chamado comprimento de onda, denotado pela letra grega λ (lambda). Como vimos, o comprimento de onda é inversamente proporcional à frequência e pode ser definido como a distância entre dois pontos consecutivos de amplitude máxima em uma onda. Em um violão, somente poderão vibrar sobre a corda ondas cujo comprimento seja um múltiplo inteiro da metade do comprimento da corda. Como podemos ver na Figura 1.5a, caso o comprimento da onda seja exatamente igual à metade do comprimento da corda, temos o que chamamos de primeiro harmônico. Caso

λ seja duas vezes a metade do comprimento da corda, temos o segundo harmônico; e assim sucessivamente.

Na proposta de De Broglie, a onda associada a uma partícula teria o comprimento de onda dado pela constante de Planck dividida pelo momento da partícula, quer dizer, $\lambda = h/p$. Assim, quanto mais momento e energia tem uma partícula, menor será o comprimento de onda associado. Alternativamente, maior será a frequência da onda que representa a partícula. E, vemos na Figura 1.5b, tal como nas cordas de um violão, as ondas de matéria de um elétron só poderiam ocupar órbitas cuja circunferência fosse igual a um número inteiro de meios comprimentos de onda do elétron. Isso explicava não só a quantização das órbitas como também o fato de elas não emitirem radiação e, assim, colapsar o átomo. Ao contrário da imagem clássica do elétron circundando o núcleo do átomo, ele agora era visto como uma onda estacionária ocupando toda a órbita. Sendo uma onda estacionária, o elétron não teria aceleração e a consequente radiação que o levaria em seu movimento espiral mortífero em direção ao núcleo do átomo.

Apesar da beleza da tese de De Broglie, pela qual ele recebeu o prêmio Nobel de Física em 1929, a confusão ainda reinava. O experimento de Young de 1801 mostrava conclusivamente que a luz era uma onda. O experimento de Compton, ao contrário, mostrava que a luz, de alguma forma, também era uma partícula. Os elétrons, por sua vez, sempre imaginados como minúsculas partículas, eram agora elevados à categoria de ondas, fato confirmado ao longo da década de 1920 pelos experimentos dos norte-americanos Clinton Davidson e Lester

FIGURA 1.5A. Os harmônicos em uma corda de violão correspondem a ondas com comprimentos que são múltiplos da metade do comprimento da corda.

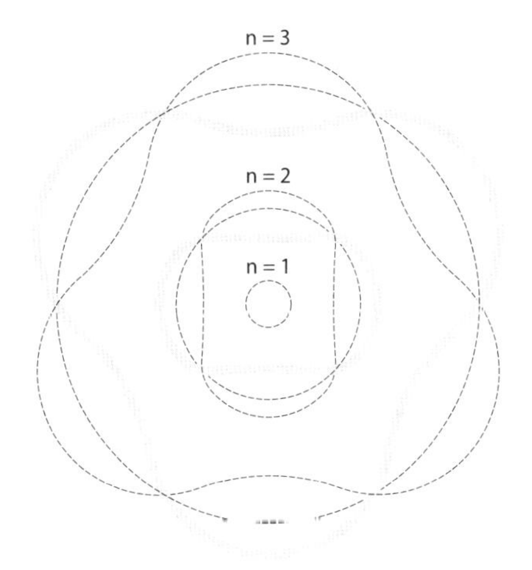

FIGURA 1.5B. O núcleo de Bohr-De Broglie, no qual as órbitas eletrônicas são quantizadas e representadas por ondas estacionárias harmônicas.

Germer, nos quais elétrons eram espalhados na superfície de um cristal. Para explicar o padrão de difração observado, indubitavelmente os elétrons precisam ter um caráter ondulatório.

Seriam o fóton e o elétron partículas ou ondas? Quem sabe os dois? Ainda que incapaz de tornar a dualidade onda-partícula mais palpável à nossa intuição, o trabalho de De Broglie ao menos formalizara matematicamente essa ideia tão absurda. Seria apenas alguns anos mais tarde, no entanto, que a dualidade proposta pelo príncipe francês se tornaria uma teoria física completa, a famosa teoria que todos conhecemos como teoria quântica.

O indeterminismo entra em cena

Nos meses finais de 1925, o físico austríaco Erwin Schrödinger pôde ler pela primeira vez as ideias de De Broglie. Tendo trabalhado em ramos variados, desde a física experimental até mesmo radioatividade e meteorologia, Schrödinger vinha já há algum tempo se interessando pela física quântica. As ondas de matéria foram a centelha para que ele mudasse de área mais uma vez. Físico eclético e de formação sólida, ele logo percebeu um óbice claro às ideias de De Broglie. Fenômenos ondulatórios eram onipresentes na física, mas, em todos os casos, uma equação de onda, ou seja, uma fórmula que descrevesse a evolução da onda no espaço e no tempo, era um ingrediente fundamental. Sem essa equação de onda, a proposta de De Broglie nunca poderia de fato se tornar uma teoria completa e coerente dos fenômenos atômicos.

Após algumas tentativas iniciais infrutíferas, nas quais buscava incorporar os efeitos da relatividade de Einstein em seus cálculos, Schrödinger focou sua atenção em uma equação de onda não relativística. Era uma abordagem mais simples, mas que deveria ser capaz de oferecer uma boa descrição de objetos a velocidades pequenas quando comparadas com a enorme velocidade da luz. Pouco antes do Natal de 1925, fugindo de um momento conturbado em sua vida familiar, Schrödinger e uma de suas amantes se refugiaram nos Alpes suíços. Inspirado pela natureza deslumbrante do lugar e pelos momentos eróticos, Schrödinger combinou sua longa experiência em física ondulatória com as ondas de matéria de De Broglie, encontrando a tão esperada equação de onda.

Para testar a nova equação, aplicou-a para descrever os níveis energéticos do átomo de hidrogênio, o sistema atômico mais simples e muito bem caracterizado experimentalmente. Se sua equação fosse capaz de prever os resultados corretos, isso seria uma confirmação de peso para seu trabalho. Incrivelmente, a equação descreveu com precisão os níveis energéticos não somente do átomo de hidrogênio como também de outros átomos, e mesmo de processos mais complexos envolvendo o espalhamento de luz por átomos. As ideias radicais de seus antecessores — o quantum de luz, saltos quânticos e dualidade onda-partícula — pareciam enfim ter encontrado a equação de onda que os descreveria. Um problema, entretanto, persistia: qual seria a interpretação física da equação de onda encontrada por Schrödinger?

À diferença de um objeto corpuscular tal como uma bola de pingue-pongue, ondas não têm uma localização precisa no espaço. Ao jogarmos uma pedra em um lago, a onda que se configura pela perturbação da superfície da água logo começa a se espalhar na forma de consecutivas frentes circulares concêntricas. Ondas, diferentemente de partículas, são deslocalizadas no espaço, ou seja, não têm uma posição bem definida. As variações da amplitude de uma onda, tanto no espaço quanto no tempo, são descritas por um objeto matemático chamado função de onda, representada na mecânica quântica como $|\Psi\rangle$, unindo a letra grega Ψ (psi) e o objeto $|\rangle$, o chamado ket, uma notação matemática introduzida pelo físico inglês Paul Dirac para facilitar cálculos quânticos (já que ela contém, em princípio, toda a informação do sistema físico em questão). Por sua vez, a equação de onda seria simplesmente uma fórmula para entender como a função de onda varia no espaço à medida que o tempo passa. No caso das ondas em um lago, a equação de onda mostraria, por exemplo, que o raio da onda circular gerada aumentaria com o tempo. Assim, ao menos para os fenômenos ondulatórios conhecidos até então, a interpretação da equação de onda era simples e direta. No caso da onda eletromagnética, por exemplo, a equação de onda simplesmente descrevia a variação temporal e espacial de campos elétricos e magnéticos à medida que a onda se irradiava.

O que seria, então, a função de onda governada pela equação de Schrödinger? Tal como uma onda no lago, seria a função de onda quântica uma espécie de perturbação de algum meio físico? O primeiro problema na interpretação de $|\Psi\rangle$ vinha de que as amplitudes dessa função de onda poderiam ser dadas por números imaginários. No entanto, as quantidades que observamos no nosso dia a dia, seja a temperatura de um corpo ou o comprimento de uma rodovia, são todas descritas por números reais: "25,2°C", "Daqui a 1,5 quilômetro vire à direita", diríamos. Números imaginários, ao contrário, apesar da sua grande utilidade em matemática, não são diretamente observáveis. Um número imaginário, por exemplo $2 + i$, é descrito pela sua parte real, neste caso 2, e pela sua parte imaginária, neste caso *i*. O número *i* não tem por si só um significado físico, já que ele é definido com a raiz quadrada do número –1. Para tornar um número imaginário um número real, algo que potencialmente tenha algum significado observacional, temos que aplicar uma função matemática chamada de módulo. Baseado em sua intuição, Schrödinger acreditava que a sua função de onda imaginária não seria fisicamente relevante, mas sim o valor real dado pelo módulo de $|\Psi\rangle$ elevado ao quadrado.

Mas como a função de onda, mesmo que fosse o módulo, se conectava ao que observamos de um elétron? Um elétron de fato parece ser uma partícula. Por exemplo, ao se chocarem com a tela dos antigos televisores de tubo, os elétrons deixam uma pequena marca, como se fossem pequenas bolinhas de pingue-pongue. Como poderia esse caráter aparentemente corpuscular ser descrito por uma função de onda $|\Psi\rangle$ deslocalizada no espaço?

Para resolver o desafio, Schrödinger usou uma propriedade não só da sua equação, mas de todas as equações de onda. O chamado princípio da superposição implica que, se duas possíveis funções de onda, digamos $|\Psi_1\rangle$ e $|\Psi_2\rangle$, são uma solução para a equação de onda, então a soma $|\Psi_1\rangle + |\Psi_2\rangle$ também o será. Por exemplo, os vários harmônicos — correspondendo a múltiplos inteiros da metade do comprimento da corda de um violão — são as soluções da equação de onda que descreve a vibração dessa corda. O princípio da superposição nos diz então que, quando tocamos a corda do violão, todos esses harmônicos podem estar presentes, vibrando-a com diferentes amplitudes. Como são ondas, os diferentes harmônicos interferem, gerando o padrão oscilatório que observamos ao tocar a corda do instrumento.

Baseado no princípio de superposição, Schrödinger argumentou que um elétron seria composto por um pacote de ondas, ou seja, diferentes soluções da sua equação que, quando somadas e interferidas, gerariam a aparente localização corpuscular que esperamos de um elétron, conforme mostra a Figura 1.6. Entretanto, essa interpretação logo se mostrou inconsistente, pois a evolução temporal das diferentes funções de onda logo deslocalizariam o elétron. De fato, a evolução espacial das diferentes funções de onda do pacote poderia se dar de maneira mais rápida que a velocidade da luz — algo proibido pela teoria da relatividade, se a função de onda realmente representasse a posição de um elétron.

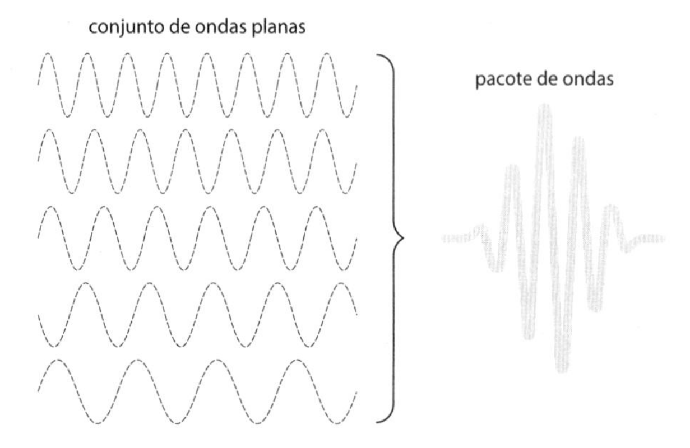

FIGURA 1.6. A solução encontrada por Schrödinger para reproduzir o caráter corpuscular do elétron foi assumir que o elétron é caracterizado por um pacote de diferentes funções de onda que geram uma nova onda localizada através do fenômeno da interferência.

Foi nesse cenário de confusão quanto ao significado da função de onda que entrou em cena o físico alemão Max Born. Para ele, a rejeição completa do conceito de partícula advogada por Schrödinger não poderia se sustentar. Mal sabia Born que o preço a se pagar para de alguma forma tentar manter a existência de partículas no mundo quântico seria ainda mais alto. A sua interpretação probabilística do significado da função de onda, pelo qual receberia o prêmio Nobel de Física em 1954, colocava em xeque um princípio que havia governado todas as ciências até então: o determinismo.

A física newtoniana, que formava a base conceitual de todas as teorias pré-quânticas, era fundamentalmente determinística. Se conhecemos com precisão absoluta a posição e a velocidade de um conjunto de partículas, conseguimos, através das equações de movimento da mecânica newtoniana, prever todo o seu futuro. Por mais que um bom jogador de sinuca possa nos impressionar com suas tacadas mirabolantes, no fundo tudo o que ele está fazendo é aplicar com precisão as regras do movimento derivadas por Newton no século XVII. Ninguém expôs melhor essa visão determinística da natureza do que o cientista francês Pierre-Simon Laplace, que, em seu livro de 1814, *Ensaio filosófico sobre as probabilidades*, argumentava que

> nós podemos tomar o estado presente do Universo como o efeito do seu passado e a causa do seu futuro. Um intelecto que, em dado momento, conhecesse todas as forças que dirigem a natureza e todas as posições de todos os itens dos quais a natureza é composta, se este intelecto também fosse vasto o suficiente para analisar essas informações, compreenderia numa única fórmula os movimentos dos maiores corpos do Universo e os do menor

átomo; para tal intelecto nada seria incerto, e o futuro, assim como o passado, seria presente perante seus olhos.

Na visão mecanicista de Laplace, universalmente aceita até o advento da mecânica quântica, o Universo seria como um relógio, uma máquina que, uma vez posta em movimento, teria o seu futuro determinado, desde que conhecêssemos o estado inicial de todos os seus componentes. O problema, claro, está em conhecer as posições e velocidades e todas as forças que atuam sobre elas. Para se ter uma ideia do que isso significa, considere 18 mililitros de água, algo em torno de 360 gotas. Nesse pequeno volume o número de moléculas de água é dado pelo famoso número de Avogrado, $6{,}02 \times 10^{23}$, isto é, o número 6,02 seguido de 23 zeros. Para se ter uma ideia de quão grande é esse número, teremos 10^{23} grãos de areia se estimarmos que em 1 metro cúbico temos 100 bilhões de grãos e que na Terra temos 1 trilhão de metros cúbicos de areia. Ou seja, descrever as moléculas em poucas gotas de água e contar todos os grãos nas praias ao redor do mundo são tarefas parecidas e obviamente impossíveis. O argumento de Laplace, no entanto, não reside na viabilidade de saber as condições de todos os constituintes do Universo: na física clássica, uma vez que essas condições fossem conhecidas, o futuro estaria inexoravelmente determinado.

Muito antes da descoberta dos fenômenos quânticos e de seu caráter intrinsecamente probabilístico, a física já tivera que aprender a lidar com incertezas. Justamente pela impossibilidade de se caracterizarem todas as propriedades de um sistema de muitas partículas. Pense num pote de água sendo esquentado no fogo até chegar a seu ponto de ebulição e se transformar em vapor. Apesar de não saber exatamente as posições e velocidades de todas as zilhões de moléculas da água dentro do pote, quer dizer, mesmo sem uma descrição microscópica do fenômeno, ainda assim podemos dizer muito sobre suas propriedades termodinâmicas, tais como temperatura, volume e pressão, todas elas quantidades macroscópicas e coletivas, fenômenos emergentes originados de uma infinitude de constituintes fundamentais.

Através da termodinâmica e da teoria da probabilidade, esta última nascida do desejo de jogadores de melhorar suas chances em jogos de azar, pudemos estabelecer uma conexão entre o micro e macro. Por exemplo, a temperatura de um corpo está relacionada à velocidade média das moléculas que o compõem. Algumas das moléculas num copo de água estarão se movimentando com muita rapidez, enquanto outras estarão mais lentas. Entretanto, para o que observamos no nosso dia a dia, a velocidade individual é irrelevante; o que conta são as velocidades do coletivo de moléculas.

O que se percebeu foi que, apesar de não conseguirmos acessar a posição e a velocidade das partículas individualmente, poderíamos estimar as probabilidades associadas. Em vez de nos perguntarmos qual é a velocidade de uma certa molécula individual, a pergunta correta seria: dado que a temperatura da água é, por exemplo, 60°C, qual a chance de que uma molécula tenha uma velocidade entre, digamos, 1000 e 1200 quilômetros por hora? Com a física adentrando sistemas cada vez mais complexos e com um número maior de constituintes, o ideal infantil do determinismo de Laplace deu lugar à ideia de que, apesar de nossas incertezas, ainda assim poderíamos prever o comportamento, embora de forma limitada, dos mais variados fenômenos. Importantíssimo ressaltar que essa incerteza não era fundamental, mas fruto da nossa ignorância, da nossa incapacidade de observar individualmente todas as propriedades de um sistema físico. Em todos os cálculos conectando o mundo microscópico invisível ao observável macroscópico dos nossos sentidos, havia sempre a hipótese implícita de que posição, velocidade e quaisquer outras características eram bem definidas. Nós é que não as conhecíamos.

Em contrapartida, a solução encontrada por Born para o significado da função de onda era radicalmente diferente. A regra de Born nos dizia que a função de onda por si só não era observável. Apesar de conter toda a informação sobre as propriedades de um sistema físico, ela não correspondia diretamente a nenhuma propriedade que pudéssemos medir. Tal como proposto por Schrödinger, seria o módulo ao quadrado da função de onda a quantidade a ser medida em nossos laboratórios. Mas era a interpretação do significado que mudaria para sempre a física: essa quantidade nos dizia simplesmente qual era a probabilidade de que certo resultado fosse obtido caso fizéssemos uma medição específica. Ao contrário da física newtoniana, na qual um elétron teria posição e velocidade muito bem determinadas (ainda que potencialmente desconhecidas), na física quântica a melhor descrição do elétron, dada pela função de onda $|\Psi\rangle$, só nos poderia dizer as *chances* de encontrarmos o elétron em certa posição ou com certa velocidade. Elétrons descritos pela mesma função de onda seriam encontrados às vezes aqui, às vezes acolá.

Neste ponto você pode estar se perguntando: mas como ter certeza de que de fato o elétron não tem uma posição bem determinada? Tal como as moléculas da água ou os gases da termodinâmica, talvez o elétron também tenha propriedades bem delineadas, só que não as conhecemos? Quem sabe, talvez, a descrição dada pela função de onda não seja completa e, em um futuro próximo, encontraremos uma descrição mais fundamental? Você não estaria sozinho nessas perguntas. O indeterminismo quântico causou e ainda causa calafrios nos cientistas. Mas, como veremos nos próximos capítulos, queiramos ou não, a incerteza quântica veio para ficar.

Antes de responder a essa pergunta fundamental, contudo, voltemos a atenção para a questão que dá nome a este capítulo: pode um elétron estar em dois lugares ao mesmo tempo?

Onda ou partícula? Nem um, nem outro

Para tentarmos entender o significado da função de onda e a dualidade onda-partícula, nada melhor que o experimento da fenda dupla, proposto há mais de dois séculos por Thomas Young para provar a natureza ondulatória da luz. Como certa vez disse o famoso Richard Feynman, esse experimento "contém o único mistério da física quântica".

Ao longo dos anos, o experimento foi repetido em diferentes sistemas físicos, como luz, elétrons, átomos e até mesmo moléculas, e sempre com o mesmo resultado: sistemas físicos às vezes se comportam como onda, às vezes como partículas. Aqui restringiremos nossa atenção aos elétrons, mas as mesmas conclusões valem para qualquer que seja o sistema físico em questão.

Imagine uma pistola de elétrons, um dispositivo que a cada segundo dispare um elétron em direção a um anteparo com duas fendas. É importante ressaltar que nessa parte do experimento não estamos observando as duas fendas, somente a tela de observação um pouco mais à frente. Como veremos, não observar as duas fendas é extremamente importante. Podemos imaginar que o anteparo com elas esteja dentro de uma caixa-preta, e assim garantimos não saber o que acontece quando os elétrons as atravessam. Esse experimento, extremamente simples do ponto de vista conceitual, é mostrado na Figura 1.7.

À medida que os elétrons individuais se chocam com a tela de observação, deixam pequenas marcas, características do que esperaríamos do caráter corpuscular desses entes físicos. Entretanto, conforme o tempo passa e mais e mais elétrons se chocam contra a tela, eis que surge um padrão do aparente ruído. Como apresentado na Figura 1.8, após ser detectado um número suficientemente grande de elétrons, vemos claramente um padrão de interferência: regiões mais claras, onde os elétrons caem com mais frequência, e regiões mais escuras, contra as quais poucos ou nenhum dos elétrons se chocam. Os elétrons individualmente se comportam como partículas, ao menos quando se chocam com a tela de observação. Mas, então, de onde vem esse padrão de interferência? Estaria o elétron passando pelas duas fendas ao mesmo tempo e interferindo consigo próprio?

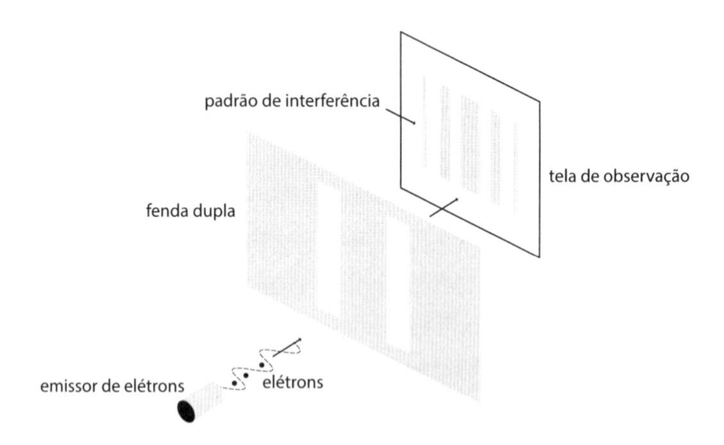

FIGURA 1.7. O experimento de fenda dupla, em que elétrons atravessam, um a um, a dupla fenda. Se não observarmos por qual fenda eles passaram, um padrão de interferência emerge.

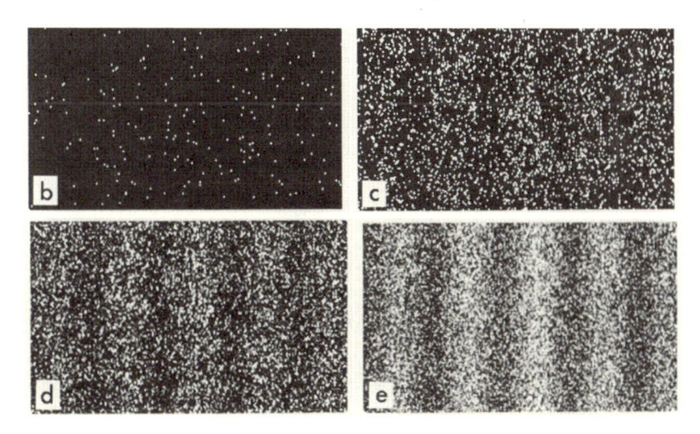

FIGURA 1.8. Inicialmente os elétrons parecem gerar ruído na tela de observação. À medida que mais e mais elétrons são detectados, o padrão de interferência se torna claro.

Tentando responder a essa pergunta, retiramos a caixa-preta que envolve o anteparo com a dupla fenda. A cada elétron emitido, observamos atentamente por qual das duas fendas ele está passando. Sem surpresa alguma, observamos que o elétron não está passando pelas duas fendas ao mesmo tempo, pelo menos não quando estamos olhando. Ele passa ou por uma fenda ou pela outra. Entretanto, ao continuarmos o experimento, notamos que o padrão de interferência desapareceu. Conforme mostrado nas Figuras 1.9a e 1.9b, o que obtemos agora na tela de observação é o que esperaríamos se derramássemos grãos de areia sobre as fendas: dois montinhos atrás de cada uma delas. Quando não estamos olhando, o elétron parece passar pelas duas fendas, gerando a interferência observada. Entretanto, ao tentar pegar no flagra o herético elétron deslocalizado no espaço, ele se localiza, e, como se espera de uma partícula, o padrão de interferência se desvanece.

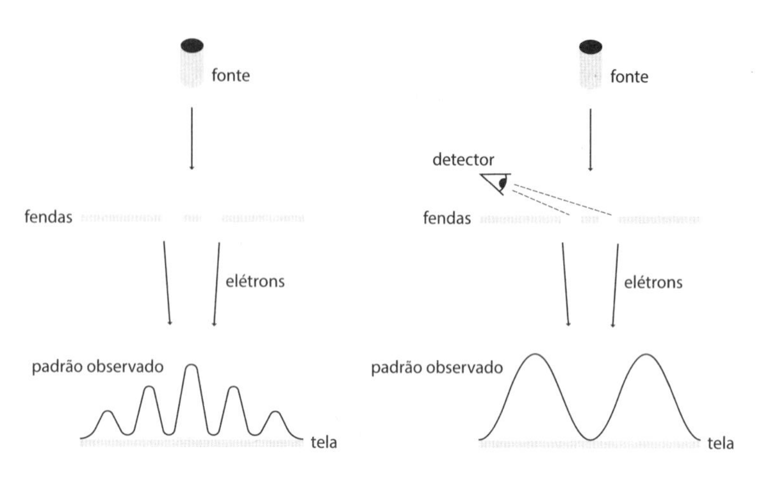

FIGURA 1.9A. O padrão de interferência na tela de observação caso não tentemos descobrir por qual fenda o elétron passou.
FIGURA 1.9B. Observamos por qual fenda o elétron atravessa, e o padrão de interferência é destruído.

Nessa brincadeira de gato e rato, a quântica parece sempre estar um passo à frente para não revelar sua verdadeira natureza. Quando não medimos a posição do elétron, mais precisamente por qual fenda ele passa, o elétron se comporta como onda. Ao medirmos sua posição e determinarmos por qual fenda ele passou, o elétron, como num passe de mágica, se torna uma partícula.

Para encurralar a quântica, John Wheeler, grande físico norte-americano, que inclusive foi o orientador do mítico Feynman, teve uma brilhante ideia. Em 1978, décadas após a tese de De Broglie propor a dualidade onda-partícula, Wheeler se perguntou: e se somente após o elétron ter passado pelas fendas decidíssemos se queremos ou não descobrir por qual delas ele passou? Nesse caso, o elétron não saberia de antemão se deveria se comportar como onda ou partícula. Para entender como isso é possível, imagine que em cada uma das fendas temos um jato de tinta que tinge o elétron que passa por ela: de amarelo em uma, de vermelho em outra. Após terem passado pelas fendas e tomarem o banho de tinta, mas pouco antes de se chocarem contra a tela, há duas opções: ou olhamos as cores dos elétrons, ou os submetemos a um jato de água que retira a tinta. No primeiro caso, saberemos por qual das fendas eles passaram. No segundo, essa informação terá sido apagada.

Esse é um experimento de escolha atrasada, e ele é descrito em mais detalhes no quadro a seguir. Somente após os elétrons passarem pelas fendas é que decidimos se queremos ou não saber por qual delas passaram. Esses experimentos já foram feitos em vários tipos de sistemas físicos. Eu mesmo já o fiz, na Itália, acompanhado de colaboradores, sem de fato pintar os elétrons, claro, mas usando outros tipos de marcadores. O que observamos foi: se olhamos as cores podemos determinar por qual fenda o elétron passou. Nesse caso, nada de padrão de interferência. Mas, passando os elétrons pelo lava-jato, a informação sobre o caminho que ele percorreu se perde, e assim o padrão de interferência retorna. Como exploraremos em mais detalhes nos capítulos 2 e 4, dizemos que a função de onda do elétron foi colapsada, um conceito central e problemático da mecânica quântica. Uma terceira opção seria não passar os elétrons pelo lava-jato e também não observar sua cor. Interessantemente, vemos que nesse caso o padrão de interferência também desaparece. O simples fato de a informação sobre o caminho do elétron estar disponível, mesmo que ainda não a tenhamos observado, já é suficiente para o elétron assumir um caráter corpuscular. Essa é uma das consequências do emaranhamento quântico, conceito que abordaremos no capítulo 3.

O EXPERIMENTO DE ESCOLHA ATRASADA

Façamos uso da função onda e sua interpretação probabilística para analisar, de maneira um pouco mais formal, o experimento da fenda dupla. Como solução da equação de onda de Schrödinger, vemos que temos duas soluções possíveis, $|\Psi_D\rangle$ e $|\Psi_E\rangle$, correspondendo ao elétron que passou pela fenda da direita ou pela fenda da esquerda, respectivamente. Pelo princípio da superposição, outra solução possível seria a soma dessas duas funções de onda. Quer dizer, $|\Psi_D\rangle + |\Psi_E\rangle$, como se o elétron, tal qual uma onda, passasse por ambas as fendas. Usando nosso esquema de cores, ao passar pelas fendas a função de onda do elétron ganha um novo grau de liberdade: a cor, descrita por novas funções de onda $|\Psi_A\rangle$ e $|\Psi_V\rangle$, amarelo e vermelho, respectivamente. Após passar pelas fendas, a nova função de onda descrevendo não somente o elétron mas também sua cor é dada por $|\Psi_D\rangle|\Psi_A\rangle + |\Psi_E\rangle|\Psi_V\rangle$, que, como veremos no capítulo 3, é um estado quântico emaranhado. Se damos um banho nos elétrons e apagamos a cor, o estado volta a ser $|\Psi_D\rangle + |\Psi_E\rangle$, duas funções de ondas superpostas e que podem, portanto, interferir uma com a outra. Entretanto, ao medirmos a cor do elétron, de forma aleatória às vezes o encontramos amarelo e colapsamos sua posição para $|\Psi_D\rangle$. Outras vezes o encontramos vermelho e assim sua posição será $|\Psi_E\rangle$. Ou seja, ao descobrirmos sua cor, o elétron não está mais em uma superposição, impossibilitando assim o fenômeno da interferência.

Como decidimos qual tipo de medição fazer somente após o elétron já ter atravessado as fendas, o caráter de onda ou partícula não poderia já estar determinado. A não ser que nossas escolhas no futuro pudessem de alguma forma afetar o caráter do elétron no passado, antes que esse atravessasse as fendas. Esse tipo absurdo de retrocausalidade seria necessário caso quiséssemos que o elétron se encaixasse nos nossos conceitos clássicos de onda ou partícula. Desconsiderando essa possibilidade, no mínimo esdrúxula, a única conclusão plausível é que o elétron não é onda nem partícula. Ele pode se comportar como os dois, mas na verdade não *ser* nem um nem outro. O caráter do elétron não está previamente determinado. Somente quando decidimos qual propriedade sua será medida é que essa propriedade se revela. Diferentemente da física clássica, somos levados à conclusão de que não existe uma realidade subjacente lá fora e que o papel das nossas observações seria simplesmente desvelar essa realidade: na física quântica, o observador e o que é observado formam um ente único, aparentemente indissociável. Vale notar, como discutiremos em detalhes adiante, que o termo "observador" não necessariamente se refere a um ser humano ou outro ser consciente, podendo denotar um simples equipamento, por exemplo um detector de partículas.

CHEGAMOS FINALMENTE À MORAL da nossa história. Se não tentarmos saber por onde o elétron passou, é como se ele tivesse atravessado as duas fendas. Mas, ao tentarmos observar o elétron, ele toma uma decisão e passa ou por uma ou por outra. O elétron não pode estar em dois lugares ao mesmo tempo — ao menos não quando estamos olhando. O que mudou com a observação foi o nosso conhecimento sobre o elétron. Antes de observá-lo, a teoria quântica nos diz que ele poderia ter passado por qualquer uma das duas. Após realizarmos a observação, temos certeza de por qual fenda ele passou. E, de fato, muitos pesquisadores hoje veem a teoria quântica como uma teoria da informação, quer dizer, uma teoria que prescreve como nosso conhecimento sobre o mundo muda quando interagimos com ele.

Se contavam encontrar uma resposta definitiva para a pergunta deste capítulo, espero não ter decepcionado quem me lê. Que sirva de consolo o fato de não estarmos sozinhos nessa confusão. Como disse Roger Penrose, recente ganhador do prêmio Nobel de Física, em 2020: "A mecânica quântica não faz o menor sentido".

2. Quando a incerteza se torna a regra

Uma estranha multiplicação

Ao entrar na Universidade de Munique em 1920, o jovem Werner Heisenberg nunca poderia antever que seu nome e seus feitos seriam reapresentados a uma nova geração através de um enfadonho professor de química transformado em prodígio do crime. Muito antes de Walter White, da série *Breaking Bad*, escolher justamente seu nome como alter ego, Heisenberg já havia entrado para a história como um dos gênios fundadores da mecânica quântica e de uma de suas mais ilustres consequências: o princípio da incerteza.

Após uma entrevista desastrosa, que enterrara suas chances de cursar matemática, Heisenberg teve uma segunda chance no curso de física. Arnold Sommerfeld, que viria a ser o físico mais frustradamente indicado ao prêmio Nobel a não receber a honraria máxima, era amigo de seu pai e permitiu que Heisenberg, somente com dezoito anos, participasse de seminários avançados de física. Assim, ele pôde entrar em contato com a teoria da relatividade e a teoria atômica, temas que há muito o interessavam. Durante os seminários conheceu o físico austríaco Wolfgang Pauli, alguém que viria a moldar sua carreira. Considerado por Sommerfeld seu aluno mais brilhante, Pauli convenceu Heisenberg de que a física atômica e a nascente teoria quântica, quando comparadas à teoria da relatividade, eram terrenos muito mais férteis para um jovem cientista como ele. De fato, em pouco tempo Heisenberg escreveu seu primeiro artigo científico sobre física atômica, e seu nome entrou no radar dos mais famosos físicos da época. Entretanto, e apesar da habilidade de Heisenberg com os fenômenos quânticos, Sommerfeld notava a debilidade de seu discípulo em outras áreas da física, e, com o intuito de ampliar seus horizontes, recomendou-lhe que defendesse sua tese de doutorado em outra área, mais especificamente, sobre turbulência. Uma escolha que por pouco não acabou com a carreira de Heisenberg. No exame final, ele falhou em explicar conceitos considerados básicos para quem quer que se proclamasse físico, tal como o funcionamento de um telescópio ou de uma bateria. Apesar da humilhação de ter tirado a segunda nota mais baixa possível, Heisenberg conseguiu o título de doutor com apenas 21 anos, o que permitiu que se tornasse assistente, na cidade de Göttingen, na Alemanha, do já famoso Max Born, o responsável pela interpretação probabilística da função de onda quântica.

Após um período visitando Niels Bohr em Copenhague, os dias e noites de Heisenberg foram dedicados a um único intuito: tentar entender o padrão de intensidade das linhas espectrais do hidrogênio. Como já vimos, Bohr estabeleceu que o elétron só podia assumir algumas órbitas discretas em torno do núcleo do átomo de hidrogênio. As transições entre as diferentes órbitas se davam através de saltos quânticos. Se o elétron transicionasse para uma órbita menos energética, um fóton deveria ser emitido. Para saltar para órbitas superiores, o elétron deveria absorver a energia de um quantum de luz. Era a luz emitida e absorvida pelos saltos quânticos do elétron que definia as linhas espectrais observadas. Mas, apesar da compreensão qualitativa do fenômeno, entender a intensidade de cada uma das linhas observadas ainda era um problema em aberto. Um problema que Heisenberg lutava para resolver.

Tal como Schrödinger antes de encontrar sua famosa equação, Heisenberg julgou que mudar de ares e fazer uma pequena viagem poderia ser de valia em sua busca. No entanto, ao contrário do mulherengo austríaco, decidiu passar alguns dias solitários em uma pensão numa ilha isolada do mar do Norte alemão. Na tarefa de analisar as linhas espectrais, Heisenberg organizou em uma tabela a frequência da luz associada a cada salto quântico. Em outra tabela, ele organizou as intensidades da luz observadas para cada salto quântico possível do elétron orbitando o núcleo atômico. Usando as tabelas da forma apropriada, notou que podia explicar as elusivas linhas espectrais do hidrogênio. Mas, para tanto, a combinação de suas tabelas tinha que se dar por uma estranha e aparentemente nova regra de multiplicação.

Chamemos a primeira tabela de A e a segunda de B. Para que os cálculos de Heisenberg funcionassem, o resultado deveria depender da ordem em que fossem multiplicadas. Com números, como estamos acostumados, a multiplicação é comutativa, quer dizer 2×3 é igual a 3×2, mas as tabelas de Heisenberg eram tais que $A \times B$ e $B \times A$ davam resultados finais diferentes. Como dizemos hoje, a regra de multiplicação dos objetos construídos por Heisenberg era não comutativa. Excitado pela exatidão dos seus cálculos, e ao mesmo tempo atormentado por essa estranha multiplicação, Heisenberg deixou para trás sua idílica ilha e foi em busca da opinião de Pauli e dos famosos conhecimentos matemáticos de Born. Famoso pela aspereza e pela crítica aos trabalhos de inúmeros físicos, Pauli não poderia ter ficado mais entusiasmado com os resultados de Heisenberg. Por sua vez, Born reconheceu no trabalho algo verdadeiro e profundo. Todos, no entanto, ainda se indagavam sobre a nova multiplicação encontrada por Heisenberg.

Somente alguns dias depois Born, subitamente, se lembrou de uma antiga aula de seus tempos de estudante na qual haviam sido discutidas as propriedades das chamadas matrizes, em particular a não comutação de sua multiplicação. Ao receber a notícia de Born, Heisenberg disse em tom de desânimo: "Eu nem mesmo sei o que é uma matriz". Se você também não se lembra ou não sabe o que é uma matriz, pensemos no seguinte exemplo: para a Netflix é extremamente importante saber qual dos seus clientes gosta de qual filme. Para cada filme e cada usuário podemos associar três entradas possíveis: gostou, não gostou ou não assistiu. Uma forma bastante útil de organizar esses dados é usar uma matriz, nada mais que uma tabela na qual as diferentes linhas representam os usuários, e as colunas, os diferentes títulos. Na interseção de cada linha com cada coluna podemos colocar a avaliação de cada usuário sobre cada filme. Uma forma visual e prática de guardar a informação.

Além de curiosa, a frase desanimada de Heisenberg nos faz notar que conceitos matemáticos que deixavam perplexos alguns dos maiores gênios do começo do século XX hoje são dominados até por estudantes do ensino médio. Apesar de seu desconhecimento, em seu gênio Heisenberg havia descoberto de forma independente esses objetos matemáticos, já que suas tabulações eram exatamente as matrizes. Motivados pelas descobertas, Born e Heisenberg se juntaram ao físico alemão

Pascual Jordan — reconhecido por sua habilidade e compreensão de matemática — na tarefa de levar ao limite esse novo arcabouço. Em poucos meses eles haveriam de terminar esse hercúleo trabalho, submetido para publicação no final de 1925. No artigo, eles estabeleceram uma das regras fundamentais da mecânica quântica: as propriedades de um sistema físico — sua posição, velocidade ou qualquer outra que seja — podem ser representadas por uma matriz. Tal como numa tabela, os valores possíveis de dada propriedade física eram representados pelas entradas nas linhas e colunas da matriz. Essa nova representação era bastante diferente da usada em física clássica, em que as propriedades de um sistema eram representadas por variáveis e números.

Conforme notado pelo físico inglês Paul Dirac, que quase simultaneamente e de modo independente publicou um trabalho parecido com o do trio liderado por Heisenberg, a física clássica, que descreve o dia a dia a que estamos acostumados, emergia como um caso particular da nova teoria matricial. Quer dizer, a teoria quântica continha a teoria newtoniana em seu enredo, mas, ao mesmo tempo, adicionava novos conceitos e consequências que seriam simplesmente impossíveis na física clássica. O limite clássico corresponderia justamente ao caso em que as matrizes, representando as propriedades dos sistemas físicos, comutam entre si. Por exemplo, a posição q e momento p (lembre que o momento p é igual à velocidade v multiplicada pela massa m da partícula, ou seja, $p = mv$) são representados em física clássica por variáveis tal que $qp = pq$. Ou seja, na física clássica essas variáveis comutam. Na quântica, elas são substituídas por matrizes q e p, com a propriedade fundamental de não comutarem. Quer dizer, a ordem da multiplicação importa e $qp \neq pq$, onde o símbolo $\neq$ simboliza a diferença entre as ordens da multiplicação.

Mas qual seria a real consequência da nova regra de multiplicação? Como Heisenberg mostraria pouco mais de um ano depois, a não comutatividade estava no cerne de uma das mais famosas e intrigantes propriedades da natureza: o princípio da incerteza.

A incerteza é fundamental

A teoria quântica ondulatória de Schrödinger foi proposta quase concomitantemente à teoria quântica matricial de Heisenberg, Born e Jordan. À primeira vista, ambas as teorias eram bastante distintas. Na versão ondulatória, as propriedades do sistema são codificadas na função de onda, a qual evolui continuamente no tempo através da equação de Schrödinger. Em contrapartida, na versão do trio liderado por Heisenberg, as propriedades do sistema físico são representadas por matrizes, e a evolução delas é descontínua e discreta, tal como os saltos quânticos dos elétrons entre suas diferentes órbitas atômicas. Apesar de suas diferenças conceituais óbvias, a cada novo exemplo os resultados dos cálculos realizados pelas duas teorias se mostravam idênticos. De fato, como viria a ser mostrado por Schrödinger em 1926, as duas teorias são equivalentes, duas faces da mesma moeda. Como todo estudante de física aprende agora, pode-se usar qualquer uma das duas formulações. Entretanto, em alguns problemas uma versão pode ser muito mais simples e útil do que a outra. E, de fato, como veremos, a versão matricial da mecânica quântica foi essencial para que Heisenberg descobrisse seu princípio da incerteza.

Com apenas 25 anos, Heisenberg já havia escrito seu nome na história da física. Apesar das dificuldades de sua interpretação (que, diga-se de passagem, perduram até hoje), sua mecânica matricial encontrou os mais variados usos — Pauli, por exemplo, recorreu a ela para derivar o espectro de energia do átomo de hidrogênio mesmo antes de Schrödinger chegar à sua famosa equação — e foi amplamente reconhecida pela comunidade científica da época. Por esse motivo, Heisenberg recebeu o convite para se tornar professor da Universidade de Leipzig, uma honraria incrível para alguém de tão pouca idade. Entretanto, na mesma época, ele também recebeu um convite do grande Niels Bohr para ser seu assistente em Copenhague. Ao contrário da posição em Leipzig, o cargo ofertado por Bohr era apenas temporário. Mas como deixar passar a oportunidade de colaborar com o maior e mais reconhecido físico quântico daquela era?

Vale salientar que encruzilhadas assim são corriqueiras na vida acadêmica e ainda acontecem atualmente. Eu próprio, ao terminar meu doutorado em física pela UFRJ em 2010, me vi diante de uma. Acabara de receber uma oferta para me juntar ao grupo de pesquisa de um dos maiores especialistas do mundo em informação quântica, em Barcelona. Mas, ao mesmo tempo, era uma época em que as posições permanentes para professores de física abundavam no Brasil, porém ninguém sabia por quanto tempo. Eu deveria ficar, ainda que com pouca experiência, e garantir um emprego? Ou sair do país, aprender e colaborar com os grandes nomes da minha área de pesquisa, sem a certeza de que, quando voltasse, teria um emprego à espera? Inspirado pelo exemplo de colegas e professores e até mesmo pela história de Heisenberg, não tive dúvida: como o próprio Heisenberg pensara décadas antes de mim, caso eu continuasse a produzir ciência de impacto e qualidade, certamente outras oportunidades de posições permanentes apareceriam.

Ao se juntar a Bohr em Copenhague, Heisenberg encontrou nele alguém também obcecado por interpretar o real significado da mecânica quântica. Ao contrário de seu aprendiz, no entanto, Bohr tinha um conhecimento amplo de toda a física, e em particular dos meandros dos laboratórios, essenciais em sua busca para encaixar teoria e experimento. No cerne das angústias mais profundas de Bohr e Heisenberg estava a dualidade onda--partícula. E, apesar do objetivo comum, as rotas trilhadas por ambos acabariam por ser bastante distintas. Heisenberg tinha a convicção de que seu arcabouço matricial, com saltos quânticos e descontinuidades, era o caminho. Caso falhasse a intuição, a matemática estaria ao seu lado. Bohr, ao contrário, era avesso ao rigor matemático sem uma intuição física clara. Por esse motivo, ele discordava de seu aprendiz e acreditava que somente a combinação da teoria matricial de Heisenberg com a mecânica ondulatória de Schrödinger seria capaz de apontar uma direção.

Um dos problemas que mais inquietavam Heisenberg durante a estada em Copenhague tinha a ver a com a câmera de Wilson, um aparato experimental que permitia visualizar a trajetória de partículas conforme mostrado na Figura 2.1, considerando uma versão mais moderna do aparato, a câmara de bolhas. Ao atravessarem o vapor de água dentro da câmera, as partículas ionizam as moléculas de água, deixando um traço de pequenas gotas que marcam a trajetória das partículas. Mas, fossem essas partículas também ondas, elas não deveriam deixar um rastro tão bem definido na câmera de Wilson, e sim imprimir um padrão deslocalizado, tal como ondas se propagando na superfície de um lago. Talvez inspirado pela intuição física de seu mestre, Heisenberg percebeu que o que medimos na câmera de Wilson não é exatamente a *trajetória* da partícula, mas sua *interação* com as moléculas de água dentro da câmera. As pequenas gotas de água são muito maiores do que partículas tais como os elétrons. A trajetória observada para os elétrons, na verdade, não era uma linha precisa e contínua, mas um borrão descontínuo. Motivado por essa intuição, ele se perguntou: o que, de fato, a sua teoria quântica teria a dizer

FIGURA 2.1. Marcas das trajetórias deixadas por diferentes partículas carregadas atravessando uma câmera de bolhas.

sobre o movimento de um elétron ou de qualquer outro ente onda-partícula? Haveria limites fundamentais para o quão bem podemos conhecer a posição e a velocidade de uma partícula?

Armado de suas matrizes, Heisenberg pôde derivar em algumas poucas linhas seu famoso princípio da incerteza. A partir dos resultados impressos em suas folhas de cálculo, ele percebeu que a teoria quântica impõe limites fundamentais para a precisão com que as propriedades de um sistema físico podem ser determinadas. Para entender mais profundamente esse princípio, primeiro temos que compreender o significado de incerteza. Se você já dirigiu um carro saindo do Rio de Janeiro em direção a Paraty, é bem provável que, ao voltar da viagem, você tenha tido a desagradável surpresa de ter sido multado em algum dos inúmeros radares escondidos ao longo da sinuosa estrada. Se sua velocidade, conforme aferida na multa recebida, fosse de 52 km/h, e a velocidade permitida fosse de 50 km/h, você poderia recorrer da multa, e certamente ganharia. Qualquer instrumento de medição tem uma precisão, e digamos que, no caso do radar na estrada, ela seja de 5 km/h. Com essa precisão, não podemos ter certeza se você realmente ultrapassou a velocidade máxima permitida, já que dentro da margem de erro você poderia estar na faixa entre 47 km/h e 57 km/h.

Voltemos agora ao princípio de incerteza de Heisenberg. Em sua versão mais famosa, esse princípio implica que o produto da incerteza da posição e do momento de uma partícula nunca pode ser zero, e de fato ele sempre tem que ser maior do que $h/2\pi$, a constante de Planck dividida por duas vezes o valor da constante matemática π. Nunca podemos obter com precisão absoluta a posição e a velocidade de uma partícula. Se a precisão em uma das quantidades for perfeita, teremos completa incerteza sobre a outra. Uma piada famosa entre os físicos, e de qualidade certamente duvidosa, como a maioria das piadas de físicos, ilustra bem esse ponto. Heisenberg é abordado pela polícia por dirigir em alta velocidade. O policial pergunta: "O senhor por acaso sabe a que velocidade estava?". Heisenberg responde: "Sei muito bem onde estou e por esse motivo não tenho a menor ideia de minha velocidade". O policial então retruca: "Sua velocidade era exatamente 142 km/h". Heisenberg, indignado com o policial, então diz: "Ótimo, agora que sei minha velocidade estou completamente perdido e não sei mais onde estou".

Vale ressaltar que esse princípio é uma consequência das regras matemáticas da mecânica quântica e independe do aparato de medição utilizado. No nosso exemplo do radar, poderíamos melhorar a precisão, digamos de 5 km/h para 2 km/h. Mas, em essência, qualquer que seja o radar, nunca poderemos ter certeza simultaneamente sobre a posição e o momento de uma partícula. E, de forma mais geral, o princípio da incerteza se aplica a quaisquer duas propriedades físicas que correspondam a matrizes que não comutam (o que é o caso das matrizes que descrevem a posição e o momento). A não comutatividade implica que, em um experimento, se medimos primeiro a posição e então a velocidade teremos resultados bastante distintos do que se medirmos primeiro a velocidade e então a posição. Outras quantidades, no entanto, comutam e podem ser bem medidas arbitrariamente e sem nenhuma restrição. Por exemplo, as matrizes que descrevem a carga e a massa do elétron comutam, assim como as matrizes que descrevem as posições de dois elétrons. Ou seja, essas propriedades não estão limitadas pelo princípio da incerteza.

Buscando entender seu princípio para além da matemática, Heisenberg construiu o seguinte experimento imaginário. Para medirmos a posição, seja de um elétron, seja de um carro, jogamos luz sobre o objeto de interesse e observamos a luz espalhada por ele. A exatidão com a qual conseguimos precisar a posição do objeto é determinada fundamentalmente pelo comprimento da luz utilizada. De maneira resumida, se queremos obter uma precisão cada vez maior, necessitamos utilizar luz com frequência cada vez mais alta. Pela relação de Planck, sabemos que $E = hf$. Ou seja, quanto maior a frequência da luz, maior será a energia E de cada um de seus quanta, os fótons. Entretanto, tal como no choque de duas bolas de bilhar, ao usarmos luz muito energética o nosso objeto de interesse sofrerá um impacto considerável, o que certamente afetará a sua velocidade. Sobre um carro grande e de muita massa, esse efeito é desprezível, mas para um elétron o choque dos fótons altamente energéticos se torna notável. Vemos assim que, quanto mais precisão quisermos de nossa medida da posição, mais energética será a luz utilizada e, portanto, maior o distúrbio causado na velocidade da partícula. Esse experimento imaginário ilustra de forma qualitativa a intuição por trás do princípio da incerteza e é muito comum até mesmo em aulas de física. Entretanto, considero o argumento errôneo por um número de razões.

A razão principal é que essa argumentação parece implicar que o elétron (ou qualquer outra partícula) tem de fato posição e velocidade bem definidas e sem incerteza e que seria o nosso ato de tentar determinar essas propriedades que inevitavelmente perturbaria o sistema: ao minimizarmos a incerteza sobre uma, aumentamos a incerteza sobre a outra. Mas o princípio da incerteza não versa sobre aparatos de medição, e sim sobre a realidade quântica fundamental, ou seja, sobre as propriedades dos sistemas quânticos, sejam eles medidos por nós ou não. Conforme vimos no capítulo anterior, de acordo com a mecânica quântica toda a informação de um certo sistema físico está contida na função de onda que o descreve. O que o princípio da incerteza nos diz é que, mesmo que conheçamos completamente essa função de onda, quer dizer, mesmo que saibamos tudo o que há para se saber sobre o sistema físico em questão (pelo menos de acordo com a teoria quântica), ainda assim não poderemos conhecer com certeza sua posição e velocidade. A incerteza não se deve aos nossos aparatos de medida ou a erros experimentais. A incerteza é fundamental.

No cerne da incerteza está a dualidade onda-partícula. Como também já vimos, essa dualidade se expressa matematicamente pelas equações de Planck e de De Broglie, $E = hf$ e $\lambda = h/p$, ambas envolvendo a constante h de Planck. A primeira equação relaciona um conceito ondulatório, a frequência f, a uma propriedade tipicamente corpuscular, a energia E. A segunda equação por sua vez relaciona o caráter corpuscular ilustrado pelo momento p à propriedade ondulatória do comprimento de onda λ. Se o comprimento de onda é bem determinado, então, pela equação de De Broglie, seu momento (e velocidade) será preciso e sem nenhuma incerteza; entretanto, pelo princípio da incerteza, sua posição estará indefinida. Tal como uma onda em uma corda de violão ou uma onda no lago, essa onda se espalhará por todo o espaço e, assim, sua posição será altamente incerta. Pela regra de Born, ao medirmos essa partícula, ela poderá se encontrar basicamente em qualquer lugar. Ao contrário, para obtermos uma partícula com posição bem definida, temos que combinar várias ondas de comprimento de onda distintos. Esse pacote de ondas terá uma posição muito bem definida, mas, como é uma combinação de várias ondas com momentos distintos, sua velocidade poderá assumir uma vasta gama de valores.

O princípio da incerteza não é um limite sobre o quão bem podemos medir as propriedades de sistemas quânticos, e sim um limite sobre o quão precisas e bem determinadas tais propriedades são, mesmo que saibamos tudo o que há para se saber sobre esse sistema quântico. Talvez um nome mais correto para o princípio da incerteza fosse princípio da incognoscibilidade. Na máxima de Laplace, se soubéssemos todas as posições e todas as velocidades de todos os constituintes do Universo, todo o futuro se desvelaria para nós. O problema desse argumento não está na sua conclusão. Está na sua premissa.

No seu âmago, a natureza é fundamentalmente desconhecida. E assim continuará.

Pião quântico

Antes das formulações propostas por Schrödinger e Heisenberg, a explicação da maioria dos fenômenos quânticos não advinha de uma compreensão detalhada e profunda. Não passava de um conjunto de regras elaboradas para legitimar os resultados experimentais. Esse era o caso do modelo atômico capitaneado por Bohr e Sommerfeld. Ondas de elétrons em órbitas estacionárias ao redor de núcleos atômicos e saltos quânticos foram percepções geniais, mas careciam de uma base teórica sólida e certamente tinham seus limites.

Um exemplo desse limite foi percebido quando um átomo foi colocado na presença de um campo magnético externo e se observou que suas linhas espectrais se multiplicavam, efeito descoberto pelo físico holandês Pieter Zeeman e descrito em uma série de artigos publicados a partir de 1896. Na presença do campo magnético, várias novas linhas poderiam aparecer onde antes havia uma única linha espectral associada aos saltos quânticos entre diferentes níveis energéticos. Para explicar esses detalhes finos da estrutura atômica, Sommerfeld postulou (ou seja, inventou) a existência de três números governando os saltos quânticos: os números quânticos n, l e m, descrevendo, grosso modo, o tamanho, o formato e a direção da órbita, respectivamente. No entanto, a alegria de Sommerfeld haveria de durar pouco. Medições mais precisas revelaram que as linhas espectrais do efeito Zeeman eram mais variadas e complexas do que os três números quânticos fariam supor.

A principal marca do modelo atômico de Bohr-Sommerfeld era sua explicação bastante bem-sucedida da tabela periódica dos elementos. Até o advento da mecânica quântica, a tabela resumia virtualmente todo o nosso conhecimento atômico, mas sua forma e aparência eram inexplicadas. Por exemplo, por que alguns elementos eram metálicos, enquanto outros formavam gases nobres?

Munido de seus números quânticos (ver o quadro a seguir), Sommerfeld percebeu que a tabela periódica dos elementos poderia ser naturalmente reconstruída se uma certa regra fosse imposta: cada órbita eletrônica pode conter no máximo dois elétrons. Desse modo, a camada $n = 1$ (com apenas uma órbita possível) poderia conter dois elétrons, a camada $n = 2$

(com quatro possíveis órbitas diferentes) poderia conter oito elétrons, a camada $n = 3$ (com nove possíveis órbitas diferentes) poderia conter dezoito elétrons e assim consecutivamente. Fosse o sistema solar tal como os átomos, cada uma das órbitas planetárias — em particular a terceira órbita, ocupada pelo pálido ponto azul a que chamamos casa — acomodaria não um e sim dois possíveis planetas.

Seguindo essa regra, os diferentes elementos seriam construídos simplesmente pelo preenchimento das vagas eletrônicas das diferentes órbitas atômicas. O átomo de hidrogênio é caracterizado por um elétron na primeira órbita atômica. O próximo átomo, o de hélio, é caracterizado por dois elétrons nessa mesma primeira órbita atômica. O elemento seguinte na tabela periódica, o lítio, com o total de três elétrons, consiste em dois elétrons na primeira camada e um elétron na segunda camada $n = 2$. O oxigênio, por exemplo, tem oito elétrons: dois com $n = 1$ (primeira órbita), quatro com $n = 2$ e mais dois com $n = 3$. Interessantemente, sempre que uma dada camada fosse preenchida teríamos o que chamamos de um gás nobre: o hélio corresponde à camada $n = 1$ preenchida, enquanto o neônio (dez elétrons) e o argônio (28 elétrons) correspondem às camadas $n = 2$ e $n = 3$ completamente preenchidas. Mas a pergunta a que ninguém sabia responder era: por que dois e apenas dois elétrons por órbita? Por que não só um, ou talvez três? A física atômica da época estava cada vez mais parecida com numerologia ou alguma outra pseudociência, algo que o famoso Wolfgang Pauli não podia suportar.

OS NÚMEROS QUÂNTICOS E O EFEITO ZEEMAN

Conforme proposto por Sommerfeld, cada combinação dos três números quânticos n, l e m nos dava uma órbita possível para os elétrons. O número n é chamado de número quântico principal; l, de número quântico azimutal; e m é o número quântico magnético. As regras quânticas nos dizem que esses números não são arbitrários: eles guardam uma relação entre si. Quanto maior o número n, maior a energia da órbita. O número l varia de $l = 1$ até $l = n - 1$. E m varia de $m = - l$ até $m = + l$, sempre assumindo valores inteiros. A primeira órbita atômica é, portanto, descrita por ($n = 1$, $l = 0$, $m = 0$). A segunda órbita é dada por ($n = 2$, $l = 0$, $m = 0$) ou ($n = 2$, $l = 1$, $m = + 1, 0, - 1$), um total de quatro possibilidades. Seguindo esse raciocínio, a terceira camada atômica seria dada por ($n = 3$, $l = 0$, $m = 0$) ou ($n = 3$, $l = 1$, $m = + 1, 0, - 1$) e ($n = 3$, $l = 2$, $m = + 2, + 1, 0, - 1, - 2$), um total de nove possibilidades. Ou seja, todos os níveis energéticos acima de $n = 1$ na verdade têm um número maior de possíveis órbitas. Possibilidades estas que são reveladas pela presença de um campo magnético externo. A explicação física se dá pelo fato de que os números quânticos l e m funcionam como uma espécie de ímã. E, tal como o ímã de uma bússola segue o campo magnético terrestre, essas bússolas quânticas também têm sua energia e direção alteradas ao interagirem com o campo magnético externo. Fato que explica a multiplicação do número de linhas espectrais observada no efeito Zeeman.

Conhecido tanto por sua genialidade e proeza matemática quanto por ser um assíduo frequentador da noite de Viena, Pauli resolveu o problema inventando um novo número quântico, hoje chamado de spin, o qual só poderia assumir dois possíveis valores: $s = 1/2$ ou $s = -1/2$. Mas não só isso. Pauli descobriu o chamado princípio da exclusão: dois elétrons em um átomo nunca poderiam ter os mesmos números atômicos. Na primeira camada ($n = 1$) só temos uma órbita possível, mas, como o número quântico de spin s pode assumir dois valores, isso explica por que a primeira órbita fica cheia somente com dois elétrons. A segunda camada ($n = 2$) tem quatro possíveis órbitas, mas, dados os dois possíveis valores do spin, chegamos ao valor observado de oito possíveis elétrons necessários para preencher completamente essa camada. Apesar de explicar o efeito Zeeman e de uma vez por todas acabar com o mistério da tabela periódica, ninguém ainda sabia o que era o spin.

A explicação foi dada por dois alunos holandeses de pós-graduação, George Uhlenbeck e Samuel Goudsmit, no outono de 1925. Eles perceberam que, assim como o número quântico m, o spin s também poderia ser associado a uma espécie de ímã. Entretanto, ao contrário do número m, que tinha sua origem física no movimento orbital do elétron em torno do núcleo, o spin não poderia ter origem em nenhum movimento do elétron no espaço tridimensional. Inicialmente, pensou-se que esse spin poderia advir de rotação do elétron em torno de si próprio, uma espécie de pião quântico. Mas a velocidade de rotação deveria ser tão grande que ultrapassasse, e muito, a velocidade da luz, e, portanto, violaria uma regra básica da teoria da relatividade de Einstein. O que se percebeu foi que o spin, ao contrário dos outros números quânticos, não tinha nada a ver com o movimento do elétron. O spin, tal como a carga ou a massa, era uma propriedade intrínseca e indissociável do elétron. Um conceito quântico sem qualquer analogia possível no interior da física clássica.

Certamente Uhlenbeck e Goudsmit teriam recebido o prêmio Nobel de Física por sua explicação do spin eletrônico — não fosse um acontecimento com Pauli, já conhecido na época pelo apelido de "Fúria dos Deuses", por suas críticas ácidas aos trabalhos de colegas. Algum tempo antes da descoberta da dupla holandesa, o alemão Ralph Kronig, então com apenas 21 anos, já havia proposto explicação semelhante para o spin. Entretanto, desmotivado pela dura crítica de Pauli, nunca publicou o resultado. Apesar disso, o fato de que sua descoberta antecedera a dos holandeses se tornou amplamente conhecido. Anos mais tarde, em 1945, o Nobel de Física viria a ser concedido a Pauli pela descoberta do princípio da exclusão. Avesso a discórdias, o comitê do prêmio Nobel, no entanto, decidiu desprezar a descoberta de Uhlenbeck, Goudsmit e Kronig, algo que faria Pauli se sentir extremamente culpado por sua famosa fúria.

Infelizmente, a história de Kronig não é um caso isolado. Desmotivados pela crítica de pesquisadores famosos, ainda que retrógrados, são vários os relatos de descobertas importantes feitas por jovens cientistas que se perdem ou demoram anos para serem devidamente apreciadas.

Uma bússola indecisa

Com o intuito de compreender mais profundamente as peculiaridades do spin eletrônico, em 1922 os físicos alemães Otto

Stern e Walther Gerlach elaboraram um experimento no qual se gerava um campo magnético não uniforme. Sabia-se, pela teoria eletromagnética, que um momento magnético (um ímã) colocado na presença desse campo estaria sujeito a uma força. No caso do experimento de Stern-Gerlach, o aparato consistia em dois ímãs com formas e orientações tais que essa força atuava ao longo da direção vertical. Fosse um ímã clássico, a força que ele sentiria, e portanto o deslocamento antes de se chocar contra uma tela de observação, dependeria da direção do ímã atravessando o aparato. Se o ímã apontar para cima, ele será desviado para cima, se o ímã apontar para baixo, ele será desviado para baixo. Agora, se o ímã estiver apontando na direção horizontal, ele simplesmente não será defletido.

Um ímã quântico, tal como um elétron, no entanto, teria um comportamento muito diferente. Como vimos, a origem do ímã eletrônico se dá de duas formas: o primeiro associado ao seu movimento angular de rotação em torno do núcleo atômico, e o segundo associado ao spin, ou seja, intrínseco ao elétron. Ou seja, devido ao seu spin, mesmo que enviássemos elétrons únicos através do aparato de Stern-Gerlach, também deveríamos observar sua deflexão.

Tal como no caso clássico, a direção da força magnética que será sentida pelo elétron dependerá da direção do seu spin. Se o spin aponta para cima o elétron será desviado para cima, e o contrário, se o spin aponta para baixo. Entretanto, diferentemente do ímã a que estamos acostumados, caso o spin apontasse na direção horizontal (perpendicular à direção do aparato que gera o campo magnético), o elétron ainda assim seria defletido para cima ou para baixo, e não mais passaria reto sem sentir a força magnética.

Para entender o que está acontecendo, vamos lançar mão dos postulados da mecânica quântica. Como foi descoberto por Schrödinger, o primeiro deles nos diz que um sistema físico é representado pela função de onda. O segundo postulado implica que a evolução temporal de um sistema físico é regida pela equação de Schrödinger (ao menos para fenômenos não relativísticos). O terceiro toma como base as descobertas de Heisenberg que afirmam que todas as propriedades de um sistema físico deveriam ser representadas pelo que chamamos de um operador hermitiano (basicamente as matrizes descobertas por Heisenberg). O último postulado, possivelmente o mais intrigante e na origem da maior parte das estranhezas quânticas, se baseia na regra proposta por Born para conectar a função de onda com as probabilidades do que observamos em um experimento. Esse quarto postulado nos diz que, diferentemente da equação de Schrödinger, o processo de medição é uma transformação abrupta, convertendo superposições em valores bem-definidos, os quais observamos nos nossos aparatos de observação. Qualquer cálculo quântico, ainda hoje, é uma combinação desses quatro postulados. Seja a dualidade onda-partícula, o princípio da incerteza, a superposição ou o emaranhamento quântico, todos são consequência dessas quatro regras.

Como resultado do primeiro postulado, o spin pode estar numa superposição de apontar para cima (o termo $|\uparrow\rangle$) e para baixo (o termo $|\downarrow\rangle$), sem na verdade ser nem um nem outro. Ou seja, como mostrado na Figura 2.2, ele é descrito pela função de onda $|\Psi\rangle = |\uparrow\rangle + |\downarrow\rangle$. Por sua vez, o segundo postulado nos diz como essa função de onda evoluirá com o tempo, a depender de sua interação com o aparato experimental e o ambiente que o rodeia.

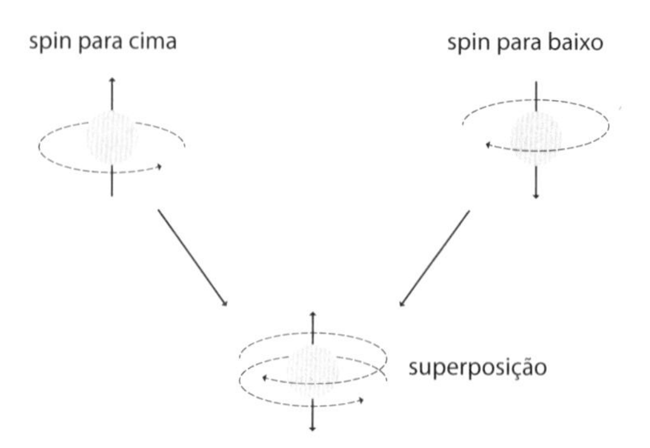

FIGURA 2.2. O spin de um elétron pode estar em uma superposição de apontar para cima e para baixo ao "mesmo tempo", mas na verdade não ser nem um nem outro.

O terceiro postulado nos diz como devemos entender o aparato de medição. Aplicado especificamente ao experimento de Stern-Gerlach, esse postulado nos diz que o resultado de se medir o spin do elétron ao longo da direção vertical só poderá nos dar dois resultados possíveis, ao contrário do caso clássico, que poderia ter um contínuo de valores. Vemos aqui a quantização do spin.

Por sua vez, utilizando o quarto postulado, vemos que, após a medição, o spin do elétron estará ou para cima ou para baixo, ou seja, será ou $|\Psi\rangle = |\uparrow\rangle$ ou $|\Psi\rangle = |\downarrow\rangle$, com probabilidades regidas pelos coeficientes do estado pré-medição dado por $|\Psi\rangle = |\uparrow\rangle + |\downarrow\rangle$. Isso significa o seguinte: antes de medirmos o spin, ele poderia apontar para cima ou para baixo; mas, após medi-lo e encontrá-lo apontando, digamos, para cima, qualquer medição posterior sempre continuará dando para cima. Em outras palavras, a função de onda do spin foi colapsada de uma superposição (para cima "e" para baixo) para um valor bem definido (para cima "ou" para baixo).

Para ilustrar a estranheza desse colapso da função de onda, vamos considerar outro exemplo, um elétron com velocidade muito bem definida. Pelo princípio da incerteza de Heisenberg, sabemos que sua posição será bastante deslocalizada. Exagerando um pouco, digamos que o elétron pode ser encontrado tanto aqui quanto em Saturno. Mas, ao fazermos uma medição e encontrarmos o elétron aqui na Terra, é como se uma mensagem secreta e instantânea fosse enviada a Saturno dizendo: "O elétron não está aí". Imediatamente, um elétron que poderia se encontrar por todo o Universo se materializa aqui na Terra. É importante ressaltar, no entanto, que isso não nos possibilita enviar mensagens instantâneas entre a Terra e Saturno. Até hoje não sabemos exatamente o significado físico desse colapso da função de onda. Como discutiremos no Capítulo 4, isso está relacionado a uma questão fundamental ainda não resolvida, o chamado problema da medição.

A situação fica ainda mais estranha se fizermos uma sequência de medições no nosso spin. Tal como no caso anterior, a primeira medição será ao longo da direção vertical. Mas considere agora que, após essa primeira medição, coloquemos um outro aparato de Stern-Gerlach, este rodado de 90° em relação ao primeiro. Ou seja, nesse caso, a força magnética estaria sendo aplicada na horizontal, correspondendo, portanto, a uma medição do spin eletrônico ao longo desse novo eixo. O estado inicial do spin é uma superposição $|\Psi\rangle = |\uparrow\rangle + |\downarrow\rangle$. Digamos que na primeira medição, ao longo do eixo vertical, tenhamos observado spin para cima, ou seja, $|\Psi\rangle = |\uparrow\rangle$. Do ponto de vista do aparato seguinte, orientado na horizontal, um spin que aponta na vertical é na verdade uma superposição de um spin que aponta tanto para a esquerda quanto para a direita, ou seja, $|\Psi\rangle = |\uparrow\rangle = |\rightarrow\rangle + |\leftarrow\rangle$. Um spin que possui uma direção bem definida ao longo da vertical tem uma direção completamente indeterminada ao longo da horizontal. Tal como a posição e o momento do elétron, direções ortogonais do spin também são propriedades incompatíveis e complementares, e portanto sujeitas ao princípio da incerteza.

Ao fazermos uma medição do spin $|\Psi\rangle = |\uparrow\rangle = |\rightarrow\rangle + |\leftarrow\rangle$ ao longo da horizontal, nós o encontraremos apontando para a direita ou para a esquerda, com a mesma probabilidade de 50%. Ou seja, novamente colapsamos a função de onda de uma superposição (nesse caso entre esquerda e direta) para um estado bem definido (esquerda ou direita). E agora vem a grande surpresa. Suponha que tenhamos observado que, ao longo da horizontal, o spin aponta para a direita, ou seja, $|\Psi\rangle = |\rightarrow\rangle$. Se fizermos uma terceira medição, novamente ao longo da direção vertical, do ponto de vista desse novo aparato de medição, um spin que tem uma direção bem definida ao longo da horizontal está em uma superposição ao longo da vertical, implicando que $|\Psi\rangle = |\rightarrow\rangle = |\uparrow\rangle + |\downarrow\rangle$. Ou seja, ao fazermos essa medição teremos 50% de chance de encontrar o spin apontando para cima ou para baixo. Mas lembre-se de que na primeira medição encontramos o spin para cima. Como é que agora ele pode também estar apontando para baixo?

Para ilustrar o quão estranha é essa mudança, considere o seguinte problema, que eu sempre encontro ao cozinhar ou fazer um suco. Os potes onde estão o sal e o açúcar são iguais, então sempre tenho que abrir e provar para descobrir qual é qual. Podemos entender esta como uma medição ao longo da direção vertical, com 50% de chance de encontrar sal/cima ou açúcar/baixo. Digamos que o resultado seja o sal, e que agora eu queira medir sua quantidade, o análogo de uma medida do spin ao longo da horizontal. Suponhamos então que as opções sejam uma colher/direita ou duas colheres/esquerda. Se após essa segunda medição eu resolvesse provar novamente o conteúdo, o que antes eu havia encontrado como sal/cima agora poderia ter se tornado açúcar/baixo. O simples ato de observar uma propriedade de um sistema parece alterar suas outras propriedades.

Fosse o ato de cozinhar um processo quântico, metade das vezes meu suco seria salgado e meus ovos mexidos, açucarados.

3. Emaranhado ou não? Eis a questão!

O debate mais famoso da física

Quando Einstein e Bohr se encontraram pela primeira vez, na primavera berlinense de 1920, ambos já eram gigantes da ciência. Além de ser um dos fundadores da revolução quântica, Einstein já havia publicado a teoria da relatividade geral, sua obra-prima que explica de maneira geométrica a gravidade e o espaço-tempo (e foi curiosamente em Sobral, no Ceará, durante o eclipse solar de 1919, que tal teoria teve sua primeira confirmação experimental). Por sua vez, o modelo de Bohr resolvia os mais variados problemas em física atômica e já era amplamente aceito.

A julgar pelas cartas trocadas depois desse contato inicial, poderia se imaginar que duas almas gêmeas haviam finalmente se encontrado. Após Einstein lhe dizer que "Não é comum na minha vida um ser humano ter me causado tamanha satisfação por sua simples presença como você causou", Bohr respondeu: "Conhecer e falar com você foi uma das maiores experiências que eu já tive". A amizade entre os dois e suas intermináveis discussões científicas duraram muitos anos, tendo como ponto de encontro muitas vezes a idílica Tisvilde, na costa dinamarquesa, a apenas 100 quilômetros da capital Copenhague, e onde Bohr comprou uma casa de campo com o valor do seu prêmio

Nobel de Física, de 1922. A cabana de Bohr se tornou famosa, tendo recebido variados e ilustres convidados para discussões sem fim sobre os meandros da teoria quântica.

Em 2015, alguns meses antes de voltar ao Brasil, após seis anos como pesquisador na Europa, eu mesmo tive a oportunidade de conhecer o mítico lugar. A cabana ainda é usada para celebrar uma grande e alegre festa anual. Fui convidado para a celebração por um dos descendentes de Bohr, o qual tive o prazer de conhecer durante meu período no Instituto de Ciências Fotônicas de Barcelona e que desde então se tornou um grande amigo e colaborador. Curiosamente, ao encontrá-lo pela primeira vez, imaginei que o nome Bohr seria muito comum na Dinamarca, algo como o Silva no Brasil. Nunca imaginaria que ele era de fato da mesma família de um dos maiores físicos quânticos de todos os tempos. Sem pestanejar, em tom de brincadeira, comentei que não havia nenhum prêmio Nobel na minha família. Um tanto encabulado, ele me respondeu: "Na minha, temos dois Nobel de Física". Não somente Niels Bohr, mas também seu filho, Aage Bohr, foi agraciado com a honraria máxima. E, ao contrário do que eu supunha, Bohr não é um nome tão comum assim na Dinamarca.

A amizade entre Einstein e Bohr não impediu, no entanto, o "maior debate do século". Foi no outono de 1927, em Bruxelas, na Bélgica, durante a vª Conferência Internacional de Solvay sobre Elétrons e Fótons, um encontro para discutir então recentes descobertas — como o princípio de incerteza de Heisenberg —, no qual a divisão sobre o real significado da teoria quântica realmente tomou forma. Foi também durante essa conferência que se fez a "foto mais inteligente já tirada". Dos 29 participantes do encontro, dezessete já eram ou viriam a ser ganhadores do prêmio Nobel. Também chama a atenção na imagem que a única mulher da conferência, Marie Curie, fosse a única detentora dos dois reconhecimentos máximos da ciência da época, os prêmios Nobel de Física e de Química.

Pouco antes da conferência, Bohr havia publicado o artigo em que exporia seu famoso princípio da complementaridade, segundo o qual a dualidade entre onda e partícula seriam manifestações mutuamente exclusivas e complementares dos fenômenos quânticos. Ondas e partículas seriam diferentes lados da mesma moeda, diferentes maneiras de descrever a mesma coisa.

FIGURA 3.1. A "foto mais inteligente já tirada", com os participantes da Conferência de Solvay em 1927. Dos 29 participantes, dezessete já haviam ganhado ou viriam a ganhar o prêmio Nobel: Niels Bohr, Max Born, William Lawrence Bragg, Louis de Broglie, Arthur Compton, Marie Curie, Peter Debye, Paul Dirac, Albert Einstein, Werner Heisenberg, Irving Langmuir, Hendrik Lorentz, Wolfgang Pauli, Max Planck, Owen Richardson, Erwin Schrödinger e C. T. R. Wilson.

Cada uma é válida por si só, mas elas são impossíveis de conciliar em um mesmo quadro. Ao contrário de outros físicos quânticos, que acreditavam que somente uma descrição em termos de ondas ou em termos de partículas poderia obter sucesso, para Bohr era claro que ambas seriam necessárias para descrever o substrato quântico. Nenhum experimento seria capaz de revelar propriedades complementares de um sistema físico ao mesmo tempo, fossem a velocidade e posição de uma partícula ou seu caráter corpuscular ou ondulatório. Em suas palavras,

> evidências obtidas sob diferentes condições não podem ser compreendidas em um quadro único, mas sim devem ser consideradas complementares, no sentido de que somente a totalidade dos fenômenos exaure a informação possível sobre os objetos.

Central ao ponto de vista de Bohr, que mais tarde seria sumarizado na chamada interpretação de Copenhague, era o processo de medição. Para ele, seria impossível falar da posição ou da velocidade de uma partícula sem detalhar o aparato experimental para que tal medição fosse feita. Essa união indissociável entre o que é medido e aquele que o mede era algo radicalmente novo. Estamos na década de 1920, e até esse ponto na história da ciência dava-se como certo que as propriedades de um sistema eram bem definidas, intrínsecas e independentes de qualquer ato de medição — este último apenas uma forma de revelarmos seu valor. Para Einstein, a visão realista da natureza era essencial não somente para a física, mas para toda a ciência. Segundo ele, era simplesmente abominável a ideia de que a observação tivesse um papel fundamental no que percebemos como realidade.

Durante a conferência, com o objetivo de tentar desconstruir conceitos como os princípios da incerteza e da complementaridade, Einstein lançou mão de um dos seus mais famosos recursos, os chamados experimentos imaginários. Ao contrário de um experimento real, feito com tubos, parafusos, quinquilharias eletrônicas e lasers, os experimentos imaginários não necessitavam de implementação. Somente pelo raciocínio lógico seria possível desconstruir aparentes paradoxos e obter um quadro mais completo dos fenômenos quânticos. E, afinal, Einstein era um grande mestre dos experimentos imaginários. Duas décadas antes, ainda em 1905, foi um desses experimentos construídos em sua mente, ao indagar sobre o que aconteceria se ele pudesse viajar ao lado e à mesma velocidade de um raio de luz, que haveria de levá-lo à descoberta da teoria da relatividade.

No entanto, os argumentos de Einstein e seus experimentos imaginários eram pacientemente desconstruídos por Bohr e seus seguidores. Seria somente alguns anos mais tarde que o mais genial dos experimentos imaginários de Einstein viria à tona, um que nem mesmo Bohr seria capaz de refutar.

Einstein ataca a teoria quântica

Por anos, o debate entre Einstein e Bohr pôs em dois campos opostos vários dos fundadores da teoria quântica. De um lado, e certamente em menor número, estavam aqueles que, como Einstein, Schrödinger e De Broglie, acreditavam que a teoria quântica não passava de um quadro ainda incompleto do mundo microscópico. Do outro lado, liderados por Bohr e sua escola de Copenhague, estavam Heisenberg, Pauli, Born e a grande maioria dos físicos da época que aderiam à ideia de que a teoria quântica não apenas era logicamente consistente como também seria uma teoria completa dos fenômenos atômicos e subatômicos.

No cerne da disputa estavam duas visões de mundo diametralmente opostas. Tal como grande parte dos seus antecessores, Einstein considerava que o papel de uma teoria era descrever o mais fielmente possível as propriedades subjacentes do mundo à nossa volta. Propriedades como a posição e a velocidade de um elétron deveriam ser intrínsecas a essa partícula. A função de um experimento seria simplesmente desvelar essas propriedades, bem definidas e preexistentes, ao seu observador. Na interpretação da escola de Copenhague, no entanto, a visão de Einstein era antiquada e fadada ao fracasso quando aplicada à descrição de fenômenos quânticos. Ninguém expôs melhor a perspectiva de Copenhague do que Pascual Jordan ao dizer que

> observações não somente perturbam o que vai ser medido, elas o produzem. [...] Nós compelimos o elétron a assumir uma posição bem definida. [...] Nós próprios somos os responsáveis por produzir os resultados das medições que observamos.

Para Bohr e seus aliados, a quântica nos forçava a abandonar o conceito de uma realidade subjacente e independente do observador. O que é observado e aquele que observa formam um conjunto único e indissociável. Como resposta a essa visão certamente inovadora e radical, Einstein certa vez perguntou: "Você realmente acredita que a Lua só existe quando olhamos para ela?".

Einstein e Schrödinger sabiam que a mecânica quântica estava correta, já que todos os experimentos feitos até então permaneciam em total acordo com a teoria, algo válido até hoje. Suas críticas decorriam dessa forma completamente nova de entender não somente a realidade, mas também o papel de uma teoria física. Citando mais uma vez Einstein: "Se isso está correto, significa o fim da física como ciência". Mais do que a interpretação da realidade quântica, o que estava em jogo para ele era a física como a conhecíamos. A única saída para resgatar a visão de mundo pregada por Einstein seria se a quântica, apesar de correta, estivesse incompleta. Mas como algo assim seria possível?

Lembremos que a teoria quântica é uma teoria probabilística. Ao contrário da física newtoniana, na qual as partículas têm posições e velocidades bem definidas, na quântica toda informação sobre um dado sistema físico está codificada na função de onda. Como vimos no capítulo anterior, essa função de onda pode implicar que o spin do elétron não aponte nem para cima nem para baixo, sendo uma superposição de ambas as possibilidades. Tal como defendido por Jordan, antes de medirmos o spin e de fato o encontrarmos apontando para cima ou para baixo, ele está indefinido. Tudo o que a mecânica quântica pode nos oferecer é a probabilidade de que, se uma medição do spin for feita, o encontremos ao longo de uma certa direção. E, no cômputo dessas probabilidades, a mecânica quântica parece infalível.

Mas e se, argumentava Einstein, a função de onda não for a descrição mais completa possível de um sistema físico? Ao jogarmos uma moeda esperamos que dê cara ou coroa metade das vezes. Essa probabilidade vem do nosso desconhecimento sobre as condições que afetam a posição final da moeda, tais como a velocidade, a altura e o ângulo com os quais ela sai de nossa mão. Fossem essas quantidades conhecidas, o resultado de um jogo de moeda ou qualquer outro jogo de azar seria indubitavelmente conhecido. Não poderia ser esse justamente o caso com a mecânica quântica? Se tivéssemos acesso a outras propriedades além da função de onda, as probabilidades quânticas e suas incertezas deixariam de ser fundamentais. Afinal, como disse Einstein: "Deus não joga dados".

Em 1935, com Boris Podolsky e Nathan Rosen, seus colaboradores, Einstein acreditava ter encontrado a prova definitiva da incompletude da teoria quântica. Primeiramente, o trio EPR, como ficaram conhecidos os três autores, teve que definir o significado de uma teoria completa: que todo elemento de realidade física tenha seu análogo descrito pela teoria. Parece razoável, mas o que seria de fato um elemento de realidade? Parece uma pergunta mais filosófica do que física. E, para evitar enveredar pelo terreno pantanoso da metafísica, eles adotaram uma definição matemática bastante plausível: se, sem perturbar o sistema de maneira nenhuma, podemos predizer com certeza o valor de uma quantidade física, então existe um elemento de realidade física associado a essa quantidade. Pense por exemplo em um elétron descrito por uma função de onda com comprimento de onda λ bem determinado. Pela equação de De Broglie, $p = h/\lambda$, poderíamos prever com total certeza o valor do momento p desse elétron. Mas sendo uma onda deslocalizada no espaço, teríamos total incerteza sobre sua posição. De acordo com o critério EPR, nesse caso a velocidade do elétron seria um elemento de realidade, mas sua posição não o seria. Justamente o contrário do que Einstein gostaria de mostrar.

Para dar um passo além, o trio percebeu que precisaria utilizar um sistema com mais de uma partícula. Recorreremos aqui à versão do físico norte-americano David Bohm, que, diferentemente do argumento original, utiliza o spin dos elétrons e é mais fácil de ser visualizada. Considere dois elétrons confinados em uma pequena caixa. Pelo princípio de Pauli, os estados quânticos desses elétrons devem ser distintos. Portanto, se o spin de um elétron aponta para cima ao longo de uma certa direção, o spin do outro elétron deve necessariamente apontar no sentido oposto. Além do mais, dada a indistinguibilidade dos dois elétrons confinados na mesma região do espaço, não podemos saber qual aponta para cima e qual aponta para baixo. Do ponto de vista da mecânica quântica, temos apenas a garantia de que os spins apontam em direções opostas. Mas não podemos dizer qual é a direção do spin de determinado elétron. Dessa forma, a única função de onda possível descrevendo os spins dos dois elétrons seria $|\Psi\rangle = |\uparrow\downarrow\rangle - |\downarrow\uparrow\rangle$. O primeiro termo, $|\uparrow\downarrow\rangle$, indica que o spin do primeiro elétron aponta para cima ao longo da direção vertical e o spin do segundo elétron aponta para baixo. O termo $|\downarrow\uparrow\rangle$ da função de onda tem interpretação similar: o sinal de menos antes dele tem a ver com a indistinguibilidade dos elétrons, mas não vamos entrar nesses detalhes aqui.

Considere agora que ambos os elétrons são enviados em direções opostas, viajando longas distâncias de modo que estão em lados opostos das espirais da nossa galáxia. De acordo com a previsão probabilística da mecânica quântica, ao medirmos o spin do primeiro elétron ao longo da direção vertical, encontraremos, com 50% de probabilidade, o spin apontando para cima ou para baixo. E, como os spins sempre apontam em direções opostas, se o spin do primeiro elétron aponta para cima, o do segundo aponta para baixo, e vice-versa. Ou seja, ao observarmos o primeiro elétron podemos obter informações sobre o segundo, mesmo que este esteja no lado oposto do Universo. Essa aparente telepatia entre os elétrons pode parecer estranha, mas o fenômeno em si mesmo é bastante comum, sendo uma simples consequência da anticorrelação entre o spin dos elétrons. Por exemplo, considere que em todos os Natais uma mãe envie para seu filho e sua filha o mesmo conjunto de presentes. Sempre que um deles ganha um par de meias brancas, o outro ganha um par de meias pretas. Mas quem ganha qual par de meias é sempre um mistério. Ao receber o presente pelos correios e descobrir ter ganhado as meias brancas, o irmão saberá instantaneamente que o par de meias de sua irmã será preto, seja ela sua vizinha ou more no Japão.

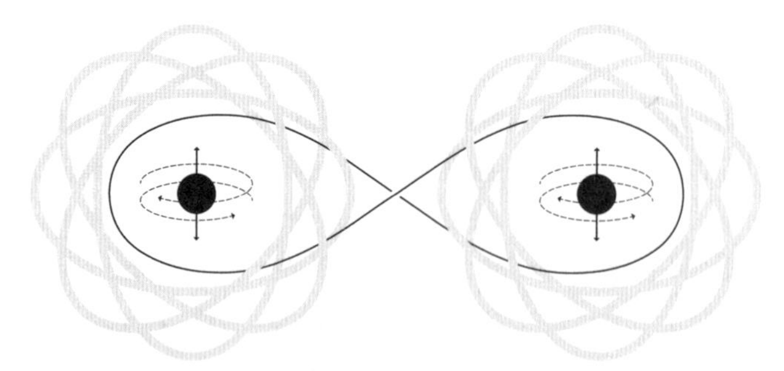

FIGURA 3.2. Individualmente, o spin de cada partícula tem uma direção indeterminada. Mas, estabelecendo a direção de um dos spins, o outro fica instantaneamente determinado, mesmo que eles estejam a grandes distâncias entre si.

A grande sacada do trio EPR foi usar essas anticorrelações entre os spins para impor as duas condições para que o spin fosse um elemento de realidade. Medindo o primeiro spin, podemos determinar a direção do segundo com 100% de certeza. E, dada a grande distância entre os elétrons, podemos assegurar que a medição no primeiro elétron não perturba de maneira nenhuma o segundo. Se algum tipo de perturbação fosse de fato possível, estaríamos violando uma das consequências da teoria da relatividade especial, a de que nada pode viajar mais rápido do que a luz. Em suma, concluíram Einstein e seus colegas, o spin do elétron ao longo da direção vertical pode ser associado a um elemento de realidade.

Podemos agora perguntar o que aconteceria, tal como no experimento de Stern-Gerlach (descrito no capítulo 2), se medíssemos o spin do primeiro elétron ao longo de outra direção. Digamos, a direção horizontal. O spin ao longo das direções vertical e horizontal corresponde a observáveis (matrizes, na descrição de Heisenberg) que não comutam. Assim, pelo princípio da incerteza, seria impossível que o spin ao longo de ambas as direções pudesse ter um valor bem determinado e sem nenhuma incerteza. Entretanto, ao aplicar o critério de realidade ao sistema de dois elétrons distantes, Einstein e seus colaboradores chegavam a uma resposta que parecia contradizer o princípio da incerteza. A função de onda $|\Psi\rangle = |\uparrow\downarrow\rangle - |\downarrow\uparrow\rangle$ descreve a direção do spin dos elétrons ao longo da direção vertical. Mas essa mesma função de onda também contém toda a informação sobre o spin em qualquer outra direção que não a vertical. Se estamos interessados no spin dos elétrons na direção horizontal, usando as regras quânticas vemos que a função de onda fica dada por

$|\Psi\rangle = |\rightarrow\leftarrow\rangle - |\leftarrow\rightarrow\rangle$. Ou seja, assim como ao longo da direção vertical, os spins ao longo da direção horizontal também são sempre anticorrelacionados. Se um aponta para a esquerda, o outro sempre aponta para a direita, e vice-versa. Mas nunca sabemos de antemão qual spin aponta para a direita ou para a esquerda. Mais ainda, usando a mesma argumentação feita para a direção vertical, chegamos à conclusão de que, medindo o spin do primeiro elétron, também podemos determinar com total certeza e sem nenhuma perturbação o spin do segundo elétron ao longo da direção horizontal.

Como consequência, o spin, seja ao longo da direção vertical ou da horizontal, parece poder ser associado a elementos de realidade. A mesma análise poderia ser feita para a posição e velocidade do elétron ou qualquer outro par de quantidades não comutativas, contrariando assim a máxima do princípio da incerteza. Obviamente, dado um único par de elétrons, só poderíamos determinar seu spin (alternativamente, medir sua posição ou sua velocidade) ao longo de uma única direção. Isso porque, ao medirmos o spin do primeiro elétron ao longo da direção vertical, estaríamos indubitavelmente perturbando seu spin ao longo da outra direção (relembre a discussão do ímã indeciso no capítulo 2). Mas a questão do trio EPR era mostrar não que ambas as propriedades poderiam ser medidas simultaneamente, e sim que elas poderiam ser bem definidas ao mesmo tempo, ainda que nenhuma medição fosse realizada. Afinal, a Lua deveria estar no céu mesmo que ninguém estivesse olhando para ela.

A conclusão óbvia para o trio era de que a mecânica quântica, apesar de correta, estaria incompleta. A posição e a velocidade de uma partícula (ou dos spins ao longo de diferentes direções) poderiam, sim, ser bem definidas no mesmo instante. Mas, dado que a teoria quântica não predizia tal possibilidade, deveria haver outras propriedades de relevância e que não eram abarcadas pela descrição que a função de onda fornecia. Na frase final do famoso artigo, o trio EPR diz: "Apesar de ter mostrado que a função de onda não fornece uma descrição completa da realidade física, deixamos em aberto a questão sobre a existência ou não de tal descrição. Nós acreditamos, entretanto, que essa teoria seja possível".

O que a última frase aventa é a possibilidade do que se passou a chamar de variáveis ocultas. Uma vez conhecidas, essas variáveis transformariam as aparentes aleatoriedade e incerteza quânticas no velho determinismo da física clássica. Somente três décadas mais tarde ficaria claro que o sonho de Einstein nunca poderia se realizar.

O todo é mais que a soma de suas partes

Antes de enterrarmos de vez as esperanças de Einstein de que a Lua realmente esteja no céu quando ninguém está olhando para ela, vamos focar nossa atenção no punhal que, nas mãos de John Bell, na década de 1960, será capaz de destruir esse sonho: o emaranhamento quântico. Essa peça essencial do nosso entendimento moderno da mecânica quântica já estava presente, ainda que de modo implícito, no artigo EPR. Entretanto, foi só em um artigo subsequente de Schrödinger que sua importância começou a ser de fato compreendida. Em suas palavras, o emaranhamento seria "o traço mais característico da mecânica quântica, aquele que realmente nos força a abandonar qualquer linha clássica de raciocínio". Mas o que é esse emaranhamento? Sendo um conceito genuinamente quântico, qualquer explicação em termos de conceitos a que estamos acostumados será apenas uma aproximação do seu real significado. Mas não custa tentar.

Voltemos ao exemplo das meias de Natal enviadas pela mãe ao filho e à filha. Sendo uma mãe moderna e antenada, ela decide enviar junto com o par de meias a última moda nos cartões de Natal: cartões emaranhados. A primeira diferença para os cartões usuais é que estes cartões emaranhados só podem ser comprados e enviados em pares. Quando postos lado a lado, bonitas imagens e uma reconfortante mensagem de Natal se formam. Entretanto, quando separados, as imagens desaparecem e vemos apenas um borrão em cada um dos cartões. É como se a informação não estivesse contida nos cartões individuais, mas apenas no conjunto de dois cartões. "Que ótima maneira de reunir o filho e a filha no Natal", pensa a mãe. Afinal, se ambos quiserem saber o que está escrito nos cartões, necessariamente terão que se encontrar.

Para sistemas físicos usuais esse fenômeno nunca aconteceria. Parece razoável supor que a informação total contida no livro que você tem agora na mão seja simplesmente a soma das informações contidas em cada uma de suas páginas. Parece senso comum que o todo seja a soma de suas partes. Entretanto, se as páginas deste livro fossem emaranhadas, ao menos individualmente elas não conteriam informação alguma, apenas sequências indecifráveis de caracteres. Somente quando colocadas lado a lado e vistas de uma só vez, se revelaria a informação de cada uma das páginas — pois em um sistema quântico emaranhado a informação não se localiza nos seus constituintes, mas sim no seu todo. Independentemente da distância entre elas, mesmo que estejam de lados opostos do Universo, as partículas emaranhadas funcionam como um ente único de informação. Dizemos que as propriedades de um sistema quântico são não locais.

No Natal de 2019, o qual passamos na Alemanha, meu filho, na época com dez anos, me perguntou qual era exatamente o objeto de estudo da minha pesquisa. Tentando explicar para o pequeno o que era emaranhamento, eu olhei para o Lego de um ônibus espacial que montávamos já há dois dias e lhe disse:

> O papai tenta montar um Lego com muitas peças. Mas, ao contrário deste Lego na nossa frente, o manual não nos ajuda, pois em cada uma das páginas temos um monte de figuras desconexas. Para resolver o quebra-cabeças, nossa única informação é a foto do Lego já montado na caixa do produto. Mais do que isso, cada peça de Lego, que podemos entender como um elétron ou alguma de suas propriedades, não tem forma alguma por si só. Somente quando encaixadas umas nas outras elas assumem as formas a que estamos acostumados.

Feliz com minha analogia e vendo o sorriso no rosto do meu filho, fiquei esperançoso de ter conseguido explicar para uma criança um fenômeno que havia levado ao desespero alguns dos maiores gênios do século XX. Minha esperança se desvaiu quando, como resposta à minha elaborada explicação, ele apenas me disse: "É sério que eles te pagam pra montar Lego?".

Voltemos ao experimento imaginado pelo trio EPR. Como vimos, a função de onda que descreve o estado conjunto do spin dos dois elétrons é dada por $|\Psi\rangle = |\uparrow\downarrow\rangle - |\downarrow\uparrow\rangle$. Fosse esse um sistema físico usual, imaginaríamos que poderíamos descrever cada um de seus componentes individualmente e, a partir da descrição individual, recuperar a descrição do sistema como um todo. Nessa descrição intuitiva, diríamos que podemos escrever a função de onda para os dois elétrons como o produto de duas funções de onda individuais. Quer dizer, $|\Psi\rangle = |\Psi_1\rangle \times |\Psi_2\rangle$, onde $|\Psi_1\rangle$ seria a função de onda descrevendo o spin do primeiro elétron e similarmente para $|\Psi_2\rangle$. Entretanto, para o estado $|\Psi\rangle = |\uparrow\downarrow\rangle - |\downarrow\uparrow\rangle$ isso é impossível. Em um estado emaranhado não podemos descrever o todo através da descrição de suas partes. Dizemos que a função de onda não é separável em seus constituintes fundamentais. No experimento EPR, o spin de cada um dos elétrons tem uma direção aleatória. A cada par de elétrons enviados para lados distantes entre si, podemos repetir as medições do spin e veremos que, independentemente da direção que escolhamos medir — vertical, horizontal ou qualquer outra —, metade das vezes o spin apontará em um sentido e metade das vezes, em sentido oposto. Individualmente, cada um dos spins parece não ter um valor bem definido. Mas quando olhamos para o sistema de dois elétrons como um todo vemos que, apesar dessa aleatoriedade, eles sempre apontam em direções opostas.

Podemos entender um pouco melhor agora o desespero de Einstein diante desse experimento imaginário. Aceitando a premissa de Bohr e da escola de Copenhague, de que o spin do segundo elétron não tem um valor bem definido até que uma medição seja feita, chegamos a uma conclusão estarrecedora. Antes de qualquer medição, os spins dos dois elétrons parecem ter direções completamente aleatórias. Contudo, uma vez que a medição no primeiro elétron é feita, o spin do segundo elétron, que pode estar a anos-luz de distância, fica instantaneamente determinado. Ou seja, é como se o que fazemos aqui pudesse instantaneamente afetar o que está acolá — um efeito que aparentemente violaria a teoria da relatividade, razão pela qual Einstein o chamou de "um efeito fantasmagórico à distância".

Entretanto, concluiu o trio EPR, se as propriedades dos sistemas físicos são bem determinadas e apenas desconhecidas para nós, a ação fantasmagórica desaparece tão rapidamente quanto surgiu. Assim como as meias de Natal enviadas pela mãe de nossa história, o fato de o irmão abrir sua caixa e descobrir que suas meias são brancas não faz com que instantaneamente as meias de sua irmã no Japão *se tornem* pretas: as cores das meias estavam sempre fixadas e bem determinadas, apenas se desconhecia o seu real valor. Para Einstein, parecia óbvio que a existência de variáveis ocultas, além da descrição da função de onda da mecânica quântica, seria a única conclusão possível. Apenas trinta anos mais tarde, após sua morte, em 1955, essa conclusão seria virada do avesso. Uma descrição mais completa da teoria quântica via variáveis ocultas era impossível. A menos que uma das hipóteses mais caras a Einstein fosse abandonada.

As variáveis ocultas ressuscitam

Seria de esperar que a conclusão de Einstein, de que a teoria quântica estava incompleta, causasse grande impacto na física da época. Entretanto, e apesar de uma notícia no *New York Times* com o título "Einstein ataca a teoria quântica", poucos foram os cientistas que se importaram com o artigo do trio. A grande maioria se contentava com o fato de que a quântica previa com quase perfeição todos os resultados experimentais observados e já naquela época abria caminhos antes inimagináveis, como o estudo da física nuclear e a descoberta de incontáveis novas partículas fundamentais, tais como o nêutron e o pósitron, cujas existências foram reveladas em 1932. A exceção foi Bohr, que, apesar de discordar veementemente de Einstein, viu no artigo do trio EPR um argumento que deveria ser rebatido, embora o tenha feito de forma extremamente confusa.

Com todo o sucesso da teoria quântica, poucos viam valor em questionamentos como o de Einstein, que a maioria considerava mais como metafísica e filosofia. Em paralelo, já se viam na Europa, em particular na Alemanha, os primeiros indícios do que viria a se tornar a Segunda Guerra Mundial. Apesar de toda a sua estranheza, a teoria quântica funcionava e seria instrumental, por exemplo, para o desenvolvimento da bomba atômica, que definiria não somente o fim da guerra mas também o cenário geopolítico internacional nas décadas seguintes. Como diria, muito tempo mais tarde, o físico norte-americano David Mermin, essa postura geral poderia ser resumida como "Cale a boca e calcule". Curiosamente, Mermin foi também o autor de um conhecido artigo na revista *Physics Today*, em 1985, com o título de "Is the Moon There When Nobody Looks?" [A Lua está lá quando ninguém a olha?], trabalho responsável por apresentar o paradoxo EPR a toda uma nova geração de cientistas.

Já que a teoria predizia os resultados experimentais de modo correto, ainda que probabilisticamente, o que mais físicos e físicas poderiam querer? Além disso, havia também uma outra razão para poucos darem atenção à sugestão de que a mecânica quântica deveria ser suplantada por variáveis ocultas ainda a serem descobertas. Em 1932, o lendário matemático húngaro John von Neumann havia escrito o primeiro livro a expor de maneira clara a estrutura matemática da teoria quântica, o qual se tornaria a bíblia da área, adotado ainda hoje nos cursos de física. De forma resumida, Von Neumann organizou as principais ideias e conceitos dos trinta anos anteriores em um conjunto de postulados matemáticos que descreveriam todos os fenômenos quânticos (o qual detalhamos no capítulo 2).

No mesmo livro, Von Neumann se perguntou se não seria possível dar uma explicação puramente estatística para a aparente aleatoriedade e as incertezas quânticas. Afinal, esse curso de ação havia funcionado perfeitamente bem para fenômenos termodinâmicos. Munido de variáveis escondidas, seria possível explicar os fenômenos quânticos através de uma teoria estatística, mas fundamentalmente clássica e determinística? A resposta dada por Von Neumann para esta pergunta foi um estrondoso não. Quer dizer, ele acreditava ter enterrado de vez a possibilidade de variáveis ocultas como explicação para a quântica. Entretanto, ao contrário da elegância e dos rigores usuais de suas provas matemáticas, a prova fornecida em desfavor dessas variáveis era bastante confusa e um tanto quanto esotérica. Mas a fama de Von Neumann o precedia. Mesmo sem checar em detalhes a sua prova matemática, a maioria dos físicos simplesmente aceitou que o assunto da não existência de variáveis ocultas estava encerrado. O "erro" cometido por Von Neumann só viria a ser descoberto décadas mais tarde, pelo físico irlandês John Bell, que em 1964 deu a derradeira punhalada na aspiração de Einstein. Mas, mesmo antes de Bell, um outro físico ousou discordar do grande Von Neumann — e seria responsável por ressuscitar as variáveis escondidas.

Apesar de seu talento e de ser orientado por Robert Oppenheimer, diretor do Projeto Manhattan para a construção da bomba atômica norte-americana, David Bohm não pôde tomar parte da maior empreitada científica da década. Contra sua participação no projeto pesavam suas inclinações políticas, já que na juventude havia integrado organizações comunistas e sindicatos. Tal como nos obscuros dias atuais, a liberdade política e de pensamento não era realmente universal. Citando o biógrafo de Bohm, Francis David Peat:

> Os cálculos do espalhamento (de colisões de prótons e dêuterons) que ele havia concluído mostraram-se úteis para o Projeto Manhattan e foram imediatamente classificados como secretos. Sem autorização de segurança, Bohm teve acesso negado ao seu próprio trabalho; ele não apenas seria impedido de defender sua tese: ele nem mesmo teve permissão para escrever a própria tese!

Buscando se estabelecer como líder de tamanha empreitada, o próprio Oppenheimer não titubeou em dizer à inteligência secreta norte-americana justamente o que ela gostaria de ouvir: havia, sim, a possibilidade de Bohm ser um espião associado aos comunistas. Anos depois, agora como diretor do Instituto de Estudos Avançados de Princeton, Oppenheimer teve a chance de se redimir e ofereceu a Bohm uma posição de pesquisador no prestigioso centro. Entretanto, não muito diferente da caça às bruxas que vemos hoje, a paranoia anticomunista dos Estados Unidos pós-guerra vitimou Bohm uma vez mais. Impossibilitado de trabalhar em seu próprio país, no final de 1951 ele veio para o Brasil, tendo trabalhado na Universidade de São Paulo por três anos.

Talvez por não ter mais nada a perder e inspirado por conversas com Einstein em Princeton, antes de ser enxotado ele não hesitou em ir contra o status quo. Em dois artigos publicados pouco após sua chegada ao Brasil, Bohm construiu uma teoria de variáveis ocultas capaz de reproduzir exatamente todas as previsões da mecânica quântica. O trio EPR havia lançado a ideia no ar, mas foi Bohm o primeiro a mostrar que essas variáveis seriam possíveis. Sua teoria era uma versão mais refinada e elaborada da onda-piloto introduzida quase três décadas antes por Louis de Broglie. E, ao contrário da função de onda de Schrödinger, a onda-piloto de Bohm era uma onda física real. Em sua visão, as ondas-piloto seriam as variáveis ocultas que faltavam para completar a mecânica quântica. Elas preencheriam todo o espaço e, tal como as ondas carregam os surfistas no mar, gerariam uma espécie de corrente que guiaria as partículas quânticas, que teriam então posições e velocidades muito bem definidas. Ou seja, a incerteza sobre essas quantidades e toda a aleatoriedade que daí decorre viriam do nosso desconhecimento dessas ondas-piloto.

Apesar de ter conseguido o que Von Neumann anos antes havido declarado impossível, poucos cientistas deram atenção aos resultados de Bohm. Grande parte da comunidade simplesmente acreditou que eles haveriam de estar incorretos, já que o grande Von Neumann assim predissera. Mas, na verdade, a prova de Von Neumann se restringia a uma classe bastante específica de variáveis ocultas e que certamente não incluíam o modelo proposto por Bohm. Fazendo uma analogia, era como se Von Neumann tivesse provado que certo objeto não pode ser nem branco nem preto, mas nada impediria que ele fosse cinza, por exemplo. A rigor, o modelo do perseguido físico norte-

-americano tinha as mesmas previsões que a mecânica quântica defendida por Copenhague e seus séquitos, mas apesar disso a teoria bohmiana permaneceu obscura. Até hoje são poucos os que ouviram falar dela. Eu mesmo só soube por acaso, em seminário no último semestre do meu curso de física.

O próprio Einstein, a quem tanto interessava essa teoria de variáveis ocultas, mostrou pouco apreço por esse desenvolvimento. Para recuperar a ideia de propriedades físicas bem definidas, Bohm teve que impor um preço que Einstein não estava disposto a pagar. A onda-piloto governando as partículas quânticas deveria permear todo o espaço e, tal como a ação fantasmagórica abominada por Einstein, deveria ser sensível ao que acontece aqui mesmo estando acolá. Nas palavras de John Bell, "as trajetórias que eram impostas às partículas elementares mudariam instantaneamente quando qualquer um movesse um pedaço de ímã em qualquer lugar do Universo". A teoria de variáveis ocultas descoberta por Bohm era não local. Ou seja, não era exatamente o que Einstein estava buscando. Einstein, ao menos por enquanto, podia respirar aliviado. Não seria dessa vez que seu sonho de uma teoria local de variáveis ocultas haveria de ser destroçado.

Meias quânticas de Natal

John Bell era um respeitável físico, responsável por elaborar aceleradores de partícula no Cern, a Organização Europeia para a Pesquisa Nuclear. Um aparente seguidor fiel da máxima "Cale a boca e calcule" que guiava a grande maioria dos físicos da época (e, pasmem, até mesmo hoje em dia). Como o próprio Bell viria a dizer mais tarde: "Eu sou um engenheiro quântico. Mas aos domingos eu tenho princípios". Bell, como todos os outros físicos e físicas, tirava seu ganha-pão da aplicação dos postulados matemáticos da teoria quântica a uma vasta gama de fenômenos. Fosse na compreensão do átomo e de moléculas, das partículas fundamentais que passaram a ser encontradas aos montes, no entendimento de materiais ou na construção de dispositivos eletrônicos como o transistor, a mecânica quântica era essencial e infalível. Mas, ao contrário de seus colegas, Bell acreditava que uma teoria física deveria ser mais que um conjunto de regras para se calcular as probabilidades do que observamos em um experimento. Tal como Einstein e Bohm, para ele uma teoria deveria proporcionar um quadro completo e coerente dos fenômenos. Ao ler os artigos de Bohm sobre uma teoria de variáveis ocultas, Bell exclamou: "Eu vi o impossível sendo feito".

Por muito tempo, a possibilidade de variáveis ocultas complementando a mecânica quântica foi julgada irrealizável, pela simples autoridade de Von Neumann. Bohm havia mostrado o caminho para contrariar o impossível. Diferentemente do que faziam crer seus defensores, a interpretação de Copenhague da ausência de uma realidade subjacente até que uma medição fosse feita não era obrigatória. Era uma escolha. Em 1964, motivado pela porta que Bohm deixara aberta, e que ninguém se interessara em atravessar, Bell aproveitou um período sabático no Cern e buscou entender se seria possível reproduzir as predições da mecânica quântica através de um modelo de variáveis ocultas que, ao contrário do modelo de Bohm, fosse local. Tal como Einstein, Bell acreditava que sim.

FIGURA 3.3. John Bell discutindo o seu famoso teorema no Cern, em 1982.

Todas as suas tentativas iniciais, entretanto, foram infrutíferas, e ele logo percebeu que talvez a sua intuição e a de Einstein fossem falhas. Essa mudança de percepção ilustra um fato importantíssimo sobre a ciência. Ela é uma construção humana e, assim como outras de nossas atividades, está sujeita às nossas subjetividades e aos preconceitos. Bell imaginava que uma teoria realística local fosse capaz de reproduzir os resultados quânticos, porém, confrontado com a plausível impossibilidade, estava aberto a mudar de opinião. Nossas opiniões certamente importam na ciência que fazemos. Mas, se elas contrariam o que observamos, devemos estar dispostos a mudá-las (a cloroquina que o diga!). Em ciência, nossa percepção da verdade muda constantemente e sem dúvida é guiada pela experiência.

Mas como provar essa impossibilidade percebida por Bell? O grande Von Neumann já havido tentado e falhado em perceber que sua prova apenas excluía uma pequena família de teorias de variáveis ocultas locais. Será que daria para excluir todas as possíveis teorias locais? Estava claro para Bell que o teste crucial para qualquer modelo de variáveis ocultas era o experimento imaginário do trio EPR. Devido à distância envolvida entre os observadores, e ao efeito aparentemente fantasmagórico do emaranhamento, Bell intuía que, se algum fenômeno fosse capaz de mostrar a inadequação de variáveis ocultas locais, então o experimento EPR certamente seria o mais forte candidato. Contudo, para evitar cair nas armadilhas da linguagem e adentrar um caminho sem volta no pantanoso terreno da metafísica, o primeiro passo de Bell foi explicitar matematicamente as hipóteses envolvidas no argumento EPR.

A primeira hipótese central é a do realismo, ou seja, que, ao contrário do que era defendido por Bohr, as propriedades de um sistema físico existem e são bem definidas independentemente do nosso ato de observá-las ou não. A Lua deveria estar no céu independentemente de alguém estar olhando para ela. Nesse sentido, talvez a descrição dada pela função de onda da mecânica quântica não fosse completa e precisasse ser suplementada por uma variável oculta ainda a ser descoberta.

A segunda hipótese era a da localidade. Como as partículas estavam muito distantes, potencialmente em lados opostos do Universo, o bom senso e a teoria da relatividade nos diziam que o que quer que fizéssemos com uma partícula não deveria influenciar o comportamento e as propriedades da outra partícula.

Uma terceira e última hipótese, que de tão óbvia só veio a ser explicitada anos mais tarde, pode ser chamada de livre-arbítrio. Para qualquer experimento científico fazer sentido, e não somente o experimento EPR, temos que assumir que nós, como observadores e experimentadores, podemos escolher qual propriedade do sistema queremos medir, independentemente de como o sistema foi preparado. Para explicitar a importância dessa hipótese considere o seguinte truque de mágica, comum nas ruas de todo o mundo. O mágico coloca uma bolinha debaixo de um de três potes e os embaralha rapidamente com o intuito de confundir o espectador, que tem a tarefa de descobrir sob qual pote está a bolinha. Mesmo que estivéssemos de olhos fechados, como temos apenas três possibilidades (três potinhos), ao repetir o jogo muitas vezes esperaríamos que ao menos um terço das vezes encontrássemos a bolinha. Desconfiados do mágico, repetimos o jogo mais e mais vezes e, para nossa surpresa, nunca encontramos a bolinha. Mas de fato a bolinha está lá, porque depois de errarmos podemos virar os outros dois potes e a encontramos.

Como explicar essa inconsistência tão básica usando a intuição? Imagine que o mágico de fato tenha poderes extraordinários e possa de alguma forma nos induzir a sempre virar um pote no qual a bolinha não está. Ou então que a bolinha seja de fato mágica e, ao perceber que a escolha foi virar o pote onde ela está, se teletransporta para debaixo de outro pote. Em ambas as situações, o sistema que queremos medir (a bolinha) está correlacionado com nossa escolha de qual medição realizar (qual potinho virar). Ou seja, não temos livre-arbítrio em nossa escolha. E, sem o livre-arbítrio, qualquer experimento vira mágica.

Armado das três hipóteses, as quais definem de maneira clara o significado de uma teoria de variáveis ocultas locais, Bell buscou entender se elas poderiam explicar as predições da teoria quântica. Para sua surpresa, no entanto, o que ele mostrou foi que qualquer teoria que respeitasse essas três hipóteses aparentemente muito naturais — realismo, localidade e livre-arbítrio — seria incapaz de reproduzir os resultados preditos pela quântica. Para manter o ideal de Einstein de um mundo real, local e no qual temos escolhas livres, a mecânica quântica não estaria só incompleta: ela seria incorreta.

Bell notou que o conjunto básico de três hipóteses impõe um limite para o quanto as duas partículas poderiam estar correlacionadas. Teorias clássicas são limitadas pelo que chamamos de uma desigualdade de Bell. E, através do emaranhamento, a mecânica quântica pode violar essas desigualdades. Ou seja, a quântica é incompatível com ao menos uma das três hipóteses. E, o que é melhor, isso pode ser testado experimentalmente.

Para entendermos como isso é possível, consideremos novamente as meias de Natal enviadas pela mãe a seus filhos, assumindo agora que as meias estejam emaranhadas. No nosso exemplo anterior vimos que as cores dos pares de meia são sempre anticorrelacionadas: se o irmão recebe meias brancas, a irmã terá recebido um par preto, e vice-versa. Mas digamos agora que também estejamos interessados nos tamanhos dessas meias, P (pequena) ou G (grande). Numa descrição realística, quando as meias são empacotadas e despachadas, tanto suas cores como seus tamanhos já estariam bem determinados.

Mas se as meias forem de fato quânticas, o princípio da incerteza se aplica sobre elas, e, tal como um elétron não pode ter sua posição e velocidade aferidas no mesmo instante, ao receber suas meias de Natal, o irmão e a irmã só poderiam descobrir sua cor ou seu tamanho. Se em certo Natal o irmão decidir descobrir se finalmente recebeu o par branco, suas meias entram em uma superposição de tamanho pequeno e grande. Caso contrário, descobrindo o tamanho do seu par, as cores inevitavelmente ficariam embaralhadas entre o branco e o preto. A cada Natal ele só pode descobrir uma dessas duas propriedades.

Desconfiados das propriedades estranhas dessas meias, o irmão e a irmã decidem ter paciência e repetir o experimento durante muitos e muitos Natais. A irmã, que já ouvira falar do teorema de Bell durante o curso de física, diz ser extremamente importante que a cada Natal cada um decida de forma independente e aleatória qual propriedade da meia medir: ou cor ou tamanho. "Algo a ver com o nosso livre-arbítrio", diz a irmã. Outra regra importante é a de sempre abrir e medir as meias estando um distante do outro: ele no Brasil e ela lá no Japão. Isso tudo por causa da tal localidade, já que, se os pacotes estiverem próximos um do outro, o resultado da medição de um poderia interferir nas propriedades do outro. Mas estando distantes isso deveria ser impossível, o grande Einstein havia dito. Repetindo o experimento muitas vezes, o irmão e a irmã poderiam detectar as correlações ou anticorrelações entre as propriedades de suas meias. E se essas medições violassem uma desigualdade de Bell eles poderiam ter certeza da natureza quântica das meias. Algo com que, conhecendo sua mãe, eles não ficariam tão surpresos.

Após vários Natais os irmãos se reúnem para comparar os resultados das medições. Primeiramente eles coletam os resultados daqueles Natais em que decidiram medir as cores das meias. Sem surpresa descobrem anticorrelações, sempre um par de meias pretas e outro branco. Na sequência, comparam os resultados de quando o irmão mediu a cor e a irmã, o tamanho das meias. E de novo descobrem uma anticorrelação: se ele ganhou uma meia branca, sua irmã ganhou o par grande; caso sua meia fosse preta, inevitavelmente o par da sua irmã seria pequeno. Considerando agora que o irmão observou o tamanho e a irmã, a cor, eles novamente notam o mesmo padrão de antes: meias pretas para ela e pares pequenos para ele, mas se fossem grandes os pares do irmão, a cor do par da sua irmã seria branca.

Mesmo antes de comparar os resultados dos Natais em que os dois observaram o tamanho das meias, eles já sabem o que esperar caso as propriedades das meias de fato existam e sejam bem definidas. Pelas comparações feitas até o momento pode-se inferir que as meias sempre têm cores distintas. Além disso, se uma meia é branca, a outra é sempre pequena; se uma for preta, a outra será grande. A conclusão lógica, portanto, é que também os tamanhos das meias deveriam ser sempre diferentes. O irmão nunca sabia se receberia a tão esperada meia branca pequena, mas, uma vez que a recebesse, saberia que a meia da sua irmã seria preta e grande.

Entretanto, ao comparar os Natais em que ambos observaram os tamanhos das meias, uma surpresa: nesses Natais, ao contrário do que a lógica nos levaria a crer, os dois pares de meias sempre tinham a mesma cor. Esse padrão de observações seria o suficiente para violar uma desigualdade de Bell. Ou seja, ao menos uma das três hipóteses utilizadas na derivação dessas desigualdades não deveria valer para as meias de Natal. Ou elas não tinham propriedades bem definidas ao serem empacotadas, e que somente se definiam no momento em que se decidisse qual propriedade medir, cor ou tamanho; ou então, apesar de o irmão estar no Brasil e a irmã no Japão, o simples ato de abrir um presente já seria suficiente para de imediato alterar as características do presente que está do outro lado do planeta. A última opção seria a de que a mãe queira pregar uma peça nos filhos e de alguma forma saiba de antemão qual propriedade eles vão medir. Caso os dois meçam o tamanho, ela envia meias de tamanhos iguais, senão ela envia meias tanto de tamanhos e cores diferentes.

Nenhuma dessas opções parece boa o suficiente: coisas que não existem até alguém olhar, efeitos mais rápidos que a luz ou uma espécie de telepatia e leitura de mentes. Mas é justamente isso que aconteceria caso as meias fossem partículas quânticas emaranhadas.

A não localidade quântica

O resultado de Bell foi além de simplesmente mostrar que ao menos uma das hipóteses consideradas evidentes por Einstein — realismo, localidade e livre-arbítrio — seria incompatível com a mecânica quântica. Seu grande feito foi perceber que essa incompatibilidade poderia ser testada experimentalmente. Como já vimos, as três hipóteses impõem limites às correlações que deveriam ser observadas entre os experimentos realizados por dois observadores distantes. Dado o que estava em jogo aqui, era de esperar que cientistas ao redor do mundo começassem uma corrida para serem os primeiros a testar as ideias de Bell. Afinal, ou a mecânica quântica estava incorreta, ou então hipóteses aparentemente inquestionáveis, tais como realidade, localidade e livre-arbítrio, teriam de ser colocadas no banco dos réus. Todavia, guiados pela máxima do "Cale a boca e calcule", quase nenhum cientista se importou com os resultados de Bell. Só em 1968, quatro anos após a publicação de seu artigo, alguém finalmente demonstraria interesse.

O NORTE-AMERICANO JOHN CLAUSER era apenas um estudante de física quando, ao folhear ao acaso revistas científicas na biblioteca da Universidade Columbia, encontrou o artigo de Bell pela primeira vez. Experimentador fantástico, Clauser ficou imediatamente fascinado pela possibilidade de testar em laboratório o tecido fundamental da realidade física. No entanto, logo haveria de perceber que compreender de maneira mais intensa os fundamentos da teoria quântica estava fora de moda, algo relegado ao passado. Todos os seus professores eram unânimes em recomendar que esquecesse assuntos metafísicos e filosóficos e se dedicasse à "física de verdade". Preocupado com seu futuro como físico, ele cedeu à pressão e iniciou o doutoramento em um tópico de pesquisa mais tradicional, radioastronomia e astrofísica.

Mas a verdadeira motivação de Clauser continuava sendo a "metafísica" a que seus professores se dirigiam com tanto desdém. Convencido da importância de experimentar no laboratório as ideias de Bell, nem que fosse nos intervalos de seu trabalho na física mais tradicional, Clauser começou a se perguntar o que já haveria sido feito experimentalmente. Hoje, ao iniciar uma nova linha de pesquisa, qualquer cientista pode obter uma visão ampla e fiel da área. Basta uma busca rápida no Google. Mas na década de 1960 a maioria das descobertas

FIGURA 3.4. Clauser e o aparato usado para realizar o primeiro teste experimental do teorema de Bell.

científicas só se faziam conhecer quando publicadas em revistas científicas especializadas, e muitas delas obscuras, tal como a *Physics*, que publicou o artigo original de Bell e que parou de ser editada poucos anos depois. Como checar todas as revistas de física dos quatro anos posteriores à publicação do artigo de Bell era uma tarefa ingrata e virtualmente impossível, Clauser julgou que o melhor seria contactar Bell e Bohm, os maiores (e provavelmente os únicos) especialistas na área. Afinal, Einstein já havia falecido havia uma década.

Ao contrário dos convencionais professores de Columbia, Bell e Bohm incentivaram Clauser a realizar o teste experimental do teorema de Bell, o primeiro do seu tipo. Entretanto, antes de arregaçar as mangas e começar a montar o experimento, Clauser percebeu que seria necessário aprimorar os resultados teóricos existentes. Apesar do gênio de Bell, sua prova matemática dificilmente poderia ser implementada num experimento, já que ela envolvia correlações perfeitas entre resultados de medição, algo que, apesar de teoricamente possível, na prática nunca se realizaria. Com o físico e filósofo Abner Shimony e dois de seus estudantes, Michael Horne e Richard Holt, Clauser escreveu um artigo mostrando como tornar a prova de Bell mais próxima de um experimento que se pudesse realizar. Eles derivaram uma nova desigualdade que restringia as correlações possíveis caso a natureza fosse descrita por uma teoria local de variáveis ocultas. Essa desigualdade, conhecida hoje como desigualdade CHSH, em homenagem aos seus quatro inventores, foi um marco, abrindo definitivamente as portas para testes experimentais da chamada não localidade quântica. Vale ressaltar aqui o significado da não localidade, um termo um tanto ambíguo e amplamente mal usado nas mais variadas pseudociências. Veremos no capítulo 5 que de forma alguma a não localidade implica que possamos nos comunicar mais rápido que a velocidade da luz. Apenas, se nos ativermos à ideia do realismo, necessariamente a teoria correspondente deverá ter algum elemento não local (como na teoria de David Bohm). Se abrirmos mão do realismo, como fez a escola de Copenhagen liderada por Bohr, a localidade toma novamente seu lugar.

Com sua desigualdade em mãos, finalmente Clauser poderia realizar o sonhado teste. O problema agora era de outra natureza. Apesar de seu brilhante doutorado em radioastronomia, nenhuma universidade parecia disposta a aceitar em seus quadros alguém obcecado por temas de pesquisa considerados por muitos como excêntricos. Por sorte, Charles Townes, ganhador do prêmio Nobel pela descoberta do laser, tinha um apreço por pesquisas não convencionais e ofereceu a Clauser uma bolsa de pós-doutorado que, embora fosse em astrofísica, também lhe possibilitaria continuar seu experimento de Bell. Townes havia sentido na pele o poder dissuasivo dos seus contemporâneos mais conservadores. Quando imaginou o laser pela primeira vez, grandes físicos da época disseram-lhe que isso seria uma bobagem incompatível com as conhecidas regras da mecânica quântica. Tendo sido ele próprio um desses jovens sonhadores, Townes permitiu que Clauser dedicasse parte do seu tempo a elaborar o experimento e, embora não pudesse dar suporte financeiro à empreitada, ofereceu o apoio de um de seus alunos e deixou Clauser buscar peças usadas nos porões da Universidade de Berkeley.

Em 1972, Clauser e seu ajudante terminaram o primeiro experimento de Bell da história. E, ao contrário do que esperavam, as predições da mecânica quântica foram infalíveis. Os dados indicavam com clareza que sua desigualdade CHSH era violada experimentalmente. Mais de três décadas após o artigo EPR, a tão abominada não localidade quântica se mostrava finalmente real, não em cálculos ou na mente corajosa de jovens cientistas, mas sim nos laboratórios de uma das mais respeitadas universidades do mundo. Ao menos uma das três hipóteses tão caras a Einstein — localidade, realismo e livre-arbítrio — deveria deixar de valer para se explicar a forma como a natureza opera em seu nível mais fundamental.

Tapando todas as brechas

Em sua implementação experimental, Clauser usava o fenômeno da cascata atômica em átomos de cálcio para gerar luz quântica emaranhada. Mais precisamente, os fótons da luz emitida pelos átomos de cálcio estavam emaranhados na sua polarização. Sem dúvida você já se deparou com o fenômeno da polarização, mesmo que não saiba. A luz é uma onda eletromagnética, oscilações de campos elétricos e magnéticos no espaço e no tempo, e é justamente a direção de oscilação do campo elétrico que define a polarização da luz. Luz com uma determinada polarização pode ser filtrada através de polarizadores, materiais que absorvem certas polarizações, por exemplo a horizontal, mas deixam outras passarem, por exemplo luz polarizada verticalmente.

A cascata atômica de Clauser emitia fótons descritos pela função de onda emaranhada $|\Psi\rangle = |\uparrow\downarrow\rangle - |\downarrow\uparrow\rangle$. A polarização desses fótons era medida através de polarizadores de calcita bastante sensíveis; as correlações entre as medições dos dois fótons eram analisadas através de um circuito eletrônico. Para se testar a violação da desigualdade CHSH era necessário que a direção dos polarizadores mudasse a cada nova rodada experimental, quer dizer, sempre que um novo par de fótons emaranhados fosse emitido pela cascata atômica. Entrctanto, mudar essa direção era algo difícil e lento, e assim Clauser e seu ajudante deixavam essas direções fixas, mediam um certo conjunto de direções para somente depois mudá-las e então poder computar todos os termos da dcsigualdadc CHSH. Essc esquema, contudo, poderia ser usado para se violar a hipótese da localidade e permitir que se construísse um modelo de variáveis ocultas reproduzindo a violação de uma desigualdade de Bell. Isso porque, mesmo antes da emissão dos fótons, a informação sobre as medições a serem feitas em um deles estaria disponível ao seu par emaranhado do outro lado do laboratório.

DO OUTRO LADO DO OCEANO, o físico francês Alain Aspect estava determinado a fechar essa brecha no experimento de Clauser. Motivado pelo seu orientador, que havia sido aluno de Clauser, escolheu o teste experimental do teorema de Bell como tema de doutoramento. Certamente um ato de coragem, dado que o próprio John Bell, em resposta à pergunta de Aspect sobre se valeria a pena realizar tal experimento, disse: "Você já tem um cargo permanente?". Tal como Bell, Bohm e Clauser há muito já tinham percebido, pensar fora da caixa era algo que poderia acabar com a carreira de um jovem cientista.

Extremamente focado e motivado pelo envio de várias das peças usadas por Clauser em seu experimento original, Aspect não teve dúvidas. A grande novidade do seu experimento era o uso de interruptores óptico-acústicos ultrarrápidos e que eram capazes de modificar o caminho pelo qual o fóton era desviado

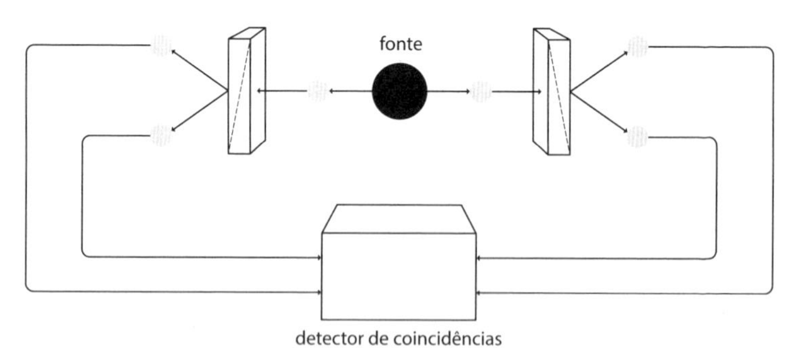

FIGURA 3.5. Figura esquemática de um experimento de Bell. Os fótons emaranhados são enviados da fonte para dois laboratórios distantes, nos quais suas polarizações são medidas, considerando-se diferentes direções em cada rodada do experimento. Os resultados individuais de cada laboratório são comparados em um detector de coincidências usado para computar as correlações entre os fótons e, assim, saber se uma desigualdade de Bell foi ou não violada.

antes de ser medido. Dependendo da posição do interruptor, o fóton era desviado para um de dois possíveis polarizadores alinhados em diferentes direções. Mesmo com os fótons viajando à velocidade da luz, como os interruptores mudavam sua posição cerca de 100 milhões de vezes por segundo, não haveria tempo suficiente (assumindo que nada possa viajar mais rápido que a luz) para que a informação da direção de um polarizador usado para detectar um fóton chegasse ao polarizador/detector do outro fóton. Usando esse esquema que garantia a localidade da detecção dos fótons, os mais de 1 trilhão de fótons emaranhados enviados por Aspect através do seu elaborado sistema de interruptores e detectores violavam a desigualdade de Bell para além de qualquer dúvida.

O experimento de Aspect, de 1982, é considerado a primeira confirmação da não localidade quântica. Para muitos, e me incluo entre eles, será uma grande injustiça caso Clauser e Aspect não ganhem um prêmio Nobel de Física. Seria o mínimo para honrar dois pesquisadores que, ao arriscarem suas carreiras, conseguiram provar algo tão fundamental sobre a natureza. Mas não será surpreendente se eles não forem premiados. Como disse Aspect certa vez, "a maioria dos físicos pensou que eu era um biruta por desperdiçar tantos esforços na interpretação da mecânica quântica". Infelizmente, essa é ainda uma visão não incomum nos departamentos de física.

Lembro certa vez em que, ao terminar um colóquio em uma importante universidade brasileira sobre o teorema de Bell e suas aplicações em informação quântica, ouvi um senhor, do alto de sua vasta cabeleira branca e de sua arrogância, dizer baixinho, mas em volume suficiente para que eu escutasse: "Mas isso não é física". Ao contrário desse aparente detentor da verdade, os estudantes presentes se mostravam empolgados, muitos deles escutando pela primeira vez que era possível, sim, falar sobre os fundamentos da teoria quântica, e continuaram com suas perguntas mesmo após o final da palestra. No caminho para o aeroporto, não pude deixar de lembrar das palavras de Planck:

> Uma nova verdade científica não triunfa por convencer seus oponentes, fazendo-os ver a luz, mas sim porque seus oponentes eventualmente morrem e uma nova geração cresce familiarizada com ela... Esse é outro exemplo do fato de que o futuro reside na juventude.

Seria o experimento de Aspect o teste cabal da não localidade quântica? Para a maioria dos cientistas, certamente sim. Entretanto, como estamos lidando com um fenômeno que põe à prova algumas das nossas intuições mais básicas sobre o Universo, nem todas as pessoas deram o braço a torcer. De fato, mesmo no experimento de Aspect havia ainda algumas brechas que poderiam ser usadas para salvaguardar uma teoria local de variáveis ocultas.

A primeira delas é o que chamamos de problema da ineficiência de detecção. No experimento de Aspect, apenas uma pequena fração dos fótons gerados era de fato detectada após passar pelos polarizadores. Assim como não detectamos as moléculas de água individuais ao lavarmos o rosto pela manhã, detectar fótons únicos é uma tarefa extremamente delicada. O mais comum é usarmos detectores baseados no fenômeno da avalanche em fóton-diodos. Como vimos no capítulo 1, ao incidir fótons em um metal, elétrons são liberados e geram uma corrente elétrica — é o fenômeno do efeito fotoelétrico, explicado por Einstein justamente através da ideia de que a luz é composta de partículas. Mas detectar o elétron ejetado por um fóton único é uma tarefa impossível mesmo para os melhores circuitos elétricos. Para tanto, o efeito avalanche é utilizado: cada elétron ejetado ejeta outro elétron, e assim se constrói uma corrente forte o suficiente para ser detectada. Ainda assim, na época de Aspect os melhores detectores de fótons ainda tinham uma eficiência muito baixa.

O fato de que uma grande parte dos fótons não era detectada poderia ser utilizado para se construir uma teoria local de variáveis ocultas. O problema era que, mesmo que os fótons detectados pudessem violar uma desigualdade de Bell, se considerássemos também os dados não observados, quer dizer, os fótons não detectados, essa violação desapareceria. Seria como se a natureza quisesse nos enganar, escolhendo quais fótons seriam ou não detectados, de forma a simular um aspecto não local a partir de um caráter fundamentalmente local. Parece mais uma teoria da conspiração cósmica do que uma teoria científica. De fato, no seu aspecto mais fundamental, são poucos os cientistas que levam isso em consideração. Mas, quando falarmos da violação de uma desigualdade de Bell para garantir a segurança da nossa comunicação, como faremos no capítulo 5, não estaremos mais jogando contra a natureza, e sim contra um hacker que quer nos enganar e acessar a nossa informação. Com efeito, essa aplicação em protocolos de segurança motivou, ao longo dos últimos anos, melhorias significativas na eficiência mínima requerida para se violar uma desigualdade de Bell, sem a necessidade de se preocupar com a natureza ou um hacker tentando nos enganar. Entretanto, mesmo para os testes de Bell mais simples, essa eficiência mínima era ainda muito alta: por volta de 67% dos fótons emitidos teriam que ser detectados, algo dificílimo de se realizar na prática.

A partir da década de 1990, e com os primeiros resultados mostrando aplicações práticas do teorema de Bell, vários novos experimentos começaram a ser realizados. Utilizando fótons emaranhados como portadores da informação quântica, testes com distâncias cada vez maiores foram realizados. Em um experimento de 2010, fótons foram enviados a duas ilhas espanholas, La Palma e Tenerife, para estabelecer um recorde de distância: 144 quilômetros separavam os fótons emaranhados no momento de sua detecção. Como veremos no capítulo 6, esse recorde viria a ser superado em 2016, quando, através do satélite chinês Micius, a violação de uma desigualdade de Bell foi obtida com fótons emaranhados separados por mais de 1200 quilômetros.

Entretanto, continuava o problema da baixa eficiência de detecção. Para se resolver essa questão e fechar essa brecha no teorema de Bell, caminhos alternativos usando outros sistemas quânticos emaranhados que não fossem fótons começaram a ser considerados. Por exemplo, ao se utilizarem as armadilhas de íons que serão discutidas no capítulo 7, foi possível aprisionar e emaranhar dois átomos excitados de berílio. Ao contrário de sistemas fotônicos, em que a eficiência de detecção era muita baixa, os íons aprisionados poderiam ser detectados com eficiências superiores a 90%, muito acima do exigido para se violar uma desigualdade de Bell sem se preocupar com a brecha da eficiência da detecção. O porém era que esses íons não podiam ser transportados a grandes distâncias entre si. Resolvíamos a questão da detecção, mas voltávamos a ter o problema da localidade, já que, como os íons estavam basicamente lado a lado, não poderíamos garantir que a medição de um não afetaria o outro. Até o começo de 2010, a situação era essa: com fótons podíamos fechar a brecha da localidade, mas não o problema da eficiência de detecção; com íons, acontecia basicamente o contrário.

A situação começou a mudar quando novos e revolucionários detectores de fótons únicos passaram a estar disponíveis comercialmente. Desenvolvidos pelo National Institute of Standards and Techonology, ou Nist (uma espécie de Inmetro norte-americano, mas com um orçamento infinitamente maior que seu irmão brasileiro), os detectores de fótons únicos baseados em nanofios supercondutores atingiam eficiências acima de 90%, abrindo assim o caminho para a violação de uma desigualdade de Bell sem brecha alguma. Ou seja, a prova definitiva, por mais paranoico que você seja, da não localidade quântica. Teve início uma corrida mundial para realizar o que ficou conhecido como "*loophole-free Bell test*" (teste de Bell livre de brechas). Era uma questão de tempo até que alguém atingisse o feito. Nos corredores dos institutos de pesquisa eram comuns as apostas de quem seria o primeiro. Até que em 2015 finalmente tivemos o vencedor. Curiosamente, um nome desconhecido em todas as casas de apostas.

Sem que ninguém pudesse prever, o grupo liderado pelo físico Ronald Hanson, na Holanda, conseguiu implementar o esperado teste, usando uma nova plataforma experimental. Em vez de considerar fótons emaranhados, o grupo gerou emaranhamento entre o spin de um elétron localizado dentro de um diamante e um fóton emitido por este. Eles tinham dois desses diamantes separados por uma distância de mais de mil metros. Os fótons que cada um dos diamantes emitia eram enviados para uma estação central e, através do fenômeno de troca de emaranhamento (ver capítulo 6), o emaranhamento entre cada um dos diamantes e seus respectivos fótons era transformado em emaranhamento entre os diamantes; na verdade entre spins eletrônicos localizados dentro deles. A medição dos spins eletrônicos, ao contrário da medição dos fótons, já era bem desenvolvida e muito eficiente. Assim, os cientistas holandeses conseguiram fechar não só a brecha da localidade (os mil metros de distância eram mais que suficientes) como também a da eficiência da detecção.

Alguns meses depois desse primeiro experimento, testes usando fótons e detectores supercondutores também foram alcançados. Finalmente, cinco décadas após a genialidade de Bell, a coragem de Clauser e Aspect e as contribuições de incontáveis cientistas, a não localidade quântica finalmente se tornou uma realidade para além de qualquer dúvida. Como dizia a chamada de um artigo de destaque no *New York Times*: "Desculpe, Einstein. Estudo quântico sugere que a 'ação fantasmagórica' é real".

Um experimento biruta na mais importante revista científica do mundo

Com os primeiros testes de Bell livres de brechas, mesmo os mais paranoicos e suscetíveis a teorias da conspiração deveriam se convencer da existência da não localidade quântica, certo? Errado. Como estamos vendo agora, nestes tempos de discursos desvairados contra a vacina e a democracia, a alucinação conspiratória não tem fim.

Lembre-se de que na derivação do teorema de Bell, tal como no experimento imaginário do trio EPR, impomos três hipóteses: realismo, localidade e livre-arbítrio. Assumindo que de fato os experimentadores possam escolher qual experimento fazer, diante da violação de uma desigualdade de Bell ficamos com duas escolhas: abrir mão da localidade, e mesmo eventos distantes entre si podem de alguma forma se influenciar mutuamente, ou deixar de lado a ideia de uma realidade objetiva e independente da nossa observação. Ou então, dirão alguns, simplesmente temos que abandonar a ideia do livre-arbítrio.

De fato, o conceito da liberdade de escolha já se encontrara em apuros muito antes do nascimento da física quântica. Na física newtoniana, por exemplo, uma vez conhecidas a posição e a velocidade das partículas que compõem o cosmo, todo o passado e o futuro se revelariam. Em um mundo onde tudo é determinado, também o seriam as nossas escolhas. Com a física quântica, esse determinismo foi posto de lado, no sentido de que, mesmo conhecendo tudo que se há para conhecer (a função de onda quântica), ainda assim não poderíamos prever o simples resultado de uma medição. Mas e se no seu nível mais fundamental houvesse algo além da função de onda? Variáveis ocultas que determinariam não somente o resultado das medições mas também quais experimentos poderíamos fazer. Pode parecer maluquice, mas esse é o preço a se pagar se quisermos manter inalterados nossos conceitos de localidade e realismo.

Até onde sabemos, é impossível testar a hipótese do livre--arbítrio. O melhor que se pode fazer é torná-la o mais absurda possível. Por exemplo, em 2018, cientistas usaram a luz emanada de quasares antigos e distantes para decidir qual medição realizar em um teste de Bell. As estrelas das quais essa luz foi irradiada estão a pelo menos seiscentos anos-luz de nós. Quando essa luz começou sua jornada, não muito diferentemente do que vemos hoje, vivíamos por aqui a Idade das Trevas, período em que, quando não estávamos queimando alguém por não acreditar no mesmo que nós, olhávamos para o céu acreditando que nossa Terra plana era o centro do Universo. Ou seja, a menos que algum mecanismo possa correlacionar o que estava acontecendo a essas estrelas seiscentos anos atrás com os modernos lasers gerando fótons emaranhados usados pelos cientistas hoje, a conclusão é clara: a não localidade quântica é uma realidade.

Além do chamado teste de Bell cósmico, outras possibilidades foram aventadas. Por exemplo, Lucien Hardy, físico teórico do Instituto Perimeter, no Canadá, propôs que as escolhas de medição em um teste de Bell fossem feitas usando sinais elétricos dos cérebros de milhares de voluntários, lidos por dispositivos de eletroencefalograma e transmitidos em tempo real para o laboratório que fazia a medição nas partículas emaranhadas. Parece no mínimo ficção científica, mas um teste semelhante ao proposto por Hardy de fato foi feito. E eu estava envolvido.

Em vez de mobilizar milhares de voluntários e colocar em suas cabeças algumas dezenas de eletrodos, a solução encontrada pelo consórcio Big Bell Test, liderado pelo Centro de Ciências Fotônicas de Barcelona, foi muito mais econômico e moderno. Criou-se um videogame que poderia ser jogado on-line por qualquer pessoa ao redor do mundo com acesso à internet. Para evoluir no jogo e passar pelas diferentes fases, os jogadores tinham que ser o mais imprevisíveis possível. Baseados nas escolhas anteriores dos jogadores, testes computacionais tentavam adivinhar quais seriam seus próximos passos, e, caso o algoritmo fosse bem-sucedido, o jogador era eliminado.

No dia 30 de novembro de 2016, mais de 100 mil pessoas espalhadas ao redor de todo o mundo participaram desse jogo on-line e alimentaram em tempo real as escolhas de quais medições seriam realizadas em doze testes de Bell implementados em paralelo em cinco continentes. Em todos esses laboratórios, uma desigualdade de Bell foi violada. A menos que você acredite que as mentes dessas milhares de pessoas pudessem de algum modo afetar a forma como as partículas emaranhadas eram produzidas nos laboratórios, a conclusão é incontornável: ou as propriedades dessas partículas não estavam bem definidas até que uma medição fosse feita, ou então, mesmo que separadas por longas distâncias, as partículas emaranhadas poderiam se comunicar telepaticamente entre si.

O CAMINHO FOI DEMORADO e incluiu muitos cientistas geniais sendo condenados como birutas ao longo do processo. Porém, queiram ou não os mais conservadores, a não localidade quântica é real e veio para ficar. E, além de nos impor uma visão radicalmente nova do Universo e daquilo que entendemos como a realidade, a não localidade quântica é um recurso para novas formas de se processar a informação, em particular uma nova forma de criptografia, inviolável a não ser que as próprias leis da física sejam quebradas.

4. Do micro ao macro

Picaretagem quântica

Uma busca rápida pela internet nos revela o quão disseminada e ampla é a física quântica. Cura quântica, espiritualidade quântica, *coaches* quânticos, colchão quântico e o meu predileto: sal quântico, ideal para churrasco. Seria ótimo se todas essas aplicações não fossem fruto da ignorância ou da picaretagem. O quântico se tornou o arquétipo daquilo que não conseguimos entender. Ou pior, daquilo que não queremos explicar. Se você ouvir a palavra "quântico" e ela não vier da boca de um cientista, a chance de escutar uma bela de uma asneira é bastante grande. Na verdade, mesmo no caso de cientistas, não são raras as bobagens quânticas.

Como vimos, a teoria quântica nos impõe uma visão radicalmente nova do Universo em seu nível mais fundamental. Uma visão a qual os cientistas lutam até hoje para compreender. Contudo, por mais tentador que seja fazer uma ponte entre esses mistérios quânticos e a nossa vida cotidiana, isso simplesmente não funciona. Até onde sabemos, a escala em que os fenômenos quânticos operam, ao menos de forma natural, é a escala microscópica. Materializar os efeitos quânticos em escalas cada vez maiores é de fato o grande desafio prático da informação e da computação quânticas. Mas isso requer laboratórios de ponta, com vácuos extremos e temperaturas baixíssimas, entre outros obstáculos.

Se o mundo a que estamos acostumados é composto de entes quânticos tais como átomos, elétrons, fótons e moléculas, por que não podemos extrapolar os efeitos quânticos para o nosso dia a dia? Seria ótimo estar numa superposição de dois lugares ou até mesmo estar emaranhados, mesmo que à distância, com aqueles que amamos.

A divisão entre o micro e o macro, entre o quântico e o clássico, ao menos para Bohr, era o processo de observação. Se não tentamos descobrir por qual fenda o elétron passou, ele está numa superposição, podendo ser encontrado atrás de qualquer uma delas. Só que, ao tentar observar esse curioso fato, o vemos passar por somente uma das fendas. Mas onde devemos impor essa separação? Talvez cem elétrons ainda possam se comportar quanticamente, mas por que não mil ou mesmo 1 bilhão?

Para Schrödinger, separar o clássico e o quântico através do processo de medição era apenas postergar o problema, varrê-lo para debaixo do tapete sem de fato confrontá-lo e muito menos resolvê-lo. Para ilustrar as consequências bizarras disso, ele propôs o que talvez seja o fenômeno mais pop da física quântica, certamente em pé de igualdade com o princípio da incerteza de Heisenberg: o gato de Schrödinger. A ideia desse experimento imaginário é ilustrar como a interação entre o quântico e o clássico, mesmo na ausência de qualquer medição, pode levar a conclusões bizarras e logicamente impossíveis.

Imagine que colocamos um gato, sistema menos quântico impossível, dentro de uma caixa, juntamente com um átomo, um contador Geiger, um martelo e um frasco fechado contendo um venenoso gás. O átomo — digamos, de hidrogênio

— inicialmente está em seu estado excitado, quer dizer, o elétron do átomo está em um certo nível energético que não é o mínimo em que ele poderia estar (relembre nossa discussão do capítulo 2 sobre órbitas e níveis energéticos). Sendo um ente quântico, o elétron evolui no tempo e pode decair para seu estado fundamental. Mas lembre-se de que para saltar de um nível energético mais alto para um mais baixo o elétron deve emitir um fóton, ou seja, radiação eletromagnética. Contudo, se o fóton é emitido, essa radiação será detectada pelo contador Geiger (basicamente um detector de fótons), o qual dará um sinal elétrico que liberará o martelo sobre o frasco, quebrando-o e liberando o gás que matará o gato. Em suma, se o elétron se mantém onde está, o gato continua vivo. Se ele decai e emite um fóton, o gato está morto.

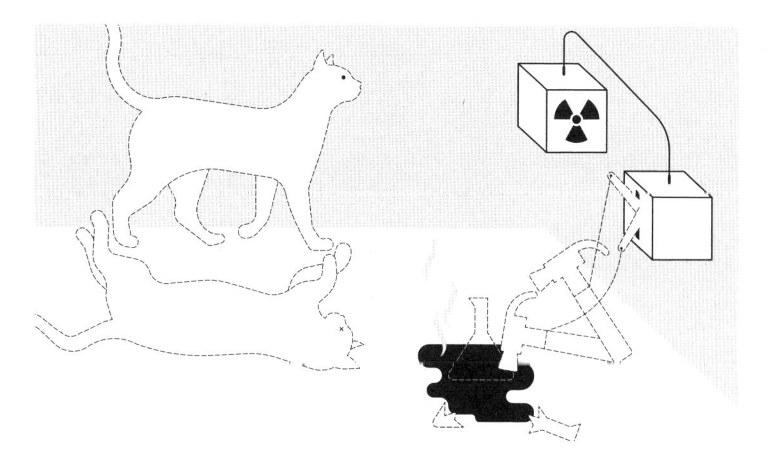

FIGURA 4.1. A interação entre um gato (sistema macroscópico) e um átomo (sistema microscópico) emaranha os dois sistemas, gerando uma situação logicamente contraditória em que a descrição da função de onda parece implicar que o gato pode estar numa superposição de ser encontrado tanto vivo como morto.

Mas sendo o elétron um sistema quântico, ele pode se encontrar em uma superposição de estar excitado e ter decaído, ter e não ter emitido um fóton — implicando que o contador Geiger não clicou e clicou, o martelo não caiu e caiu. Ou seja, ao menos aparentemente o gato pode estar numa superposição entre vivo e morto. Quer dizer, até que alguém abra a caixa e observe seu interior, o destino do bichano ainda não está determinado. A interação entre um sistema quântico (o átomo) e um sistema macroscópico e clássico (o gato) leva a uma conclusão esdrúxula e incompatível do ponto de vista lógico, duas possibilidades mutuamente excludentes, vida e morte, desenrolando-se concomitantemente.

Diante do gato de Schrödinger, a premissa de Bohr de que o clássico e o quântico são fundamentalmente distintos não se sustenta mais. Qual seria então a real diferença, se é que há alguma, entre e o micro e macro?

A ESSÊNCIA DO MUNDO QUÂNTICO é sua natureza ondulatória, elétrons que podem estar em vários lugares até que se veem obrigados a se materializar quando os observamos. É essa natureza que está por trás das duas características quânticas fundamentais: superposição e emaranhamento. Assim, é de esperar que seja nas propriedades ondulatórias que possamos diferenciar os fenômenos quânticos dos clássicos.

Para quantificar a natureza ondulatória usamos o que chamamos de coerência, um conceito muito útil mesmo quando falamos de ondas clássicas, tais como ondas sonoras ou as ondas no mar. Na física clássica, a coerência quantifica a coesão de duas ondas distintas. Por exemplo, considere duas crianças, uma de frente para a outra, numa piscina batendo as mãos na água de maneira regular e repetida. Da mão de cada uma delas serão irradiadas ondas concêntricas, que quando se encontrarem levarão a um padrão claro de interferências com picos e vales bem definidos. Dizemos que as duas ondas estão coerentes entre si. Mas, se as crianças estiverem batendo as mãos de forma caótica e desordenada, o padrão de interferência desaparecerá, dando lugar a perturbações aleatórias, e então as ondas geradas são incoerentes entre si.

No caso quântico, por exemplo no experimento da fenda dupla, a função de onda do elétron pode ser descrita tanto por $|\Psi_D\rangle$ quanto por $|\Psi_E\rangle$, correspondendo ao elétron passando pela fenda da direita ou pela da esquerda, respectivamente. Pelo princípio da superposição, essas duas funções de onda podem se combinar de maneira coerente, gerando a famosa superposição $|\Psi_D\rangle + |\Psi_E\rangle$, tal como se o elétron passasse por ambas. Nesse caso teríamos um padrão de interferência, regiões regulares onde os elétrons caem com maior ou menor frequência. Mas, se de alguma forma destruíssemos a coerência nessa superposição, tal como as crianças arruaceiras na piscina, veríamos a interferência desaparecer.

A esse fenômeno que destrói a coerência e por conseguinte as características quânticas de um sistema físico damos o nome de decoerência.

O Universo está sempre observando

A decoerência é a versão quântica das crianças fazendo guerra de água na piscina. Mas qual seria sua origem física? Por incrível que pareça, é o emaranhamento.

Pense em um elétron vagando pelo ar. Estando cercado de um denso ambiente, a cada um dos seus "passos" o elétron inevitavelmente irá se chocar com uma das inúmeras moléculas em nossa atmosfera. A cada um desses inexoráveis encontros, ele irá se emaranhar com as moléculas. E, como vimos, em partículas emaranhadas a informação não se encontra mais nos seus constituintes, mas se espalha, de forma não local, pelo todo. Pelos choques frequentes com as moléculas do ar, as propriedades quânticas do elétron, em superposição, rapidamente se disseminam por todo o ambiente. A quanticidade ainda está lá, porém não mais localizada somente no elétron, no sistema quântico original. Ela se propaga através do emaranhamento do sistema quântico com o ambiente que o rodeia.

No caso do experimento da fenda dupla, vimos que a simples possibilidade de descobrir por qual fenda o elétron passou já seria suficiente para acabar com seu caráter quântico. No exemplo dado no capítulo 1, dependendo se o elétron passasse pela direita ou esquerda, nós o pintaríamos de amarelo ou vermelho, gerando a função de onda emaranhada $|\Psi_D\rangle|\Psi_A\rangle + |\Psi_E\rangle|\Psi_V\rangle$. É justamente esse emaranhamento que nos dá a possibilidade de saber por qual fenda o elétron passou, gerando decoerência e acabando com a possibilidade de observarmos o padrão de interferência.

Mesmo se abríssemos mão de pintar o elétron, cada choque com as moléculas de ar atrás de cada uma das fendas geraria mais e mais emaranhamento entre o elétron e seu meio ambiente, nos dando assim mais e mais informação sobre por qual caminho ele de fato passou. Ou seja, quanto maior for o caminho do elétron das fendas até o anteparo de observação, maior será seu emaranhamento com o ambiente, maior será a decoerência e, portanto, menos visível será o padrão de interferência observado. De fato, experimentos parecidos com esse já foram realizados usando cavidades ópticas ou dispositivos supercondutores. Provou-se de forma clara que, quanto maior a decoerência, menos quântico é o sistema. A teoria da decoerência — concebida na década de 1970 pelo físico alemão Dieter Zeh, sendo posteriormente desenvolvida pelo polonês-americano Wojciech Zurek e com importantes contribuições do brasileiro Amir Caldeira — é hoje uma peça essencial do nosso entendimento da teoria quântica. Como diz Philip Ball em seu livro *Beyond Weird* [Para além do estranho]:

> Aqui está a resposta à pergunta de Einstein sobre a Lua. Sim, ela está lá quando ninguém a observa — porque o ambiente já está, de maneira incessante, medindo-a. Todos os fótons da luz solar que se refletem na Lua são agentes da decoerência, e mais que adequados para fixar sua posição no espaço e lhe dar um esboço preciso. O Universo está sempre observando.

Interessantemente, a decoerência dá uma resposta muito clara à pergunta sobre por que não vivenciamos a lisergia quântica em nossas vidas. Quanto maior é o sistema de interesse, mais rapidamente ele perde sua coerência quântica. Um elétron pode manter a coerência por um tempo considerável, pelo menos o suficiente para observarmos a interferência em um experimento de fenda dupla. Entretanto, o gato no experimento de Schrödinger perde sua superposição quase que de imediato. Para se ter uma ideia dos tempos envolvidos aqui, consideremos uma partícula de pó, muito menor que um gato, superposta entre duas posições separadas por uma distância parecida com o seu tamanho. Mesmo que colocássemos essa partícula numa câmara de vácuo, eliminando assim seus choques com moléculas de ar, a radiação térmica emitida pelas paredes da câmara de vácuo já seria suficiente para matar a coerência. De fato, mesmo que usássemos os relógios atômicos mais precisos, ainda assim não seríamos capazes de medir o processo de decoerência para uma partícula de pó. Para todos os efeitos, é como se ele acontecesse instantaneamente.

A decoerência aniquila não somente a superposição dos sistemas quânticos, mas também seu emaranhamento (esse é de fato o maior obstáculo para a construção de computadores quânticos cada vez maiores e mais poderosos). Por sinal, quando me juntei ao grupo do meu orientador de doutorado, o professor Luiz Davidovich, por longo tempo presidente da Academia Brasileira de Ciências, eles haviam acabado de publicar os resultados de um importante experimento para medir o efeito da decoerência sobre o emaranhamento de um sistema de dois fótons. Nesse contexto, em uma das nossas reuniões de grupo Davidovich me contou sobre um problema que o atormentava há algum tempo, e que viria a se tornar meu primeiro projeto durante o doutorado.

Como vimos, era esperado que quanto maior fosse o sistema quântico, mais rapidamente atuaria a decoerência. Entretanto, trabalhos de vários grupos ao redor do mundo haviam identificado, ao menos teoricamente, que para uma classe importante de sistemas quânticos o contrário parecia verdadeiro: quanto maiores eles fossem, mais tempo demorariam para perder seu emaranhamento. Era como se o emaranhamento entre os átomos de um gato pudesse sobreviver muito mais tempo que o de um sistema muito menor, por exemplo entre os átomos de uma molécula que compõe o gato. O contrário do que é observado experimentalmente.

O estado em que isso acontecia é paradigmático na ciência quântica, chamado de estado GHZ, em homenagem aos seus descobridores: Daniel Greenberger, Michael Horne e Anton Zeilinger. Na linguagem quântica podemos escrever esse estado como $|\Psi\rangle = |\uparrow\uparrow \dots \uparrow\uparrow\rangle + |\downarrow\downarrow \dots \downarrow\downarrow\rangle$. Ou seja, se o spin de um elétron está apontando para cima/baixo, os spins de todos os outros elétrons, qualquer que seja seu número, também apontarão para cima/baixo. Individualmente, cada um desses elétrons tem a direção do spin indefinida; mas, assim que medimos um deles, as posições de todos os outros assumem a mesma direção, não importa quão distantes eles estejam. A informação quântica está deslocalizada entre todos eles.

Após alguns cálculos iniciais sobre o problema, fui participar de minha primeira conferência internacional, no Centro de Ciências de Benasque, uma linda vila encravada entre os vales dos Pirineus espanhóis. Curiosamente, naquela época meu inglês, a língua oficial da ciência, era ainda macarrônico e seria de fato a primeira vez que eu precisaria utilizá-lo na prática — e logo entre os maiores nomes da ciência quântica, o que me causava certa apreensão. Mas ao chegar lá minha ansiedade logo se dissipou e deu lugar a uma grande motivação. Pela primeira vez eu encontrava pessoalmente cientistas que só conhecia de livros ou artigos científicos. A oportunidade de conversar com os grandes expoentes da minha área de pesquisa abriu portas que seriam essenciais ao longo da minha carreira como pesquisador. É impossível expressar inteiramente o quanto esses encontros são fundamentais para o desenvolvimento dos cientistas e da ciência. E ressalto isso pois, no momento em que escrevo, vemos serem criadas no Brasil inúmeras barreiras, tanto econômicas quanto ideológicas e burocráticas, para que os cientistas possam circular e interagir. Caso esse processo deletério não seja contornado, logo nos tornaremos isolados internacionalmente, também no progresso da ciência, assim como na questão ambiental e dos direitos humanos. E sem ciência não haverá futuro possível para o nosso país.

No Centro de Ciências de Benasque me juntei aos amigos e colaboradores Leandro Aolita e Daniel Cavalcanti. Passadas algumas tardes discutindo o problema nos cafés de Benasque e após uma alucinante expedição a um lago congelado a mais de 3 mil metros de altura, finalmente resolvemos o mistério. Mesmo que o emaranhamento morra mais lentamente para sistemas quânticos maiores, quanto maior for o sistema mais rapidamente o emaranhamento decai. Ou seja, muito antes de sua morte, o emaranhamento entra numa espécie de coma, sendo inutilizável para todos os efeitos práticos. Recuperávamos assim a intuição de que, quanto mais macroscópico, mais clássico deveria ser o sistema físico.

Vale notar que, apesar da decoerência, vários experimentos têm testado os limites não só de tempo mas também de tamanho em que podemos observar e manter os efeitos quânticos. Um exemplo são os computadores quânticos atuais, que embora rudimentares já são capazes de realizar alguns cálculos de forma exponencialmente mais rápida do que mesmo o maior e melhor supercomputador. Outro exemplo, particularmente bonito, são os experimentos feitos por Zeilinger e seu grupo na Áustria no final da década de 1990. Trata-se basicamente de um experimento de fenda dupla que em vez de utilizar elétrons usava moléculas de fulereno, uma cadeia de até setenta átomos de carbono, que, após passar por um conjunto de fendas, mostravam um padrão claro de interferência, prova categórica de seu caráter quântico.

Mais recentemente, começaram a se vislumbrar superposições quânticas até mesmo de formas vivas, ainda que elementares. Uma proposta teórica de 2010 mostrou o caminho para se gerarem superposições do estado quântico descrevendo o movimento de vírus ou esporos. Em sua versão mais recente, o gato de Schrödinger assumiu a forma de um tardígrado (ver Figuras 4.2a e 4.2b), também conhecido como urso d'água, um simpático organismo microscópico multicelular capaz de sobreviver às piores condições imagináveis, como temperaturas altas ou baixíssimas, pressões próximas à do vácuo e até mesmo doses de radiação que seriam letais para qualquer outro ser vivo. Através do processo de criptobiose, ativado por

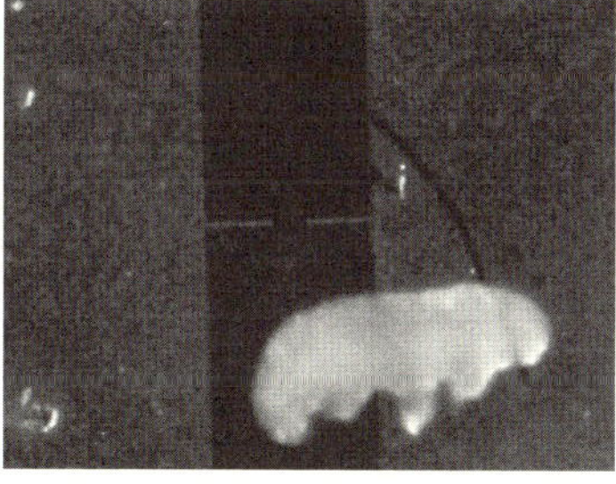

FIGURA 4.2A. Foto ampliada de um tardígrado, ou urso d'água, os organismos mais resistentes conhecidos, existentes há pelo menos 500 milhões de anos e sobreviventes de diversas hecatombes planetárias. FIGURA 4.2B. O tardígrado sobre o dispositivo elétrico usado para construir uma superposição quântica com a qual o bichinho se torna emaranhado.

condições extremas, os tardígrados se encolhem e produzem um revestimento protetor.

Em um artigo de 2021, um grupo de pesquisa do Centro de Tecnologias Quânticas de Singapura demonstrou experimentalmente o emaranhamento entre um desses bichinhos e uma superposição quântica realizada através de um circuito supercondutor. Como veremos no capítulo 7, esse supercondutor permite a superposição da presença e da ausência de uma carga elétrica, e as propriedades do dispositivo são alteradas pela presença do tardígrado. O sistema composto supercondutor-tardígrado é então emaranhado com outro supercondutor, fato que pode ser comprovado através de medições precisas das propriedades elétricas do sistema. O mais curioso é que, para a realização do experimento, o tardígrado foi mantido a temperaturas próximas do zero absoluto por mais de duas semanas e mesmo após esse tempo ressuscitou quando voltou à temperatura ambiente. Com isso, os pesquisadores não somente conseguiram emaranhar um organismo vivo com um dispositivo elétrico como, no processo, quebraram o recorde de tempo em que tardígrados conseguem sobreviver em condições miseráveis.

Ao contrário do que parecia supor seu inventor, o gato de Schrödinger, por mais bizarro que seja, não está tão distante assim da realidade.

Darwinismo quântico

A teoria da decoerência nos oferece um mecanismo através do qual o mundo quântico pode fazer sua transição para o mundo clássico que observamos, sem superposições ou emaranhamento. Mas há uma hipótese implícita aqui e que precisa de um pouco mais de atenção. Até este ponto, ainda que involuntariamente, dividimos os possíveis estados quânticos em dois lados opostos: aqueles que são resultados de medição — spin para cima ou para baixo — e aqueles que são uma superposição destes — spin para cima e para baixo simultaneamente. Mas, do ponto de vista da equação de Schrödinger, ambos são igualmente válidos. Por que a decoerência escolhe revelar para nós apenas alguns estados (sem superposição) e nos negligenciar todos os outros (com superposição)?

Vimos que o sistema quântico, ao interagir com o ambiente, distribui sua quanticidade; o sistema se emaranha com o ambiente. É essa decoerência que acaba com a superposição quântica. Entretanto, a decoerência não é só destruição. Apesar de nos negar vermos um elétron em dois lugares ao mesmo tempo, ela ainda assim nos permite enxergar o elétron em algum lugar. Ou seja, certos estados quânticos passam incólumes pelo processo decoerente, e são justamente eles que observamos quando fazemos uma medição. Aqueles que passam pelo crivo do ambiente são chamados de ponteiro, por serem justamente os que encontraremos ao observar o ponteiro do nosso aparato de medição. Curiosamente, os estados de ponteiro não só resistem à decoerência como são os mais efetivos em usar a rede de emaranhamento com o ambiente para gerar inúmeras réplicas de si próprios, necessárias para que uma observação macroscópica — o resultado de uma medição — de fato se torne possível. Somente os mais bem-adaptados sobrevivem ao processo de decoerência e geram cópias que podemos observar, fenômeno chamado de darwinismo quântico.

Quando ouvi falar de darwinismo quântico fiquei fascinado. Ele oferecia uma forma de entender a transição do mundo quântico para o clássico e poderia explicar uma das primeiras perguntas científicas que me lembro de formular. Imagino que a mesma pergunta tenha sido feita por muitos dos que aqui me leem. Será que todas as pessoas percebem o mundo da mesma maneira? Quando eu olho para um gato, o que me garante que outra pessoa o enxergará da mesma forma que eu? Ou seja, será que a realidade é de fato objetiva? Ou seria uma construção subjetiva entre o observador e aquilo que é observado?

Pela discussão que tivemos até aqui, talvez fiquemos tentados a imaginar que a teoria quântica é uma prova cabal da subjetividade de nossas experiências. O spin pode estar para cima e para baixo e, dependendo de quem o olhar, a pessoa o verá assim ou assado. Seria um mundo incrível, mas decerto muito diferente daquele a que estamos acostumados. Quando dizemos que a Lua está no céu em certa posição, todos concordamos. Não a vemos em diferentes posições dependendo de quem olha. Por incrível que pareça, essa objetividade do mundo à nossa volta é uma consequência direta do emaranhamento entre as diferentes partes do Universo.

A Lua está sendo bombardeada por zilhões de partículas de luz a cada instante. Ela se emaranha com os fótons de cada uma dessas interações, imprimindo em cada um deles informação sobre sua posição. Para se ter uma ideia de quão rápido e efetivo é o processo, basta dizermos que um grão de areia, ao ser iluminado com luz solar por apenas um segundo, tem a informação sobre sua localização transferida para cerca de 10 bilhões de fótons. Os estados de ponteiro, e a posição de uma partícula é o exemplo mais claro, não são apenas sobreviventes à decoerência: são mestres em utilizá-la para distribuir informação sobre si mesmos para o resto do Universo. Todos observamos a Lua na mesma posição no céu pela eficiência do darwinismo quântico em utilizar a rede de emaranhamento para localizar e distribuir a informação quântica.

Um amigo muito louco

A decoerência nos explica por quê, mesmo que tudo seja quântico, não observamos, por exemplo, gatos zumbis que podem estar vivos e mortos até que alguém olhe para eles. Explica também por que você e eu vemos a Lua na mesma posição no céu. Entretanto, a decoerência é incapaz de resolver um outro dilema da divisão entre o quântico e o clássico, entre o micro e o macro. É o que chamamos de problema da medição, o qual emerge da tensão entre dois postulados da teoria quântica.

De um lado há o postulado quântico que nos diz que a evolução da função de onda é regida pela equação de Schrödinger, tendo como consequência o fato de que as evoluções quânticas são reversíveis e contínuas. Podemos fazer um spin que aponta para cima evoluir de forma contínua, quer dizer, não abrupta, para uma superposição em que ele aponta para cima e para baixo. O fato de essa evolução ser reversível implica que sempre podemos reverter o sistema físico ao seu estado original, aplicando uma espécie de evolução inversa. Outra consequência básica da equação de Schrödinger é o que chamamos de unitariedade, que significa que essa equação preserva a interpretação probabilística da função de onda.

Por sua vez, o postulado da medição nos diz duas coisas bastante distintas. A primeira é uma regra, dada a função de onda que descreve um sistema físico e o seu aparato de medição, que nos diz qual é a probabilidade de que encontremos um certo resultado de medição. Se a função de onda nos informa que o spin aponta para cima, as regras quânticas nos dizem que, caso uma medição seja feita, é 100% provável que o spin de fato apontará para cima. Mas, caso o spin esteja em uma superposição de cima e baixo teremos, por exemplo, probabilidades de 50% de encontrar o spin em uma das duas direções. A segunda coisa que o postulado da medição nos diz é que, após a medição, há que se fazer uma atualização da função de onda. Mesmo que antes da medição tenhamos uma superposição em que o spin aponta para cima e para baixo, após a medição ele estará necessariamente apontando ou para cima ou para baixo. Ao contrário da evolução suave da equação de Schrödinger, o processo de medição muda a função de onda de forma abrupta e a colapsa instantaneamente (ver capítulo 2). E mais ainda: o processo de medição é irreversível.

O problema está no fato de termos duas regras, completamente distintas, para descrever processos quânticos. Antes da medição tudo é unitário, suave, contínuo e em superposição. Mas, quando resolvemos descobrir o que está acontecendo e fazemos a medição, o sistema colapsa e decide na marra assumir um estado específico, seja para cima ou para baixo no caso de um spin eletrônico, seja aqui ou acolá para a posição de um elétron.

Temos assim, no cerne da mecânica quântica, dois mundos distintos: aquele genuinamente quântico, com suas superposições e emaranhamentos; e o clássico, careta e sem as bizarrices quânticas, aquele que percebemos através da observação. Mas nada na teoria quântica nos diz como fazer a distinção entre os dois mundos. Idealmente, um aparato de medição, transformando o quântico em clássico, deveria ser descrito pelas próprias regras quânticas. Ou seja, o postulado da medição é incompatível com a ideia do reducionismo. O comportamento de um objeto macroscópico e clássico deveria advir do comportamento dos seus constituintes microscópicos e quânticos. Mas na quântica, até onde sabemos, as coisas não são assim. E isso é um problema.

Para ilustrar o porquê, o físico húngaro-americano Eugene Wigner propôs em 1961 um experimento imaginário, que hoje chamamos de experimento do amigo de Wigner. O amigo de Wigner está em seu laboratório, no qual ele faz a medição de um spin em superposição para cima e para baixo, ou seja, a função de onda $|\Psi_S\rangle = |\uparrow\rangle + |\downarrow\rangle$ do spin está em uma superposição. Após a medição feita pelo amigo de Wigner, o estado do spin terá colapsado e será ou $|\Psi_S\rangle = |\uparrow\rangle$ ou $|\Psi_S\rangle = |\downarrow\rangle$. Do ponto de vista do amigo de Wigner, a transição é abrupta: houve o colapso da função de onda. Mas do ponto de vista de Wigner, que está fora do laboratório, a descrição será um pouco distinta. Wigner modela o spin e seu próprio amigo como sistemas quânticos, interagindo e evoluindo de acordo com a equação de Schrödinger. Afinal, a teoria quântica não nos diz onde traçar a linha entre os mundos clássico e quântico; a princípio, a equação de Schrödinger se aplica tanto a átomos e elétrons quanto a objetos macroscópicos como gatos e seres humanos.

Na percepção de Wigner, o neurônio do cérebro do amigo que registrará a informação da direção do spin do elétron está inicialmente em um estado em branco, digamos $|\Psi_A\rangle = |0\rangle$, um neurônio não ativado. Assim, na descrição de Wigner, o estado inicial composto de seu amigo e do spin é dado por

$|\Psi_{SA}\rangle = |\Psi_S\rangle \times |\Psi_A\rangle = (|\uparrow\rangle + |\downarrow\rangle) \times |0\rangle$, um estado não emaranhado no qual podemos descrever individualmente cada uma de suas partes. Quer dizer, de início, o todo é simplesmente a soma de suas partes. Mas quando o amigo de Wigner decide medir o spin, para obter alguma informação sobre sua direção ele terá que interagir com o sistema quântico. Essa interação é descrita pela equação de Schrödinger e em particular prediz que o spin e o seu amigo estarão agora emaranhados em um estado global dado por $|\Psi_{SA}\rangle = |\uparrow 0\rangle + |\downarrow 1\rangle$. Ou seja, caso o spin esteja apontando para cima, o estado do cérebro do seu amigo continua no seu estado original $|0\rangle$; mas caso o spin esteja apontando para baixo, este estado muda para $|1\rangle$, quer dizer, é como se o neurônio tivesse sido ativado.

Vemos, portanto, que as regras quânticas nos levam a duas descrições completamente diferentes. Do ponto de vista do amigo que faz a medição, o estado quântico terá colapsado e o spin apontará para cima ou para baixo. Mas, do ponto de vista de Wigner, o spin não só ainda estará em um estado de superposição como estará emaranhado com o seu amigo.

Por muito tempo o problema da medição e o experimento do amigo de Wigner permaneceram como curiosidades, algo de que somente aqueles mais inclinados a elucubrações metafísicas deveriam se ocupar. Entretanto, mais recentemente, versões mais elaboradas e matematicamente precisas deixaram claro que o problema da medição é real e sua resolução pode apontar para uma verdadeira compreensão da natureza quântica. Em um artigo publicado em 2018, o físico suíço Renato Renner e sua aluna Daniela Frauchiger mostraram que a mecânica quântica não pode descrever de maneira consistente o seu próprio uso. Tal como Einstein muitos anos antes havia concluído que a mecânica quântica seria incompleta, nesse novo ataque a teoria quântica era considerada inconsistente. Decerto uma acusação grave.

De maneira parecida com o teorema de Bell, o resultado de Frauchiger e Renner também se baseava num conjunto de hipóteses aparentemente bastante naturais. A primeira hipótese é a de que a mecânica quântica é uma teoria universal, sendo aplicável a sistemas microscópicos, mas também aos sistemas grandes e complexos. Em particular, tanto os aparatos de medição como os laboratórios e os cientistas dentro deles deveriam seguir as regras quânticas. A segunda hipótese é a de que um observador pode usar a quântica para descrever a si próprio e a seu experimento, mas também pode usá-la para descrever como outro observador usa a teoria quântica: Wigner pode usar a quântica para descrever seu amigo e sua medição, mas uma terceira pessoa também poderia usar a teoria para descrever Wigner, o amigo de Wigner e a medição realizada por este. A terceira e última hipótese é a da consistência, ou seja, de que as predições feitas por diferentes observadores sobre o mesmo fato não podem ser contraditórias. Se a teoria quântica prediz que um observador verá um spin apontando para cima após uma medição, outro observador não poderia ver o mesmo spin apontando para baixo.

Como mostrado por Frauchiger e Renner, essas três hipóteses são incompatíveis com a mecânica quântica. Em certo experimento imaginário elaborado por eles, um observador concluirá que um spin aponta para cima, mas, usando a mecânica quântica, outro observador chegará à conclusão oposta. Em uma briga de casal quântica, de fato ambos estariam com a razão. Como disse o físico Matthew Leifer em uma entrevista:

"Esse é um experimento imaginário que entrará para o rol das coisas bizarras sobre as quais nós pensamos em relação aos fundamentos da quântica".

Pouco tempo depois, uma versão ainda mais forte e esquisita da aparente inconsistência da mecânica quântica foi apresentada e posta à prova por um time de pesquisadores da Austrália, incluindo Eric Cavalcanti, pesquisador brasileiro radicado naquele país. De forma também similar ao teorema de Bell, eles mostraram que a teoria quântica é incompatível com ao menos uma das três seguintes hipóteses: livre-arbítrio, localidade e a absolutez dos resultados de medição. As duas primeiras hipóteses são basicamente as mesmas no teorema de Bell, mas a hipótese do realismo é substituída aqui pela ideia de que resultados de medição são fatos objetivos. Se eu digo que a Lua está numa certa posição nenhum outro observador deveria discordar.

Tal como no teorema de Bell, esse novo conjunto de hipóteses impõe limites ao que pode ser observado em um experimento, mas a teoria quântica é capaz de violar esses limites, provando assim sua incompatibilidade com ao menos uma das hipóteses. Podemos visualizar o novo teorema do grupo australiano como um teorema de Bell aplicado ao experimento do amigo de Wigner. De fato, nesse novo cenário, temos não apenas um, mas dois Wigners, cada um com seu próprio amigo, e de um modo tal que esses amigos estão emaranhados entre si. Parece complicado — e de fato o é. Mas a conclusão é cristalina. Como disse Eric Cavalcanti em uma entrevista que demos ao podcast científico "Qubits e Quasares":

> Quando você observa um evento, quando você observa o resultado de uma medida, esse resultado é real. Ele realmente aconte-

ceu, e aconteceu neste mundo. Existe apenas um mundo, e aquele resultado aconteceu neste mundo, quando foi observado. Antes de ser observado a gente sempre pensou, quem sabe por qual fenda essa partícula passou antes de ser observada? Talvez essa pergunta não faça sentido, seja uma pergunta que não possa ser feita. Mas é um fenômeno que está restrito ao universo microscópico, então a gente vive com isso. Mas a partir do momento em que a gente observa o resultado de uma medida, agora essa observação passou a ter uma realidade, passou a ter um valor determinado.

Ou será que não? Na quântica, mesmo os fatos mais óbvios sobre a natureza são postos a prova.

Mundos paralelos

Quando nos confrontamos com o problema da medição, são duas as possíveis soluções. A primeira é de fato bastante simplória: se as regras quânticas são tão problemáticas, por que não simplesmente mudá-las? A segunda solução, eu diria, é um pouco mais elegante. O problema da medição vem do conflito entre a equação de Schrödinger, suave e contínua, e o postulado da medição, implicando o desastroso colapso da função de onda. De fato, o postulado da medição foi uma adição ad hoc à teoria. Ele se fez necessário, pois do contrário não conseguiríamos explicar o que observamos no laboratório. Por que então não abrimos mão desse complicado e talvez desnecessário adendo à teoria quântica? E se tentarmos explicar o que observamos somente utilizando a equação de Schrödinger e nada mais? Como veremos, isso é possível. Mas a consequência dessa escolha será ainda mais estranha do que tudo que discutimos até aqui.

Comecemos com a solução mais simples: mudar as regras. Essa é de fato a solução oferecida por Bohm e suas variáveis escondidas discutidas no capítulo 3. Ou seja, no fundo, o indeterminismo e a superposição quânticas são aparentes. Se conhecêssemos as ondas-piloto que se espalham e regem todas as partículas do Universo, veríamos que esse conflito entre a equação de Schrödinger e o postulado da medição se dissiparia. Seguindo o mesmo impulso de quebrar as regras quânticas, Wigner sugeriu que o que separa os mundos clássico e quântico é a consciência humana. Nessa visão, um tanto antropocêntrica, é a nossa consciência a responsável por colapsar a função de onda, que não mais evoluiria de acordo com a equação de Schrödinger, e sim por processos não lineares e complexos ainda a serem descobertos.

Uma solução parecida com a de Wigner, ainda que menos centrada em nós, são as teorias do colapso espontâneo da função de onda. Nelas, a equação de Schrödinger seria apenas uma aproximação da verdadeira equação que regeria o comportamento do Universo. Essa nova equação teria um termo extra capaz de suprimir a superposição quântica. Interessantemente, quanto maior fosse o tamanho, a massa ou a complexidade do sistema em questão, mais importante esse termo seria. Ou seja, através dessa equação de Schrödinger modificada, não precisaríamos do postulado da medição, e portanto o problema da medição se esvaneceria. E o que é melhor, essas teorias podem ser testadas experimentalmente, e alguns grupos ao redor do mundo têm feito grandes avanços nesse sentido. Uma demonstração da quebra da equação de Schrödinger (mesmo no limite não relativístico) seria algo espetacular, que não só resolveria o problema da medição, mas abalaria todo o prédio de uma teoria secular e que passou por todos os testes até hoje. De fato, há vários cientistas (eu não sou um deles) que acreditam nas teorias de colapso espontâneo e suas consequências. Um deles é o britânico Roger Penrose, ganhador do prêmio Nobel de Física de 2020 por suas descobertas sobre a física dos buracos negros.

No mesmo balaio da primeira solução, ainda que de forma disfarçada, estão a interpretação de Copenhague e suas variações. Do ponto de vista de Bohr e seus seguidores, a função de onda não passa de um artifício matemático para calcular as probabilidades dos eventos que observamos num experimento. A função de onda não representa a realidade física; dizer que um elétron passou por duas fendas ou que um spin aponta em duas direções ao mesmo tempo seria um completo absurdo. A teoria quântica não pode nos dizer nada sobre o que acontece antes de uma medição, e ponto final. Entretanto, simplesmente afirmar que algumas coisas são quânticas e bizarras enquanto outras coisas são clássicas e bem-comportadas, sem dizer como diferenciá-las, também é querer mudar as regras quânticas. Mas — pior — sem de fato reconhecê-lo.

Há ainda outro tipo de solução, diferente de todas as anteriores, e a única a levar as consequências da equação de Schrödinger ao seu extremo, sem a necessidade de nada mais. É a interpretação dos muitos mundos, proposta por Hugh Everett, aluno de John Wheeler, em 1957.

UMA DAS CONSEQUÊNCIAS BÁSICAS da teoria quântica é a superposição: se temos duas ou mais soluções possíveis para a equação de Schrödinger, então a superposição de todas elas também será uma possibilidade. Assim, temos funções de onda representando elétrons que parecem estar em dois lugares simultaneamente. Mas por que nunca observamos esse evento? Segundo Everett, a rigor observamos, só não nos damos conta. E por uma razão simples: conforme ilustrado na Figura 4.3, essas diferentes observações acontecem em universos paralelos, ou em muitos mundos, outra nomenclatura comum dessa famosa teoria.

Mais precisamente, antes de uma medição ser feita, a função de onda nos diz que toda uma gama de resultados é possível. O spin poderia apontar para cima e para baixo. Quando fazemos a medição, essa função de onda colapsa e observamos apenas um resultado, cima ou baixo. Isso no nosso Universo.

FIGURA 4.3. O gato de Schrödinger do ponto de vista da interpretação dos muitos mundos. Um gato em superposição será encontrado vivo e morto, possibilidades mutuamente excludentes que acontecem em diferentes universos.

Porque, sempre que uma medição é realizada, nosso mundo se ramifica. Assim, quando neste mundo o spin foi medido como apontando para cima, um outro mundo foi criado, no qual ele apontará para baixo. Mundos paralelos são de fato aquilo de que precisamos se quisermos abrir mão do problemático postulado da medição. Mas vale ressaltar que, pelo menos até onde sabemos, não é possível testar experimentalmente a existência deles.

De qualquer forma, as consequências são estarrecedoras. Digamos que você use o resultado da medição do spin para decidir algo sobre sua vida. Se o spin está para cima, você segue o desejo da família e se torna cientista (infelizmente, uma família não muito tradicional, ao menos no Brasil). Se o spin está para baixo, você deixa tudo para trás e vai velejar ao redor do mundo. Tendo somente uma vida, as escolhas são mutuamente excludentes. Se você tomou uma, nunca saberá o que teria acontecido caso sua escolha fosse outra. Mas na interpretação de muitos mundos de fato você viveu ambas as vidas, só que em universos distintos e completamente desconecctados cntrc si.

Afinal, do que se trata a função de onda?

O postulado da medição e o colapso da função de onda se tornam particularmente problemáticos se admitirmos que esta última representa a realidade física subjacente. Adentramos aqui um outro embate no entendimento da mecânica quântica, dividindo os cientistas entre os lados ônticos e epistêmicos do campo de batalha. Do ponto de vista ôntico, o foco é na natureza quântica per se, independentemente de observadores. Na visão epistêmica, o foco é nos observadores e naquilo que eles podem dizer sobre o substrato quântico fundamental. Na interpretação ôntica, a função de onda representaria algo real de um sistema quântico, tal como a carga ou a massa de um elétron. Na interpretação epistêmica, ao contrário, a função de onda seria simplesmente um artefato matemático, um dispositivo através do qual poderíamos computar probabilidades em um experimento.

Um ponto positivo da interpretação epistêmica é que o colapso da função de onda deixa de ser um problema. Lembre-se de que uma função de onda em superposição, por exemplo um elétron deslocalizado em todo o Universo, colapsa após a medição, assumindo uma posição bem definida no espaço. Se a função de onda for de fato um ente físico, após a medição é como se uma mensagem instantânea percorresse todo o Universo, escolhendo um local específico para materializar o elétron. Mas se a função de onda codifica apenas as chances de que o elétron se encontre em algum lugar, o colapso se torna uma simples atualização probabilística. Digamos que duas pessoas em lados opostos da nossa galáxia recebam uma caixa cada. Uma das caixas se encontra vazia, a outra, cheia, mas não sabemos qual é qual. Assim, antes de se abrirem as caixas, as probabilidades de as encontrarem cheias ou vazias seria de 50%. Contudo, ao abrirmos uma caixa e não encontrarmos nada nela, a probabilidade de que a outra caixa esteja cheia se torna de 100%. Instantaneamente. Mas isso não é um problema, pois a probabilidade não é um ente físico, real ou palpável: é apenas uma ferramenta matemática.

Entretanto, a interpretação epistêmica da função de onda sofreu um duro golpe em 2012. Um pré-print — um artigo ainda em fase preliminar e não revisado — argumentava que a função de onda não poderia ser interpretada do ponto de vista estatístico. Mais precisamente, a conclusão era de que, se de fato existe uma realidade física que seja independente das nossas observações, então a função de onda só poderia ser interpretada onticamente. Se por debaixo das aparências a realidade de fato existe, então não só o colapso da função de onda como também a fantasmagórica ação à distância tão rejeitada por Einstein seriam reais. Lembre-se de que o teorema de Bell nos força a abrir mão de ao menos uma de três hipóteses bastante naturais: realismo, localidade e livre-arbítrio. Esse novo teorema mostrou que, se escolhêssemos manter o realismo, necessariamente a mítica função de onda quântica também deveria ser real e não apenas um aparato matemático, como defendiam Bohr e a escola de Copenhague.

PARTE II

Tecnologias quânticas

5. Pirataria quântica

A informação é física

É muito comum escutarmos que vivemos na era da informação. A quantidade de dados a que temos acesso na palma das nossas mãos é, para todos os efeitos, ilimitada. Após alguns poucos cliques podemos nos conectar com quase qualquer outra parte do planeta e ter acesso a praticamente qualquer obra audiovisual da humanidade, seja um obscuro filme do cinema alemão ou fotos em alta definição de pinturas rupestres do paleolítico. Todos temos ao menos uma intuição do que seja informação. Mas o que ela é de fato?

A razão pela qual a informação é central não somente em nossas vidas, mas também em toda a natureza, é o fato de ela poder ser comunicada. De nada adiantaria escrever este livro se ninguém o fosse ler. Ao longo dos séculos nossa capacidade não somente de gerar, mas principalmente de comunicar informação, tem crescido incrivelmente. Em apenas cinco milênios passamos da escrita cuneiforme da Mesopotâmia e dos hieroglifos egípcios ao desenvolvimento das milhares de línguas ao redor do mundo, até à comunicação digital via internet. Em particular, desde o final da década de 1940 podemos nos comunicar através de distâncias cada vez maiores, mais rapidamente e melhor. A razão para tal? Uma obra-prima em formato de artigo científico publicada pelo matemático e criptógrafo norte-americano Claude Shannon em 1948.

O grande gênio de Shannon foi usar probabilidades e incerteza para entender a informação e sua comunicação. Para compreendermos seu argumento, considere que temos duas moedas. A primeira, uma moeda viciada: sempre que a jogamos dá cara. A segunda, uma moeda usual: metade das vezes cai cara, a outra metade coroa. Não precisamos jogar a moeda viciada para saber o que acontecerá. Em outros termos, ao jogá-la, não ganhamos nenhuma nova informação. Ao contrário, antes de jogarmos a moeda não viciada nossa incerteza sobre o resultado é máxima e, ao jogá-la e observarmos o resultado, aprendemos algo que não sabíamos de antemão. Vemos assim que podemos entender a informação tanto como a incerteza que temos sobre um evento antes de observá-lo quanto como um conhecimento novo que ganhamos ao realizar a observação.

Também central para o desenvolvimento da teoria de Shannon foi o conceito de bit, introduzido por ele em seu artigo. O bit, ou dígito binário, pode ser 0 ou 1 e nos fornece uma maneira universal de codificar a informação. Seja um texto, uma foto, um filme ou uma música, toda e qualquer informação pode ser traduzida em termos de sequências de 0s e 1s. Ou seja, o bit é a unidade básica de informação. Imagine a dificuldade de fazer diferentes dispositivos eletrônicos se comunicarem caso cada qual usasse um sistema básico distinto. Não à toa os planos para a construção da torre de Babel fracassaram. Com tantas línguas diferentes, os construtores não podiam nem ao menos se entender.

Com os bits e a incerteza em mãos, Shannon construiu o que chamamos hoje de entropia de Shannon, representada pela letra *H* e capaz de quantificar os bits de informação de um determinado processo. Para ilustrar, imagine que queiramos quantificar a informação contida em uma sequência de cem letras de um texto em português. Nossa língua tem 26 letras, assim, uma sequência de cem letras teria um total de 26^{100} possibilidades. Para se ter ideia do quão grande é a quantidade de mensagens distintas que podemos escrever com apenas cem letras, se desde o big bang tivéssemos começado a escrever uma dessas sequências a cada segundo ainda não teríamos conseguido terminar de escrever todas as possibilidades. Nem chegaríamos perto. Talvez você já tenha escutado sobre o teorema do macaco infinito, que diz que se o nosso primo na escala evolutiva digitasse aleatoriamente teclas em um computador, talvez acabasse escrevendo uma das peças de Shakespeare, a Bíblia ou até este livro. Em outras palavras, se algo tem uma chance não nula de acontecer, eventualmente acontecerá. Mas mesmo para reproduzir meras cem letras de um texto conhecido nosso amigo símio precisaria de várias idades do Universo.

Se imaginarmos que em 1 bit de informação podemos codificar 2 caracteres; em 2 bits, 4 caracteres; em 3 bits, 8 caracteres e assim consecutivamente, vemos que as 26 letras do nosso alfabeto precisam de algo em torno de 4,7 bits para serem expressas. Assim, em linguagem binária, todas as possibilidades de um texto de cem letras genérico em português requerem algo em torno de 470 bits. Entretanto, toda linguagem, e de fato quase qualquer fonte de informação, contém algum tipo de redundância. Por exemplo, para um texto em português, depois da letra *q* podemos ter certeza quase absoluta de que vem a letra *u*. Já sabemos de antemão o que virá mesmo antes de observarmos. Oce pod le sta fras mesm q algmas ltras estjam faltand. Nem todas as sequências têm a mesma probabilidade. Por exemplo, a probabilidade de termos um texto com duas letras *h* em sequência é praticamente zero, a não ser que seja um texto matemático ou com alguma fórmula química. Isso quer dizer que a informação de um texto ou qualquer outra fonte de informação pode ser comprimida. A depender do método, um texto em português pode ser comprimido em até 70% e ainda assim a mensagem original ser recuperada sem problemas.

Mas de nada vale uma fonte de informação, comprimida ou não, se essa informação é corrompida ou deturpada antes de chegar até nós. As fake news e os blogueiros pró-mentiras que o digam. A capacidade do canal de comunicação de transmitir informação é denotada pela letra C. Caso tenhamos uma fonte que gera muita informação (H alto) mas use um canal muito ruim para se comunicar (C baixo), a comunicação será ineficiente. Para termos uma boa transmissão de informação, necessariamente C tem que ser maior ou igual a H. Ou seja, a capacidade de comunicação do nosso canal tem de ser maior ou igual à quantidade de informação que queremos transmitir. Por exemplo, uma pessoa falando no celular de dentro de um bar lotado consegue comunicar o nome do bar, mas dificilmente conseguirá que o interlocutor entenda a explicação de uma fórmula matemática.

É curioso notar que, apesar de as línguas humanas terem diferentes quantidades de informação, a capacidade de comunicação delas é muito parecida. A língua vietnamita contém em média uma quantidade de informação de 8 bits por sílaba. O basco, quase a metade disso: 4,8 bits. Entretanto, em um minuto de conversa, seja nos estrelados restaurantes do país basco ou nas paradisíacas praias do Vietnã, a mesma quantidade de informação terá sido comunicada. Para compensar a ineficiência de sua língua, os bascos falam mais rápido. Muito além de ser apenas uma curiosidade, a teoria de Shannon abriu as portas para todo o desenvolvimento em comunicação que vivemos hoje. A tecnologia 5G, por exemplo, usa códigos de comunicação que, ao menos teoricamente, chegam próximos do limite máximo da capacidade de comunicação possível para um canal conforme previsto pelas regras de Shannon. O passo dado por ele — matematizar a informação — foi fundamental.

Na década de 1960, no entanto, percebeu-se que a revolução iniciada por Shannon ainda estava longe de acabar. A informação, como haveria de se perceber, não era apenas um ente abstrato, uma fórmula matemática. Como diria o físico norte-americano Rolf Landauer: "A informação é física". Sejam as letras impressas neste livro, as notas musicais no campo eletromagnético emitido por uma rádio ou os bits guardados nas memórias dos dispositivos eletrônicos modernos, a informação não pode existir por si só. Ela precisa de um meio físico para ser guardada e transmitida.

Mas, então, diferentes leis físicas poderiam ser usadas para armazená-la e processá-la. Em particular, a física que Shannon tinha em mente quando derivou sua teoria da informação era a física clássica. Se essa teoria careta, sem as excentricidades permitidas pela superposição e pelo emaranhamento, já causou tamanha revolução, é de esperar que a versão quântica da informação seja ainda mais espetacular. Vale notar que os efeitos desse novo paradigma da informação ainda não se fazem plenamente presentes no nosso dia a dia — algo que, como veremos no restante do livro, está prestes a mudar.

Além da motivação fundamental para entender as características quânticas da informação, temos também várias motivações práticas. Uma delas decorreu da famosa descoberta do engenheiro norte-americano Gordon Moore, em 1965, que percebeu que o número de transistores — peças essenciais de um computador moderno — em um circuito integrado de computador dobra a cada dois anos. Mas os computadores não aumentaram de tamanho. Pelo contrário, estão diminuindo. Ou seja, o tamanho dos transistores, essas unidades básicas de processamento de informação, tem diminuído exponencialmente rápido. O processador 4004 lançado pela Intel em 1971 contava com apenas 2300 transistores, número ridículo ante os mais de 43 bilhões de transistores dos processadores da série Stratix 10 lançados em 2019. Para se ter uma ideia, o número médio de neurônios nos nossos cérebros é de 86 bilhões. Se continuarem com esse caráter exponencial, as máquinas artificiais logo ultrapassarão, e muito, o número de unidades básicas de processamento do computador central que todos temos em nossas caixas cranianas. De fato, como veremos no capítulo 8, modernos algoritmos de inteligência artificial imitam, ainda que parcialmente, nossas redes neuronais, e os avanços na aprendizagem de máquina têm sido surpreendentes.

A observação de Moore, no entanto, tem data para se tornar ultrapassada. Se continuarmos no passo atual de miniaturização dos transistores, no mais tardar no final de 2030 teremos transistores constituídos de alguns poucos átomos ou mesmo átomos únicos, ou ainda partículas subatômicas, os constituintes fundamentais e indivisíveis da matéria. Mais do que isso, nesse limite do mundo do muito pequeno, sabemos que a física e, portanto, a informação devem ser completamente diferentes daquelas a que estamos acostumados.

Hoje tal conclusão parece óbvia, mas tivemos que esperar alguns anos após as descobertas de Landauer e Moore para que outros pioneiros de fato constatassem o poder da informação quântica.

Os hippies salvaram a física?

Ao contrário da academia convencional, que, com raras exceções, ignorou por completo o teorema de Bell, os fundamentos da teoria quântica se tornaram um terreno fértil para a contracultura das décadas de 1960 e 1970. A abertura das portas da percepção proporcionada por variadas técnicas meditativas e filosofias importadas do Oriente, assim como inúmeras drogas psicodélicas, naturalmente atraiu a atenção do grande público para os mistérios da teoria quântica. Não somente neófitos e leigos, mas também físicos profissionais, se interessaram por explorar as possíveis conexões entre o misticismo e a física quântica. Grupos como o Fundamental Fysiks da Califórnia se tornaram celeiro para que hippies, beatniks e cientistas debatessem o que era então percebido como uma nova realidade física. Não por acaso, o primeiro a realizar um experimento de Bell, John Clauser, assim como o físico Fritjof Capra, autor do polêmico livro *O tao da física*, fizeram parte desse grupo. Curiosamente, foi a inquietude de renegados que centelhou, ainda que pelos motivos errados, um resultado fundamental para o desenvolvimento da informação quântica pelas décadas seguintes.

Que alguns cientistas com diploma de algumas das melhores e mais respeitadas universidades do mundo estivessem adentrando o mundo do ocultismo parece bastante exótico. Telepatia, leitura e controle da mente, além de vários outros fenômenos vistos hoje como pseudociência, eram então do interesse não só dos filhos coloridos da nova era, mas também de agências governamentais e de alguns cientistas sérios.

Um dos temas favoritos do grupo Fundamental Fysiks era explorar a não localidade quântica para tornar possível a impossível comunicação superluminal, quer dizer, a comunicação a velocidades maiores que a velocidade da luz e até mesmo de forma instantânea. Como vimos, o teorema de Bell implica que, se aceitamos as hipóteses do realismo e do livre-arbítrio, temos que abrir mão da localidade. Mesmo sistemas físicos muito distantes parecem de alguma forma se afetar mutuamente. Entretanto, até onde se saiba, a não localidade não pode ser utilizada para se comunicar de maneira mais rápida que a luz. E era isso que alguns membros do Fundamental Fysiks buscavam mudar. Conforme descrito no livro do cientista e escritor David Kaiser, *How the Hippies Saved Physics* [Como os hippies salvaram a física], no final da década de 1970 um dos fundadores desse grupo, Jack Sarfatti, quase conseguiu convencer alguns membros do Pentágono a financiar sua pesquisa nessa direção. Outro membro do Fundamental Fysiks, Nick Herbert, também havia chegado a um aparente esquema de comunicação superluminal muito parecido ao de Sarfatti. O funcionamento desses esquemas, no entanto, se baseava em uma interpretação errônea do processo quântico de medição.

No esquema de Sarfatti e Herbert, partículas emaranhadas, por exemplo, um par de spins no estado quântico $|\Psi\rangle = |\uparrow\uparrow\rangle + |\downarrow\downarrow\rangle$, eram compartilhadas entre duas partes distantes. Individualmente, cada um dos spins tem uma direção vertical aleatória, metade das vezes apontando para cima ou para baixo. Entretanto, os dois spins estão correlacionados. Nesse caso, eles sempre têm a mesma direção. Mas lembre-se de que a função de onda codifica toda a informação do sistema quântico. Em particular a informação sobre o spin, não somente na direção vertical, mas também ao longo da direção horizontal. Usando as regras quânticas, esse mesmo estado quântico pode ser reescrito como $|\Psi\rangle = |\rightarrow\rightarrow\rangle + |\leftarrow\leftarrow\rangle$. Quer dizer, também ao longo da direção horizontal os spins individualmente teriam uma direção aleatória, apontando metade das vezes para a esquerda, metade para a direita. Mas, conjuntamente, essa aleatoriedade dá lugar a uma correlação perfeita em que os spins sempre apontam no mesmo sentido.

Será que esse esquema poderia ser usado para enviar informação instantaneamente? Para responder a essa pergunta, introduzamos os dois personagens mais famosos da informação e da computação quânticas: Alice e Bob. Digamos que Alice tenha em sua posse o primeiro spin e Bob, a uma grande distância de Alice, tenha o segundo spin. Alice usa o seguinte esquema para se comunicar com Bob: caso ela queira enviar o bit de informação 0 para Bob, faz a medição do seu spin na direção vertical; caso queira enviar o bit 1 de informação, faz sua medição na direção horizontal. Note que nenhuma comunicação está de fato ocorrendo. Tudo o que Alice faz é medir localmente sua parte do sistema quântico emaranhado.

Caso Alice queira enviar o bit 0, após a medição na vertical o estado dos dois spins será colapsado, quer dizer, a superposição das direções do spin dá lugar a uma direção única e bem definida. Assim, após a medição de Alice, o estado quântico compartilhado por ela com Bob será dado ou por $|\Psi\rangle = |\uparrow\uparrow\rangle$ ou por $|\Psi\rangle = |\downarrow\downarrow\rangle$. Entretanto, se ela quer enviar o bit 1, ela mede na direção horizontal, e o estado será colapsado ou para $|\Psi\rangle = |\rightarrow\rightarrow\rangle$ ou para $|\Psi\rangle = |\leftarrow\leftarrow\rangle$. Vemos assim que, ao menos aparentemente, dependendo do que fazemos no spin do primeiro elétron o spin do segundo elétron será modificado. Se Alice quis enviar o bit 0, o spin de Bob será $|\uparrow\rangle$ ou $|\downarrow\rangle$. Se quis enviar o bit 1, o spin de Bob será $|\rightarrow\rangle$ ou $|\leftarrow\rangle$. Para o esquema funcionar, basta que Bob observe se seu spin está apontando na vertical ou na horizontal. Sarfatti e Herbert assumiram que isso seria possível, e parece bastante razoável que possamos descobrir a direção em que um ímã aponta. Mas, como viria a ser mostrado de forma clara pelo cientista francês Philippe Eberhard, a aleatoriedade e a incerteza quânticas proíbem que isso aconteça.

Para que a incrível comunicação instantânea aconteça, Bob teria que conseguir distinguir o spin vertical $|\uparrow\rangle$ do spin horizontal $|\rightarrow\rangle$. Caso o spin fosse um ímã clássico, isso seria muito fácil. Por exemplo, usando o aparato de Stern e Gerlach descrito no capítulo 2, o spin vertical $|\uparrow\rangle$ saindo do aparato magnético iria ser defletido para cima; se o spin fosse o horizontal $|\rightarrow\rangle$ ele não seria defletido. Mas um spin não é clássico. Lembre que um spin que aponta na horizontal, digamos $|\rightarrow\rangle$, ao longo da vertical estará em uma superposição de cima e baixo $|\uparrow\rangle + |\downarrow\rangle$. Em contrapartida, um spin bem definido ao longo da direção vertical, digamos $|\uparrow\rangle$, é uma superposição $|\rightarrow\rangle + |\leftarrow\rangle$ na direção horizontal. Esse embaralhamento entre cima/baixo e direita/esquerda impossibilita a Bob distinguir entre a direção vertical e a horizontal. Ou seja, uma labirintite quântica impossibilita que Alice use o emaranhamento para se comunicar instantaneamente com Bob.

Na visão do excêntrico Sarfatti, esse esquema era uma prova de que a teoria da relatividade de Einstein deveria estar incorreta. É curioso notar que o filósofo austríaco Karl Popper, famoso por estabelecer o método científico baseado na falsificação empírica dos fatos, já em 1934 — portanto muito antes de Sarfatti e Herbert, e mesmo do paradoxo EPR (o qual argumentava que a teoria quântica apesar de correta seria incompleta) — havia chegado a uma conclusão semelhante. Para Popper, no entanto, o esquema de comunicação superluminal só mostrava que a mecânica quântica estaria incorreta. A teoria de Einstein deveria prevalecer. O argumento de Eberhard, no entanto, aclarava que não havia nenhum conflito entre a quântica e a relatividade, já que nenhuma medição poderia distinguir um spin que aponta na vertical de outro que aponta na horizontal.

Mas Herbert não se deu por vencido e, em 1982, submeteu para publicação um novo esquema que pretendia mostrar definitivamente que estados quânticos emaranhados poderiam ser utilizados para comunicação instantânea. A esse esquema Herbert deu o sugestivo nome de Flash. Estivesse seu resultado correto, sem sombra de dúvida ele se tornaria um gigante da ciência, não somente inventando o mecanismo de comunicação mais incrível da história, mas destronando a teoria da relatividade de Einstein. Curiosamente, seus cálculos eram simples e não pareciam violar nenhuma das regras da mecânica quântica. Um dos revisores do artigo, o físico israelense Asher Peres, recomendou a publicação. Peres chamava a atenção para o fato de que o resultado de Herbert "estava obviamente errado", mas argumentava que a busca por encontrar esse erro "levará a um significativo progresso no nosso entendimento da física". Peres não poderia prever o avassalador progresso que viria a seguir.

O PROTOCOLO FLASH DE "COMUNICAÇÃO SUPERLUMINAL"

Alice e Bob compartilham um par de partículas com seus spins emaranhados, o estado $|\Psi\rangle = |\uparrow\uparrow\rangle + |\downarrow\downarrow\rangle$ ao longo da direção vertical e que pode ser reescrito como $|\Psi\rangle = |\rightarrow\rightarrow\rangle + |\leftarrow\leftarrow\rangle$ na direção horizontal. Digamos que Alice tenha medido seu spin na direção vertical e colapsado o spin de Bob na direção $|\uparrow\rangle$. Bob poderia então copiar esse estado colapsado e gerar muitas cópias dele, por exemplo cinco cópias no total, tal que o estado do spin das partículas em posse de Bob após essas cópias seja $|\uparrow\uparrow\uparrow\uparrow\uparrow\rangle$. Suponhamos, no entanto, que Alice tenha medido seu spin na direção horizontal, colapsando o spin de Bob na direção $|\rightarrow\rangle$. Nesse caso, após o processo de cópia o estado do spin de Bob seria $|\rightarrow\rightarrow\rightarrow\rightarrow\rightarrow\rangle$. A sacada de Herbert foi perceber que esse processo de cópia permite que Bob reconheça qual foi a medição feita por Alice. Caso ela tenha medido seu spin na direção vertical e Bob também meça cada uma das cópias ao longo da direção vertical, cada uma delas apontará na mesma direção. Entretanto, se Alice houver medido na direção horizontal e Bob medir na direção vertical, cada uma das cópias poderia apontar para cima ou para baixo, já que $|\rightarrow\rangle = |\uparrow\rangle + |\downarrow\rangle$. Ou seja, as cópias de Bob não estariam correlacionadas. Em suma, caso Alice quisesse enviar o bit 0 medindo seu spin na direção vertical, todas as cópias de Bob apontariam no mesmo sentido, ou seja, estariam correlacionadas. Entretanto, se Alice quisesse enviar o bit 1 medindo seu spin na direção horizontal, as cópias de

Bob teriam sentidos arbitrários, algumas apontando para cima, outras para baixo. Herbert mostrou, portanto, que gerando cópias de seu spin Bob poderia distinguir um spin que aponta na vertical de outro que aponta na horizontal. Assim, ele poderia descobrir qual direção de medição foi utilizada por Alice e obter, de maneira instantânea, a informação enviada por ela. Pense nisso: simplesmente manipulando spins eletrônicos em nosso laboratório poderíamos enviar mensagens instantâneas para qualquer outro lugar do Universo.

No quadro acima temos a descrição mais detalhada do protocolo superluminal de Herbert, através do qual podemos entender a encruzilhada em que se encontrava Peres quando revisou o excêntrico artigo. A violação da teoria da relatividade de Einstein, que proíbe de todas as formas qualquer tipo de comunicação instantânea, parecia ser uma consequência direta do emaranhamento quântico. Onde então poderia se encontrar o erro no argumento de Herbert?

Publicado o artigo, não demorou muito para que a expectativa de Peres se realizasse. Os físicos William Wootters e Wojciech Zurek perceberam a inconsistência do protocolo Flash e publicaram, em 1982, aquele que talvez seja o mais curto artigo de física teórica nas páginas da *Nature*. Vale notar que, independentemente e quase ao mesmo tempo que Wootters e Zurek, o físico Dennis Dieks também chegou a mesma conclusão: ao contrário do que o protocolo Flash assumia, a informação quântica não pode ser copiada. Ainda que não fosse sua intenção, o erro de Herbert levaria à descoberta de uma propriedade fundamental do mundo quântico.

No entanto, parece um senso comum a possibilidade de copiar informação à vontade. Quem já não copiou uma música, fotocopiou um livro ou apostila, ou reenviou mensagens, memes ou fotos pelo WhatsApp? A informação a que estamos acostumados, sequências binárias de 0s e 1s, pode ser copiada sem restrições. A informação quântica, no entanto, composta de 0s e 1s, mas também de superposições dessa informação binária, nem sempre pode ser reproduzida.

Para entender o teorema da não clonagem da informação descoberto por Wootters e Zurek, comecemos nos perguntando o que é o ato de copiar algo. O que queremos copiar é a informação contida em um sistema físico, e não o sistema físico propriamente dito. Quando você escaneia uma página e a guarda digitalmente em seu dispositivo eletrônico, está convertendo a informação contida no papel em uma sequência de bits armazenada, por exemplo, no campo magnético do disco rígido de um computador. Os portadores são irrelevantes, o que importa é a informação que eles carregam. Outra característica significativa é o fato de que a informação original se preserva. Quer dizer, ao obter uma cópia digital de sua folha escaneada, a informação dessa folha continua disponível, ela não desaparece simplesmente por ter sido copiada. Parece até estranho imaginar que algo assim possa acontecer, mas, como veremos, é justamente o que ocorre quando falamos da informação quântica.

Digamos que queiramos usar o spin de um elétron para codificar a informação. Se o spin aponta para cima, associamos isso ao bit 0, na linguagem quântica $|\uparrow\rangle = |0\rangle$. Ao contrário, se o spin aponta para baixo, associamos isso ao bit 1, quer dizer $|\downarrow\rangle = |1\rangle$. Mas, como vimos, o spin pode estar em uma superposição $|\uparrow\rangle + |\downarrow\rangle$, implicando que a informação que ele contém também estará superposta, tendo a possibilidade de, quando medida, ser observada tanto no bit 0 quanto no bit 1. Temos então um bit quântico, o chamado qubit.

Do ponto de vista do bit quântico, um processo de cópia se dá da seguinte forma. Temos o qubit $|\Psi\rangle$ que queremos copiar e um sistema auxiliar $|A\rangle$ que receberá a cópia da informação (a folha em branco que colocamos em nossa impressora, por exemplo). O estado inicial composto é, portanto, um estado de dois qubits dado por $|\Psi\rangle \times |A\rangle$ e que, após processo de cópia, deveria ter se transformado em $|\Psi\rangle \times |\Psi\rangle$. Ou seja, há nosso qubit original e uma cópia dele. Suponha, por exemplo, que tenhamos uma máquina capaz de copiar os qubits $|0\rangle$ e $|1\rangle$, ou seja, gerando os estados $|00\rangle$ e $|11\rangle$ na saída da máquina. Aplicando as regras da quântica, caso tenhamos na entrada da máquina um qubit em superposição$|\Psi\rangle = |0\rangle + |1\rangle$, na saída não teremos duas cópias. Ao contrário, na saída da máquina teremos um estado emaranhado dado por $|00\rangle + |11\rangle$. Em vez de fazer uma cópia da superposição, o que a máquina de cópia quântica faz é simplesmente distribuir, de maneira não local, a informação quântica. Por analogia, é como se, ao copiar o conteúdo de uma folha de papel usando uma máquina xerox, na saída tanto a cópia quanto a folha original só mostrassem borrões sem informação alguma. Mas, se colocássemos as folhas lado a lado, a informação contida na folha original voltasse a se revelar como num passe de mágica.

Em seu artigo na *Nature*, Wootters e Zurek mostraram que as regras quânticas impunham limites à cópia da informação. Qualquer que fosse a máquina que inventássemos, se ela pudesse copiar os qubits $|0\rangle$ e $|1\rangle$, nunca poderia copiar a superposição dessas unidades básicas de informação. O teorema da não clonagem acabava com o protocolo Flash imaginado por Herbert, já que este assumia explicitamente que estados quânticos e suas superposições poderiam ser copiados.

No fundo, a força motriz do Fundamental Fysiks era usar a teoria quântica como evidência e explicação para os variados fenômenos parapsicológicos, tão cultuados na época da contracultura. No entanto, o emaranhamento quântico não poderia ser usado para comunicação instantânea. Fossem a telepatia e coisas parecidas algo verídico, não seria a teoria quântica a dar o salvo-conduto. Enquanto as ideias dos hippies quânticos se desmantelavam uma a uma, os fenômenos parapsicológicos também falhavam clamorosamente nos testes científicos mais rigorosos. De forma admirável, foi uma parapsicóloga uma das responsáveis por esse desmonte. Após um doutorado em parapsicologia, a britânica Susan Blackmore se tornou pioneira na aplicação do método científico rigoroso a aparentes fenômenos paranormais. Percebendo que os dados mostravam claramente que tais fenômenos não eram justificáveis, Blackmore mudou de atitude, tornando-se uma reconhecida cética em relação à cultura pseudocientífica.

De todas as formas, foi a insistência de Herbert, ainda que fundamentalmente errada, que levou ao teorema da não clonagem, um dos primeiros resultados sobre o que mais tarde viria a se tornar o revolucionário campo da informação e da computação quânticas. É curioso que uma década antes, em 1970, o físico norte-americano Stephen Wiesner tenha esbarrado nas mesmas ideias ao introduzir o conceito do dinheiro quântico. Ele percebeu que estados quânticos, por exemplo spins nas direções vertical e horizontal, poderiam ser usados para se gerar um número de série quântico incapaz de ser copiado, garantindo assim que não se falsificasse dinheiro. Em sua prova matemática, Wiesner, ao contrário de Herbert, assumia que a informação quântica não poderia ser copiada. Mas ele não provara a não clonagem, e, como veremos em mais detalhes a seguir, seu artigo só viria a ser publicado mais de uma década depois, em 1983.

Não fossem os hippies e o protocolo de Herbert, será que a não clonagem quântica seria descoberta? Provavelmente sim. Conforme o artigo não publicado de Wiesner faz transparecer, a ideia da não clonagem já estava no ar. Talvez em um mundo paralelo Wiesner o tenha publicado, revelando a não clonagem quântica e evitando que Herbert desperdiçasse seus esforços em um protocolo superluminal fadado ao fracasso. Mas no Universo em que vivemos a história não foi assim. Dizer que os hippies salvaram a física é um tanto quanto exagerado, porém, em seus esforços para realizar o impossível, eles ao menos ajudaram a trazer à tona uma propriedade fundamental da natureza.

Uma criptografia radicalmente nova

Quando nos comunicamos, nosso objetivo principal é maximizar a quantidade de informação transmitida. Nem sempre, no entanto, queremos que todos compreendam a mensagem. Ao cochichar no ouvido de alguém, temos o intuito de que outras pessoas não entendam o que dizemos. Da mesma maneira, ao usarmos o cartão de crédito para compras na internet esperamos que nenhum pilantra à espreita descubra seu número. Queremos que a informação seja transmitida apenas ao destinatário da nossa comunicação.

À arte de ocultar a informação de espiões indesejados damos o nome de criptografia. É provável que a criptografia exista desde a invenção da escrita e da percepção do poder que a informação carrega. O primeiro registro de um criptograma — uma lógica ou algoritmo usado para encriptar uma mensagem — data de 1900 a.C., em uma inscrição esculpida na câmara sepulcral de um membro da nobreza egípcia. Hieroglifos egípcios foram substituídos por símbolos não usuais em algumas partes do texto; mas o objetivo parece ter sido muito mais o de divertir aqueles que o liam do que realmente esconder qualquer informação. O imperador Júlio César era conhecido por enviar mensagens cifradas para seus generais em campo de batalha usando o que é conhecido hoje como criptograma de César, que consistia basicamente em deslocar as letras do texto por um número fixo de posições no alfabeto. Por exemplo, a mensagem "Oi mundo" se traduziria como "Rl pxqgr" caso usássemos um deslocamento de três letras para frente na codificação da mensagem. Curiosamente, uma das artes reveladas no livro *Kama Sutra*, relacionada à comunicação entre amantes, a Mlecchita Vikalpa, pode ser traduzida como "a arte do entendimento de como escrever em criptogramas e a arte de escrever palavras de uma forma peculiar".

Como se pode imaginar, decodificar as mensagens do criptograma de César não era muito difícil. Mas, ao longo dos anos, diferentes formas de criptografia foram inventadas e utilizadas. A mais importante e segura delas é a que chamamos de chave de uso único, em que a chave é basicamente uma sequência aleatória de caracteres. Imagine que Alice queira enviar uma mensagem para Bob. O que ela faz é embaralhar cada letra da mensagem com uma letra dessa sequência aleatória de caracteres. Digamos que a mensagem que ela quer enviar é um simples "OI", e que as duas primeiras letras da sua chave sejam "RX". A mensagem encriptada enviada por Alice será sua mensagem original somada, caractere a caractere, às letras aleatórias da chave. Vejamos o que isso quer dizer. Nosso alfabeto tem 26 letras, a sequência ABCDEFGHIJKLMNOPQRSTUVWXYZ. A cada uma das letras do alfabeto associamos um número, sequencialmente, de modo que A seria 1, F seria 6 e Z seria 26. Portanto, a soma de O (a primeira letra da palavra que ela quer escrever) com R (a primeira letra da chave que ela recebeu), neste código numérico, seria equivalente à soma de 15 com 18, o que daria 33. Mas o número 33 não está associado a nenhuma letra. Para que essa soma faça sentido, quer dizer, resulte num número que possa corresponder a uma letra do alfabeto do português, devemos descontar o tamanho do alfabeto, ou seja, subtrair de 33 o número 26, obtendo assim o número 7, que corresponde, no nosso código numérico, à letra G. Esse tipo de soma é o que chamamos de modular. Da mesma forma, somar a letra I com a letra X equivale a somar 9 com 24, novamente o número 33, que quando subtraído de 26 novamente nos dá 7 e, portanto, representa a letra G. A mensagem criptografada enviada por Alice para Bob será então "GG". Em sentido inverso, para decodificar a mensagem basta subtrairmos a mensagem criptografada com os caracteres da chave segura. Assim, G-R é equivalente a (7 − 18), que é igual a −11 (significando que, ao começarmos da letra Z, retornamos 11 letras no alfabeto), o que no nosso código dá a letra O. Da mesma forma G − X é igual a (7 − 24) que é igual a − 17 (significando que, ao começarmos da letra Z, retornamos 17 letras no alfabeto), o que no nosso código retorna à letra I. Recuperamos assim a mensagem "OI" original.

Agora imagine que um espião intercepte a mensagem. Como ele não sabe quais foram os dígitos aleatórios usados para encriptá-la, nunca poderá adivinhar que na verdade "GG" significa "OI". A segurança desse protocolo, no entanto, só haveria de ser provada na década de 1940, justamente por Claude Shannon, o inventor da teoria da informação. Caso Alice continuasse enviando informação para Bob, digamos transmitindo um livro inteiro, para que o espião não pudesse decodificar as mensagens, a longo prazo é essencial que ela não reutilize seus caracteres aleatórios — daí o esquema ser chamado de chave de uso único.

O esquema, no entanto, tem um problema. Quando Bob recebe a mensagem ele está na mesma situação que o espião. Se não souber a chave secreta utilizada por Alice na sua codificação, ele nunca será capaz de recuperar a informação. Ou seja, caso Alice e Bob queiram se comunicar de forma segura, terão que ter se encontrado antes e compartilhado cópias da chave secreta. É como se, para fazermos uma compra na Amazon, primeiro eles tivessem que nos enviar uma carta inviolável com caracteres aleatórios (a chave segura de uso único). Somente após receber tal carta contendo os caracteres secretos é que poderíamos fazer a compra a salvo de hackers no site. Mas certamente não é assim que garantimos a segurança da nossa comunicação. Como veremos a seguir, o esquema que utilizamos não é de fato completamente protegido e envolve tanto uma chave pública quanto uma chave secreta.

O método mais famoso desse tipo é o protocolo RSA, descoberto pelo trio de cientistas Ron Rivest, Adi Shamir e Leonard Adleman, em 1977. Digamos que eu queira enviar uma mensagem segura para a Amazon. Para codificar minha mensagem eu uso uma chave pública fornecida pela Amazon, ou seja, uma sequência de caracteres a que qualquer pessoa, eu ou um espião, pode ter acesso. Parte dessa chave pública é um número n que é o produto de dois números primos p e q (lembrando: um número primo é aquele divisível apenas por 1 e por si próprio, por exemplo, os números 3, 5 e 7). O número n é público, mas seus fatores primos p e q são mantidos secretos pela Amazon. Uma vez que eu codifico minha mensagem com a chave pública n, somente quem tem acesso aos fatores primos p e q pode decodificá-la.

Por exemplo, se n fosse igual a 15, seus fatores primos seriam $p = 3$ e $q = 5$. Nesse caso, qualquer hacker que soubesse n poderia quase instantaneamente descobrir os fatores primos p e q e assim ter acesso à chave secreta e quebrar a segurança do protocolo RSA. No entanto, se o número n é muito grande, digamos algo como um número com 2048 bits, mesmo tendo acesso aos melhores e maiores computadores do mundo o espião precisaria de muitas idades do Universo para conseguir fatorá-lo. Embora o hacker saiba muito bem o que deve fazer para descobrir a chave secreta a partir da chave pública, o tempo necessário para tanto, ao menos na física clássica, é completamente inimaginável. Para todos os efeitos práticos, a segurança do meu cartão de crédito está garantida. Afinal, daqui a 100 mil bilhões de anos nem eu nem o famigerado hacker estaremos por aqui.

Mas e se alguém descobrisse um algoritmo muito mais rápido para fatoração? Como veremos no capítulo 7, problemas que são muito difíceis para os computadores usuais, como quebrar a segurança do protocolo RSA, podem se tornar extremamente fáceis para um computador quântico, um dispositivo no qual tanto o hardware quanto o software operam de acordo com as regras quânticas, permitindo que alguns cálculos sejam feitos muito mais depressa. Um problema que demoraria várias idades do Universo mesmo para o melhor supercomputador dos dias atuais poderia ser resolvido em poucos minutos caso o computador quântico seja construído. Será então que a segurança da nossa informação está em risco?

Curiosamente, a mesma teoria quântica que abre caminho para ataques hackers também está por trás de uma nova forma de criptografia que, diferentemente do protocolo RSA, é fundamentalmente segura, mesmo se consideramos computadores quânticos. Temos a forma derradeira de segurança, já que esta passa a ter por base as próprias leis da física. Afinal, conforme provado por Shannon, um esquema de criptografia baseado em chaves secretas de uso único é inquebrável, independentemente do tipo de computador a que um hacker tenha acesso. E se pudéssemos usar as propriedades da mecânica quântica para gerar tais chaves secretas sem a necessidade de que as partes envolvidas se encontrem para trocar tais chaves?

Stephen Wiesner, autor do artigo rejeitado no qual se aventava pela primeira vez a não clonagem quântica, fora colega, nos anos 1960, do físico Charles Bennett. Em um dos seus encontros posteriores com Bennett ao longo da década de 1970, Wiesner contou sobre sua ideia de usar as regras da mecânica quântica para gerar notas bancárias não copiáveis e como o conceito havia sido sumariamente rejeitado na revisão por pares do seu artigo. Bennett, ao contrário, considerou o trabalho de Wiesner brilhante e revolucionário, ocasionalmente mencionando suas ideias para colegas e pares, que sempre as tratavam com um polido desdém.

A sorte das ideias de Wiesner começaria a mudar durante um casual encontro numa paradisíaca praia de Porto Rico no final de 1979. O cientista da computação Gilles Brassard mal poderia imaginar que seu momento de descanso nas mornas águas de San Juan moldaria o futuro da informação quântica. Como relatou alguns anos mais tarde:

> Imagine minha surpresa quando um completo estranho nadou em minha direção e começou a me contar, sem nenhuma provocação aparente da minha parte, sobre as notas bancárias quânticas de Wiesner! Foi provavelmente o mais bizarro, e certamente o mais mágico, momento da minha vida profissional.

Tanto Brassard quanto Bennett estavam em Porto Rico para uma conferência sobre ciência da computação. No dia seguinte ao bizarro encontro no mar, Brassard ia dar uma conferência sobre criptografia, razão pela qual Bennett imaginou que ele poderia se interessar pelas ideias de Wiesner. A tarde daquela palestra não apenas plantaria a semente da criptografia quântica, mas também seria o início de uma profícua colaboração científica que levaria a várias descobertas fundamentais no campo da informação e da computação quânticas.

Em 1982, três anos depois, Brassard e Bennett publicariam o primeiro artigo científico a introduzir a ideia da criptografia quântica. Fortemente influenciado pelas ideias rejeitadas sobre dinheiro quântico, o trabalho do duo foi em grande parte responsável pela publicação do texto de Wiesner, em 1983, mais de uma década após a tentativa inicial. No ano seguinte, Bennett e Brassard encontrariam seu derradeiro protocolo, aquele que mudaria para sempre a criptografia. Conhecido desde então como BB84, esse protocolo criptográfico viria a se tornar paradigmático no desenvolvimento da informação quântica. Entretanto, como outras ideias revolucionárias, foi necessário tempo para que o BB84 começasse a chamar alguma atenção. Brassard relembra:

> Ao longo da década de 1980, poucas pessoas viam a criptografia quântica como algo sério, a maioria simplesmente a ignorava. Por fim, Bennett e eu decidimos que deveríamos mostrá-la para elas construindo um protótipo que funcionasse. Bennett pediu a John Smolin que o ajudasse com o hardware e eu pedi a François Bessette e Louis Salvail auxílio com o software. Sem quaisquer recursos financeiros alocados para o projeto, nós conseguimos, no final de outubro de 1989, estabelecer a primeira transmissão quântica secreta, a uma incrível distância de 32,5 centímetros, precisamente na data do décimo aniversário do nosso primeiro encontro na praia de San Juan.

A ideia central do protocolo BB84 era usar um canal quântico de comunicação, quer dizer, enviar informação quântica, os qubits $|0\rangle$ e $|1\rangle$, mas também superposições quânticas, tais como $|0\rangle + |1\rangle$. Lembre que o objetivo de Alice é estabelecer uma chave secreta com Bob, uma sequência aleatória de bits conhecida apenas por eles. Se Alice codifica sua informação usando spins, ela pode fazer a associação $|0\rangle = |\uparrow\rangle$ (se ela quer enviar o bit 0) e $|1\rangle = |\downarrow\rangle$ (se ela quer enviar o bit 1). Para recuperar a informação enviada por Alice, Bob, por sua vez, simplesmente mede o spin na direção vertical e pode assim recuperar qual é a informação. O problema é que um espião que intercepte as mensagens também pode recuperar a informação de maneira perfeita e sem que sua presença seja notada. Por exemplo, se Alice envia o qubit $|0\rangle = |\uparrow\rangle$ ou $|1\rangle = |\downarrow\rangle$, medindo na direção vertical o espião descobre com 100% de certeza qual foi o qubit enviado por ela. E, após a medição, ele pode repreparar o mesmo qubit interceptado e reenviá-lo a Bob. Nesse esquema simples, não há maneira de Alice e Bob descobrirem que sua comunicação foi interceptada. Entretanto — como se mostra no quadro a seguir —, usando uma codificação um pouco mais elaborada, baseada no teorema da não clonagem, Bennett e Brassard descobriram como estabelecer uma chave secreta à prova de hackers.

Mesmo que você não acompanhe todos os detalhes da explicação no quadro, o importante é saber que a interceptação do hacker pode ser detectada. Tal como na falha do protocolo Flash de Herbert, a não clonagem impossibilita que o espião diferencie a codificação usada por Alice (caso contrário, ele poderia diferenciar spins apontando na direção vertical ou horizontal). A menos que o hacker conseguisse violar as regras da mecânica quântica, ele inevitavelmente seria detectado. Nada mau para uma ideia nascida em um banho de mar em Porto Rico.

O PROTOCOLO BB84

Considere que Alice escolhe de maneira aleatória a forma como ela irá codificar os bits 0 ou 1 que ela quer enviar. Às vezes ela escolhe a codificação usual $|0\rangle = |\uparrow\rangle$ ou $|1\rangle = |\downarrow\rangle$, mas às vezes ela escolhe uma codificação que lança mão da superposição quântica, tal que $|0\rangle = |\rightarrow\rangle$ ou $|1\rangle = |\leftarrow\rangle$ (lembre que $|\rightarrow\rangle = |\uparrow\rangle + |\downarrow\rangle$ e $|\leftarrow\rangle = |\uparrow\rangle - |\downarrow\rangle$). Ou seja, ela escolhe de maneira aleatória codificar a informação a ser enviada em spins com direção vertical (cima = 0, baixo = 1) ou com direção horizontal (direita = 0, esquerda = 1). Fossem os spins ímãs usuais, um espião poderia ainda assim descobrir tanto a codificação (vertical/horizontal) quanto a informação contida nela (cima, baixo, direita ou esquerda correspondendo aos bits 0 e 1). Mas um spin não é um ímã normal. Um spin que aponta para a direita pode também ser entendido como um spin que na direção vertical está completamente indeciso, apontando tanto para cima como para baixo.

Como o espião não sabe de antemão a codificação que Alice escolheu utilizar (vertical ou horizontal), ele terá uma chance de 50% de fazer a medição na base errada. Por exemplo, se Alice enviou $|0\rangle = |\rightarrow\rangle = |\uparrow\rangle + |\downarrow\rangle$, mas o espião interceptar e medir o spin na direção vertical, há uma probabilidade de 50% de que ele medirá $|1\rangle = |\downarrow\rangle$, concluindo erroneamente que o bit enviado foi 1, quando na verdade foi 0. E mais que isso: em vez de repreparar o estado original $|0\rangle = |\rightarrow\rangle$, o estado repreparado é $|1\rangle = |\downarrow\rangle$.

Como $|\downarrow\rangle = |\rightarrow\rangle + |\leftarrow\rangle$ (um spin na direção vertical está completamente indeciso na direção horizontal), mesmo que Bob faça a medição na base horizontal (a mesma base escolhida por Alice para codificar sua informação), ele terá 50% de chance de medir $|1\rangle = |\leftarrow\rangle$, quando na verdade o estado enviado por Alice foi $|0\rangle = |\rightarrow\rangle$. O simples fato de o espião ter interceptado a informação quântica deixa uma marca indelével de sua presença.

Quando Bennett e Brassard conseguiram realizar o primeiro teste experimental de seu protocolo criptográfico, no final de 1989, provaram que a criptografia quântica não era ficção científica. Após esse teste inicial, vários grupos de pesquisa ao redor do mundo reproduziram os resultados, conseguindo aumentar cada vez mais não somente a distância envolvida, mas também a taxa de geração dos bits secretos aleatórios. Todos os experimentos, no entanto, eram ainda provas de princípio, não indo muito além de simplesmente demonstrar que a tecnologia era possível.

A primeira aplicação em larga escala da criptografia quântica ocorreu quando, em outubro de 2007, o sistema comercial de comunicação quântica desenvolvido pela companhia suíça ID Quantique foi usado para transmitir os dados da eleição parlamentar na cidade de Genebra. Jornais ao redor do mundo reportaram esse grande feito. Desde então, diversos sistemas comerciais de criptografia quântica estão disponíveis e já são utilizados, ainda que em pequena escala, por governos e instituições privadas. Até a Samsung, em um dos seus smartphones, tem um chip quântico capaz de gerar números aleatórios e que podem ser empregados para aumentar a segurança de operações, tais como autenticação biométrica e carteiras digitais. Seria esse o começo de uma nova era na qual a segurança de nossa informação se tornará incorruptível, uma vez que garantida pelas próprias leis da física?

Hackers quânticos e a física de caixas-pretas

Dados todos os sucessos recentes, foi com certa surpresa que a comunidade científica recebeu a notícia de que a criptografia quântica teria sido hackeada. Em 2010, o grupo liderado pelo físico russo Vadim Makarov mostrou que, usando feixes intensos de laser, eles conseguiam enganar os detectores de dois aparatos comerciais de criptografia quântica e assim conseguir total informação sobre a chave secreta; pior, tudo isso sem serem rastreados. Pelo que vimos até aqui, isso só seria possível caso as próprias leis da física estivessem sendo violadas.

As leis da física, no entanto, se mantiveram intactas. O que se percebeu foi que, sim, a criptografia quântica era fundamentalmente segura. Entretanto essa segurança se baseava na hipótese de que a implementação experimental do protocolo criptográfico era ideal, ou seja, igual à forma como o protocolo fora imaginado na mente de Bennett e Brassard. Na prática, no entanto, experimento e teoria nunca coincidem exatamente. Pelas imperfeições experimentais ou pela decoerência, a inevitável interação do sistema quântico com o meio que o rodeia, nunca podemos executar um protocolo quântico tal como formulado. E tais imperfeições, por menores que possam parecer, já podem ser o suficiente para um hacker quântico obter informações sem ser rastreado. Foi justamente o que Makarov fez.

Para que a criptografia quântica realmente obtivesse o título de inviolável era necessário que sua segurança fosse robusta contra qualquer eventual imperfeição experimental. Para ilustrar o quão difícil é atingir esse patamar, considere a seguinte pergunta. Quando medimos nossa temperatura com um termômetro, como podemos ter certeza de que a leitura obtida, digamos 37°C, está correta? Qualquer dúvida se dissipa quando percebemos o logo do Inmetro estampado no termômetro. Quer dizer, assumimos que o dispositivo passou por rigorosos testes, calibração e controle de qualidade. Mas como o cientista do Inmetro pode ter certeza de que as máquinas e dispositivos que ele usa para a calibragem estão corretos? Bom, essas máquinas foram compradas e validadas pelo Nist (lembrando: o Inmetro norte-americano), pensa o cientista brasileiro. Mas e o cientista do Nist? Como ele pode ter certeza da acuidade de suas máquinas? Para quebrar essa cadeia infinita de delegação de responsabilidades, em algum momento temos que formular uma hipótese fundamental. No caso do termômetro, a hipótese é de que o volume do líquido dentro do termômetro depende de sua temperatura. Quanto mais quente, mais volumoso será o líquido e, portanto, maior será sua altura dentro da coluna do termômetro. Estamos usando uma teoria física (a relação entre volume e temperatura) para construir e validar nosso aparato. Resultados experimentais não nos dizem nada a menos que interpretados no interior de um arcabouço teórico. Seja na criptografia quântica ou no termômetro, se a conexão entre teoria e experimento é falha, também serão falhas nossas conclusões.

Entretanto, no caso da criptografia a situação é ainda mais complicada. Não temos razão alguma para imaginar que o Inmetro queira nos ludibriar, vendendo um termômetro que marque 37°C quando nossa temperatura é de 40°C. Mas, ao comprarmos um aparato de criptografia — por exemplo, os geradores e medidores de fótons da ID Quantique que implementam o protocolo BB84 em aplicações comerciais —, não podemos ser tão inocentes a ponto de achar que o fabricante não queira ter acesso a nossas informações. Vide a grande discussão atual em torno da tecnologia 5G em que vários governos evitam firmar acordos com países e empresas cuja honestidade e métodos suscitam dúvidas. E, mesmo que a empresa vendedora do equipamento criptográfico seja completamente idônea, ainda assim temos que ter certeza de que o aparato seja a prova de falhas. Por exemplo, quando um novo software é lançado no mercado, seja um videogame ou sistema operacional, sempre há correções descobertas à medida que os usuários exploram as funcionalidades do programa. Foi também assim com os aparatos quânticos da ID Quantique hackeados por Makarov. Não é que a empresa quisesse hackear nossas informações. Ela simplesmente não estava ciente das falhas que possibilitaram ao hacker quântico quebrar a segurança do dispositivo.

A partir daí, poderia se imaginar que a criptografia quântica se encontrava num beco sem saída. De um lado havia os protocolos clássicos baseados em chaves públicas, cuja segurança era sabidamente frágil, bastando um algoritmo ou computador rápido o suficiente em fatorar números. Do outro lado estava o protocolo BB84, a princípio superseguro, mas baseado na hipótese improvável de que teoria e experimento se encaixam à perfeição. Seria mesmo possível usar a mecânica quântica para uma criptografia realmente segura, que se baseasse só nas leis da física e imune a quaisquer possíveis falhas?

O PRIMEIRO INDÍCIO DE QUE ISSO seria possível foi aventado ainda na década de 1990 pelo físico polonês-britânico Artur Ekert. Suponha que Alice e Bob compartilhem um estado maximamente emaranhado $|\uparrow\uparrow\rangle + |\downarrow\downarrow\rangle$. Como já discutido, a direção de cada spin individual é aleatória, metade das vezes para cima ou para baixo, mas ambos os spins sempre apontam na mesma direção. Se fizermos a associação $|\uparrow\rangle = |0\rangle$ e $|\downarrow\rangle = |1\rangle$, vemos, portanto, que os resultados das medições de Alice e Bob estarão perfeitamente correlacionados. Se eles compartilham muitos desses estados e realizam várias dessas medições, podem portanto estabelecer uma sequência de bits iguais entre si. Se nas primeiras cinco medições Alice obteve a sequência 01101, Bob terá obtido a mesma sequência. Se de alguma forma eles pudessem garantir que essa sequência de bits não seja acessada de maneira alguma por um hacker, teríamos então uma fonte perfeita para se gerar uma chave secreta de um protocolo inquebrável de criptografia. O que Ekert argumentou foi que o teorema de Bell era capaz de garantir justamente isso.

Para um hacker descobrir a sequência de bits de Alice e Bob, ele deverá ter acesso ao estado emaranhado e medi-lo de alguma forma. Por exemplo, suponha que Alice gere os estados emaranhados, mantendo um spin com ela e enviando o outro spin para Bob. Ao longo do trajeto, o hacker poderia interceptar esse spin e fazer uma medição para descobrir se ele aponta para cima ou para baixo, definindo assim o bit 0 ou 1. Mas, ao fazer isso, o hacker colapsa a função de onda do estado emaranhado gerado por Alice. O estado que antes era emaranhado e assim podia violar uma desigualdade de Bell, após a medição do hacker se torna um estado não emaranhado, e não mais pode exibir o fenômeno da não localidade quântica. Tudo o que Alice e Bob têm que fazer então é testar se os estados que eles compartilham violam ou não uma desigualdade de Bell. Conforme argumentado por Ekert, essa violação só seria possível caso o hacker não tivesse tentado medir o spin (ou, de fato, se não houvesse nenhum hacker na linha). Caso a desigualdade de Bell não fosse violada, Alice e Bob teriam uma indicação clara de que alguém quer espioná-los.

Foi somente mais de uma década depois que provas formais e argumentos quantitativos da intuição de Ekert começaram a aparecer. O que se percebeu foi que, quanto mais uma desigualdade de Bell fosse violada, mais segurança teríamos contra potenciais espiões. Como vimos no capítulo 3, uma famosa desigualdade de Bell é a chamada desigualdade CHSH. Quaisquer correlações com uma explicação clássica, quer dizer, compatível com o realismo local, são tais que $CHSH < 2$. Ou seja, a soma de correlações definindo a quantidade CHSH deveria ser sempre menor que 2. Mas com estados emaranhados podemos obter valores maiores que 2 até o limite máximo dentro da teoria quântica de $CHSH \approx 2{,}82$. Quanto mais próximos estamos da violação máxima, menos informação o hacker pode obter sobre os resultados das medições de Alice e Bob. E, no caso de violação máxima da desigualdade CHSH, temos a garantia de que a informação acessível ao hacker é nula. Ou seja, Alice e Bob estão seguros de terem estabelecido uma chave completamente secreta. Nem o hacker nem um ser todo-poderoso e onisciente teriam qualquer acesso à informação. Os segredos quânticos são invioláveis.

À diferença do caso do protocolo BB84, a relação entre a violação de uma desigualdade de Bell e a garantia de segurança independe de quaisquer hipóteses sobre os detalhes da implementação experimental do teste de Bell. As únicas hipóteses são de que Alice e Bob podem realizar as escolhas de quais medições querem fazer (livre-arbítrio) e de que, dada a grande distância entre eles, o que quer que um faça em seu laboratório não pode afetar instantaneamente o que acontece no laboratório do outro. A menos que um hacker possa enviar sinais mais rápidos que a luz ou de alguma forma controlar as mentes e escolhas dos experimentadores, ele não poderá quebrar essa criptografia baseada na não localidade quântica. Ou seja, mesmo que Alice e Bob não façam a menor ideia do sistema quântico que estão medindo (não importando assim que tal sistema esteja sujeito a falhas), a simples violação de uma desigualdade de Bell já é o suficiente para garantir a segurança de sua comunicação.

Isso é o que chamamos de informação quântica independente do dispositivo. Tratamos nossos dispositivos como caixas-pretas, o que significa que não sabemos o que estamos medindo. E, simplesmente observando os resultados de medições, é possível concluir algo sobre o que está dentro da caixa. Por exemplo, podemos concluir se os estados compartilhados são ou não emaranhados, sua dimensão e várias outras propriedades. Essa física de caixas-pretas é algo que sempre me lembra os famosos sommeliers e suas fantásticas papilas gustativas que, ao provar um vinho desconhecido, lhes informam sobre a qualidade das uvas, o ano de fermentação, o tamanho do sapato daqueles que as amassaram e muito mais. O teorema de Bell é uma espécie de sommelier quântico de um vinho emaranhado.

6. A internet quântica

Dr. Spock e os qubits

Nós nos acostumamos hoje ao acesso instantâneo e praticamente ilimitado à informação. Podemos acompanhar em tempo real os acontecimentos em quase qualquer lugar do globo, sejam notícias sobre uma pandemia, o lançamento do nosso artista favorito, o pouso de um robô em Marte ou as últimas descobertas dos cientistas aqui na Terra. Mas até bem pouco tempo atrás não era assim. Lembro, por exemplo, que fazer uma pesquisa bibliográfica no começo do meu curso de física nos anos 2000 era um ato de garimpagem e paciência. Eu passava muitas tardes na biblioteca da UFMG buscando referências e artigos científicos entre variadas e coloridas prateleiras. Muitas vezes o artigo procurado não estava disponível. Com sorte, o material podia ser encontrado em outra universidade. Encaminhava-se então o pedido, uma cópia era feita e enviada pelo correio para a biblioteca do campus. Em muitas ocasiões, após aguardar semanas a tão esperada correspondência, bastavam apenas alguns minutos de leitura para concluir que aquele trabalho não era nem de longe o que eu estava procurando. E assim recomeçava minha busca.

Essa dificuldade do acesso à informação na era pré-internet se refletiu enormemente no desenvolvimento da ciência e em particular na história da informação e da computação quânticas. Vimos no capítulo 5, por exemplo, que as ideias revolucionárias de John Bell passaram virtualmente despercebidas, exceto para um grupo excêntrico de hippies da Califórnia. Por sua vez, o dinheiro quântico de Wiesner e a semente do teorema da não clonagem do começo dos anos 1970 permaneceram desconhecidos até que os trabalhos sobre criptografia quântica e a possibilidade (na verdade impossível) de comunicação superluminal aparecessem, já na década de 1980. Foi também no começo dos anos 1970 que surgiu aquele que muito provavelmente é o primeiro artigo sobre comunicação quântica.

Em 1973 o físico russo Alexander Holevo publicou em um obscuro periódico seu estudo sobre o uso de sistemas quânticos para a transmissão de informação. Lembre-se de que um qubit pode assumir uma superposição dos estados $|0\rangle$ e $|1\rangle$, o qubit mais geral possível sendo representado por $|\Psi\rangle = a|0\rangle + b|1\rangle$, onde os coeficientes a e b são números imaginários. O que esses coeficientes nos dizem mais precisamente, caso uma medida seja feita sobre o qubit, é a probabilidade de que o qubit seja encontrado no estado $|0\rangle$ ou no estado $|1\rangle$.

Uma forma muito útil para visualizar todas as possibilidades permitidas pela superposição de estados quânticos é a chamada esfera de Bloch, mostrada na Figura 6.1. O estado quântico em superposição pode ser reescrito em função dos ângulos θ e ϕ, assinalados na esfera. O mais importante para nós é o fato de que os estados clássicos $|0\rangle$ e $|1\rangle$ correspondem aos polos, e todos os outros infinitos pontos sobre a esfera de Bloch correspondem a superposições quânticas. Essa esfera parece sugerir, de certa forma, que o qubit pode carregar uma quantidade infinita de informação. De fato, como os ângulos na esfera de Bloch são quantidades reais, que a princípio podem ser descritas por sequências de números infinitamente longas, um único qubit poderia ser usado para codificar uma quantidade arbitrária de informação. Por exemplo, escolhendo $\theta = 0{,}2222...$ (onde as reticências indicam que essa sequência de números 2 continua indefinidamente), seria possível codificar a obra completa de Shakespeare. Em contrapartida, fazendo $\theta = 0{,}3333...$ teríamos a possibilidade de armazenar todo o código genético humano.

Essa intuição ingênua sobre as capacidades informacionais de um qubit infelizmente está errada. Lembre-se de que para acessarmos a informação contida em um qubit temos que medi-lo. E, como visto, uma medição colapsa a função de onda. Quer dizer, não importa que tenhamos codificado Shakespeare ou o genoma humano no nosso qubit: ao medi-lo

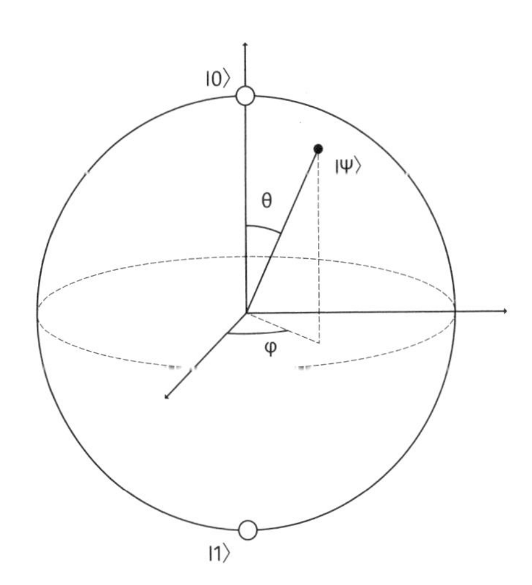

FIGURA 6.1. A esfera de Bloch representando a informação quântica em um qubit.

para tentar recuperar essa informação, o que recuperamos é apenas o bom e velho bit, assumindo os valores 0 ou 1. Interessantemente, esse colapso da informação se relaciona também ao teorema da não clonagem e à não possibilidade de comunicação superluminal. Caso fosse possível discriminar de maneira perfeita as diferentes superposições quânticas na esfera de Bloch, poderíamos implementar o infame protocolo de Herbert e Sarfatti, descrito no capítulo 5. Quer dizer, não só transmitiríamos informação infinita como também o faríamos de maneira instantânea.

Mas o qubit, apesar de incrível, não é mágico. Ao contrário da maluquice antes descrita, o que Holevo mostrou em seu artigo foi a existência de restrições severas à quantidade de informação que podemos codificar em um sistema quântico. A principal conclusão do seu teorema foi que um qubit não poderia ser utilizado para enviar mais do que um único bit de informação. Fosse o spin do elétron, a polarização do fóton ou qualquer outro sistema quântico usado como um qubit, a superposição não poderia ser utilizada para se transmitir informação de maneira mais eficiente do que com um bit clássico, 0 ou 1. Curiosamente, nas duas décadas que se seguiram, o artigo de Holevo se manteve largamente desconhecido, com algumas poucas citações. Talvez ele tenha sido ignorado por ser uma espécie de banho de água fria nas capacidades comunicacionais da mecânica quântica. Ou talvez por ter sido publicado em russo no auge da Guerra Fria. A sorte de Holevo, no entanto, logo haveria de mudar. A partir de meados da década de 1990, seu artigo começou a acumular mais e mais citações (são mais de mil hoje) e se tornaria primordial no que viria a ser um novo campo de pesquisa: a teoria da informação quântica.

Ao contrário dos meus primeiros anos de universidade, nos quais eu me perdia nos corredores das bibliotecas em busca de raros e obscuros artigos, com o surgimento de mecanismos de busca especializados tais como o Google Scholar, plataforma que permite rastrear artigos científicos e suas citações, ficou muito mais fácil acompanhar a evolução e a história dos mais variados campos de pesquisa. Segundo o Scholar, a primeira citação ao trabalho de Holevo é um artigo de 1976 do físico polonês Roman Ingarden com o exato título de "Teoria da informação quântica". Essa viria a ser primeira tentativa de se generalizar a teoria da informação, desenvolvida três décadas antes por Claude Shannon. Entretanto, o passo principal no desenvolvimento dessa nova área do conhecimento só viria a ser dado quase vinte anos depois, quando o físico norte-americano Ben Schumacher generalizou os principais conceitos e teoremas de Shannon para sua versão quântica, em meados da década de 1990. Com efeito, em um artigo publicado em 1995, foi Schumacher quem cunhou o termo "qubit", o famoso acrônimo para o bit quântico. Como ele próprio conta: "O termo 'qubit' foi inventado como uma brincadeira durante uma das várias conversas intrigantes e valorosas com W. K. Wootters, e se tornou o impulso inicial para este trabalho". Como vimos no capítulo 5, Wootters, juntamente com Zurek, foi o descobridor do teorema da não clonagem.

A redescoberta do teorema de Holevo, o surgimento do teorema da não clonagem, os primeiros algoritmos quânticos e os resultados tanto teóricos quanto experimentais sobre criptografia quântica deram grande projeção ao campo da informação e da computação quânticas. Ao longo da década de 1990, embalada pelo grunge ruidoso vindo de Seattle e o hedonismo dançante das raves europeias, essas pesquisas deixaram de ser uma curiosidade de birutas e hippies para se tornar um dos mais promissores campos de pesquisa fundamental e pesquisa aplicada à tecnologia do século XXI. De fato, foi logo no começo dos anos 1990 que um dos resultados mais imponentes da informação quântica viria a ser obtido: a famosa teleportação quântica. Mas, antes de embarcamos nesse feito, aparentemente saído de um episódio de *Jornada nas estrelas*, foquemos nossa atenção em um primo menos famoso da teleportação. Menos famoso, mas igualmente importante.

EM 1992, Bennett e Wiesner, os mesmos pioneiros da criptografia e do dinheiro quântico, encontraram uma forma de contornar os limites impostos pelo teorema de Holevo. Eles mostraram como dois bits de informação poderiam ser codificados e enviados em um único qubit, o chamado código superdenso para o envio de informação. Como eles haveriam de descobrir, o emaranhamento quântico era a peça que faltava para enganar o teorema de Holevo e destravar o poder comunicacional escondido do qubit. Como descrito em mais detalhes no quadro a seguir, a informação clássica é codificada por Alice no seu emaranhamento com Bob e pode ser recuperada por ele, caso Alice envie seu qubit do par emaranhado para Bob. Um qubit mais um ebit (o chamado bit de emaranhamento) são, portanto, equivalentes a dois bits clássicos de informação. Pode não parecer um ganho muito grande, mas foi a primeira demonstração de que a mecânica quântica seria mais eficaz que a física clássica também na comunicação da informação.

O CÓDIGO SUPERDENSO

O objetivo de Alice é enviar o qubit que possui para Bob e ainda assim ser capaz de transmitir dois bits de informação. Para tanto, eles compartilham um par de partículas emaranhadas descritas pelo estado de dois qubits $|00\rangle + |11\rangle$, um qubit em posse de cada um. Como cada um dos bits que Alice quer enviar pode assumir os valores 0 ou 1, dois bits podem assumir quatro valores possíveis: 00, 01, 10 ou 11. Caso Alice queira enviar a mensagem 00, ela não faz nada e simplesmente envia seu qubit para Bob, que passa a ter em sua posse o estado de dois qubits $|00\rangle + |11\rangle$. Caso ela queira enviar a mensagem 01, atua localmente em seu qubit, aplicando o que chamamos de uma porta de fase, de tal forma que após seu qubit ser enviado para Bob o estado em posse deste será $|00\rangle - |11\rangle$ (um sinal de menos chamado de fase, em relação ao estado anterior). Se quiser enviar a mensagem 10, Alice aplica a chamada porta de bit flip (que muda o estado $|0\rangle$ para $|1\rangle$ e vice-versa) em seu qubit, de tal forma que o estado em posse de Bob será $|01\rangle + |10\rangle$. Finalmente, se a mensagem a ser enviada são os bits 11, ela aplica em seu qubit primeiramente o bit flip e em seguida a porta de fase, que após ser comunicado implica que Bob terá em sua posse o estado $|01\rangle - |10\rangle$. Esses quatro possíveis estados emaranhados em posse de Bob, cada qual correspondendo a uma diferente mensagem de dois bits enviada por Alice, podem ser distinguidos entre si através de medições apropriadas, com o que um qubit mais um ebit são equivalentes a dois bits clássicos.

Mas a pesquisa de Bennett não parou por aí. Seu próximo grande resultado, dessa vez em parceria com seu antigo colaborador Brassard, além de outros, foi mostrar que a teleportação de informação quântica também era possível. Para entender o que essa teleportação significa, imagine que Alice tenha em sua posse um sistema quântico, digamos um spin eletrônico que aponta em uma direção desconhecida por ela. Na prática, é essa direção que codifica a informação quântica do spin. E o objetivo de Alice é enviar a informação quântica contida nesse spin para Bob, que se encontra distante. Uma possibilidade seria ela simplesmente colocar o spin em uma caixa e enviá-lo ao remetente. Nesse caso estaríamos usando um canal quântico de comunicação, quer dizer, um canal capaz de transportar sistemas quânticos (elétrons, spins, átomos ou o que seja) e a informação que eles contêm. Ao invés disso, no entanto, Alice pode teleportar somente a informação quântica contida no spin, sem de fato ter que colocá-lo numa caixa e enviá-lo fisicamente para Bob. A chave para o sucesso dessa empreitada é novamente o emaranhamento.

Vejamos. Tal como antes, Alice quer enviar informação para Bob, mas, ao contrário do código superdenso, que usa um qubit de comunicação quântica mais um ebit de emaranhamento para enviar dois bits de informação clássica, o objetivo aqui é enviar informação quântica desconhecida, e o que é pior, através de um canal clássico de comunicação, por exemplo telefonando ou mandando um e-mail para ele. Quer dizer, no caso da teleportação, Alice e Bob compartilham um par de partículas emaranhadas e, auxiliados por comunicação clássica, almejam que a informação quântica em posse de Alice possa de alguma forma se teleportar para Bob.

Para vislumbrar o quão improvável parece ser o sucesso dessa empreitada, lembremos que, se Alice tem um qubit $|\Psi\rangle = a|0\rangle + b|1\rangle$ desconhecido, não há nada que ela possa fazer para reconstruir a informação quântica contida nele. A única forma que ela tem para descobrir o estado $|\Psi\rangle$ é medi-lo. Caso Alice tivesse muitas cópias de $|\Psi\rangle$, ela poderia recuperar os valores dos coeficientes a e b através de um processo chamado de tomografia quântica. Contudo, mesmo que ela conseguisse obter tais valores de a e b — que codificam a direção do spin e, portanto, a informação quântica que ela quer enviar para Bob —, como estes correspondem a grandezas contínuas (ângulos na esfera de Bloch), ela precisaria enviar um número infinito de bits para que Bob pudesse reconstruir o estado $|\Psi\rangle$. Mas a situação é ainda muito pior. Como somente uma cópia de $|\Psi\rangle$ está disponível, a medição de Alice irá apenas colapsar a função de onda e, de maneira probabilística, gerar um bit clássico de informação, um bit 0 ou 1. O que Bennett e colaboradores mostraram foi que o emaranhamento compartilhado entre Alice e Bob fornece a eles o ingrediente necessário para atingir esse feito aparentemente impossível (ver Figura 6.2 e quadro da p. 215-6).

Sem fazer ideia do qubit em sua posse, Alice funde a informação quântica contida nele com seu qubit do par emaranhado que ela compartilha com Bob. A informação antes contida no qubit de Alice agora se encontra deslocalizada no emaranhamento compartilhado entre ela e Bob; ou seja, a informação não está mais nos constituintes individuais, mas nas correlações entre eles. E, ao medir os qubits em sua posse, Alice faz com que essa informação se materialize no qubit em posse de Bob. Essa materialização, no entanto, não é instantânea. Para

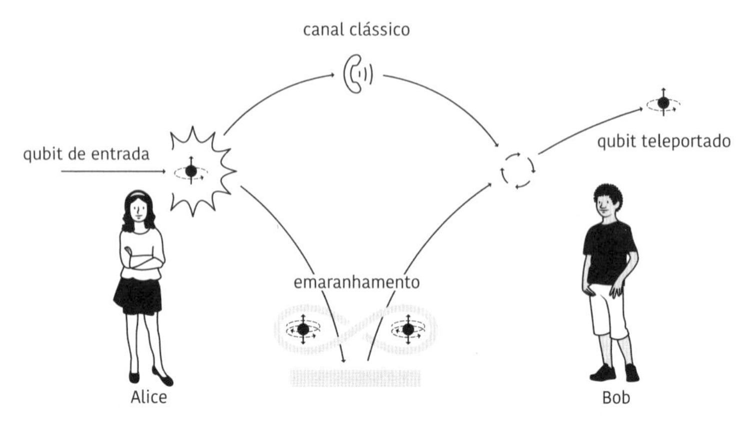

FIGURA 6.2. Com o emprego do emaranhamento quântico, um qubit pode ser teleportado para um lugar distante, por meio do simples envio de bits clássicos de informação.

que ela ocorra da forma correta, Alice deve telefonar (enviar bits clássicos de informação) para Bob contando o resultado de sua medição. Somente após esse telefonema o estado quântico em posse de Bob passa a carregar toda a informação contida originalmente nos coeficientes *a* e *b*, que a princípio precisariam de um número infinito de bits para serem transmitidos. Vale ressaltar que somente a informação é teleportada, não a matéria ou energia contida no qubit original.

Imagine o dr. Spock utilizando seu dispositivo de teleportação para se transportar da nave *Enterprise* para a superfície de um planeta. Na prática, esse dispositivo de teleportação consiste em um grande número de pares de partículas emaranhadas compartilhadas entre a nave e o planeta, em número total suficiente para que a informação quântica contida em cada átomo do corpo de Spock, algo em torno de 7 octilhões de partículas, possa ser teleportada. Precisamos ainda de um aparato capaz de medir conjuntamente tanto os átomos de Spock quanto as partículas a bordo da nave, que estão emaranhadas com seus pares no planeta de destino. A interação dos átomos spockianos com as partículas emaranhadas deslocaliza sua informação entre a nave e o planeta. A medição e o subsequente envio dos seus resultados teletransportam, à velocidade da luz, toda a informação contida na matéria do vulcano de orelhas pontudas para a estação no planeta destino. Algo um pouco distinto do retratado em *Jornada nas estrelas*, mas certamente não menos fantástico.

A TELEPORTAÇÃO QUÂNTICA

Alice e Bob compartilham entre si um par de partículas emaranhadas descritas, por exemplo, pelo estado quântico $|00\rangle + |11\rangle$. O passo inicial é dado quando Alice emaranha seu qubit desconhecido $|\Psi\rangle = a|0\rangle + b|1\rangle$ com seu qubit do estado emaranhado. Isso gera um estado de três qubits $a|000\rangle + b|111\rangle$ em que a informação original (os coeficientes a e b) está deslocalizada entre todos eles. Se Alice mede ambos os qubits que ela tem, é possível mostrar que a informação quântica se transfere, tal como num passe de mágica, para o qubit do estado inicialmente emaranhado em posse de Bob. O problema é que o qubit teleportado pode apresentar alguns erros, a depender de qual foi o resultado da medição obtido por Alice. Lembremos que o resultado dessa medição é aleatório e que Alice não tem qualquer controle sobre o resultado. Como ela está medindo dois qubits (o qubit desconhecido e um outro qubit emaranhado com o qubit de Bob), sua medição produzirá dois bits clássicos de informação. Se esses bits são iguais a 00, então o estado teleportado para Bob será $|\Psi\rangle = a|0\rangle + b|1\rangle$, portanto o estado original. Entretanto, caso os bits sejam 01, o estado será, por exemplo, $|\Psi\rangle = a|1\rangle + b|0\rangle$, em que as probabilidades de se encontrar o qubit nos estados 0 e 1 são revertidas. Ou seja, é como se o qubit teleportado por Alice tivesse sofrido um erro. Algo parecido acontece quando os resultados da medição de Alice são os bits 10 e 11. Para que Bob possa corrigir os erros eventuais, ele precisa saber os resultados da medição de Alice (um telefonema limitado pela velocidade da luz), razão pela qual a informação quântica não é transmitida instantaneamente.

Uma rede quântica de informação

É impossível imaginar o mundo hoje sem a internet, a rede global de comunicação que desempenha um papel fundamental na democratização do conhecimento. Podemos entendê-la como uma rede de comunicação formada essencialmente por dois elementos: os nós da rede, encarregados de processar a informação, e as conexões pelas quais essa informação flui. Os nós podem ser os mais variados: celulares, computadores ou qualquer outra sorte de dispositivo eletrônico, que são interconectados por canais de comunicação, tais como fios conduzindo correntes elétricas, fibras ópticas ou ondas de rádio pelas quais a radiação eletromagnética viaja à velocidade da luz.

Até muito recentemente, as conexões entre os computadores de todo o mundo eram conexões clássicas. Quer dizer, somente bits clássicos de informação eram enviados e retransmitidos entre os diversos nós da rede, um fluxo de pulsos elétricos ou ópticos representando sequências de 0s e 1s. Como vimos, Shannon percebeu que toda e qualquer informação poderia ser codificada nessa forma binária, uma linguagem universal sem a qual os dispositivos eletrônicos ao redor do mundo não poderiam se comunicar e se entender. Mas, com as novas possibilidades proporcionadas pela informação quântica, logo se percebeu que uma versão quântica da internet, na qual não somente bits mas também qubits superpostos e emaranhados poderiam ser transmitidos entre seus usuários, era apenas uma questão de tempo.

Para que a internet quântica, uma rede de comunicação em larga escala, realmente pudesse sair do papel, a descoberta da teleportação foi essencial. Imagine um futuro não muito distante em que você queira enviar informação quântica para uma amiga. Um qubit, por exemplo, poderia ser utilizado para criptografar sua informação ou conter a informação necessária para realizar um algoritmo quântico, quer dizer, realizar algum cálculo em uma máquina regida pelas leis do mundo microscópico. Entretanto, dificilmente você teria um canal para se comunicar quanticamente com seus amigos. Quer dizer, não haveria uma maneira de enviar os seus qubits diretamente para os destinatários. Isso, porque, como vimos no capítulo 4, devido ao fenômeno da decoerência, a informação quântica é extremamente frágil. Mesmo um fóton, o melhor candidato para o envio quântico de informação a longas distâncias, está sujeito a enormes fontes de ruídos. E ainda que você tenha um laser superpotente, da melhor tecnologia, e uma equipe de cientistas a seu dispor, enviar um qubit fotônico para alguém que está a mais de cem quilômetros seria praticamente impossível. Esqueça aquela ligação de vídeo quântico, ao menos com um link direto, entre Rio de Janeiro e São Paulo.

Mas como é que uma tecnologia incapaz de conectar cidades relativamente próximas poderá algum dia levar a uma rede global quântica interconectada? A resposta é uma outra pergunta: e se em vez de enviar a informação quântica diretamente para sua amiga você pudesse simplesmente teleportá-la? Ou seja, transmitir a informação quântica contida em seu qubit sem de fato enviar o sistema físico que contém essa informação?

Como já sabemos, para que a teleportação seja possível, precisamos compartilhar um par emaranhado e simplesmente ligar (enviar informação clássica, bits 0s e 1s) para a pessoa com a qual queremos nos comunicar quanticamente. Se de alguma forma pudermos compartilhar estados emaranhados com nossos contatos, o problema da comunicação quântica estará resolvido.

A título de comparação, pense em como a comunicação via internet se dá hoje. Certamente, quando você envia um e-mail, este não vai diretamente para o destinatário. A não ser que se tenha um canal de comunicação exclusivo — uma fibra óptica, por exemplo — conectando os computadores de vocês, a informação, partindo do seu computador, é roteada entre vários computadores e servidores intermediários até chegar ao destino final. E, tal como no caso quântico, a informação clássica também é corrompível ao longo do processo. Por exemplo, se o bit está codificado em um pulso elétrico, a presença de campos eletromagnéticos externos pode perturbar essa informação e transformar um bit que era 0 em 1, e vice-versa. No caso clássico, no entanto, a informação pode ser copiada sem problemas e, como veremos no próximo capítulo, códigos de correção de erros muito eficientes podem ser implementados para garantir a sua robustez. De fato, ao chegar a um servidor intermediário a mensagem pode ser lida, copiada e corrigida antes de continuar o caminho em direção ao destino final.

No caso das redes quânticas do futuro, algo parecido com esse processo de roteamento e repetição da informação também acontecerá. Mas com diferenças importantes, como aquelas impostas pelo teorema da não clonagem, que limita a cópia da informação e as maneiras como a informação quântica pode ser lida, corrigida e armazenada. Em vez de simplesmente enviarmos informação quântica entre um servidor e outro, caso esses servidores estejam emaranhados entre si, podemos teleportar a informação entre eles. E curiosamente, usando outra das peripécias quânticas, podemos de certa forma abrir mão de todos esses servidores intermediários e teleportar a informação quântica diretamente para o destinatário final da mensagem.

Isso se dá através de um fenômeno descoberto em 1993 por Arthur Ekert (o mesmo da criptografia quântica baseada na violação de uma desigualdade de Bell) e colaboradores, o qual chamamos de teleportação do emaranhamento. Considere agora três partes distantes envolvidas: Alice, Bob e Charlie. O objetivo de Alice é se comunicar quanticamente com Charlie, entretanto ela não tem um canal quântico direto, quer dizer, não pode enviar um qubit diretamente para Charlie e nem compartilha um par emaranhado com ele. Bob, no entanto, que pode ser considerado um nodo intermediário entre Alice e Charlie, compartilha um par emaranhado com ambos. Quer dizer, Bob tem em sua posse dois qubits, um do par emaranhado com Alice e outro do par emaranhado com Charlie. Uma possibilidade seria Alice usar seu emaranhamento com Bob para teleportar seu qubit para ele, que em seguida usa seu emaranhamento com Charlie para fazer a teleportação final. Outra possibilidade, muito mais elegante, é Bob fazer uma medição dos dois qubits em sua posse e, tal como no protocolo de teleportação usual, teleportar seu qubit emaranhado com Alice para Charlie. Por incrível que pareça, o emaranhamento quântico sobrevive a esse processo de teleportação. Mesmo que os sistemas de Alice e Charlie nunca tenham tido qualquer contato físico anterior, após esse protocolo de teleportação eles estarão emaranhados. Para ilustrar o quão estranho isso é, pense no seguinte experimento imaginário. Alice gera um par de partículas emaranhadas aqui na Terra e envia uma delas para a Lua, onde se encontra nosso segundo personagem, Bob. Por sua vez, o habitante de Saturno, Charlie, cria também o seu par emaranhado, mandando uma das partículas para a Lua e mantendo a outra consigo. Bob mede as duas partículas em sua posse e envia o resultado da medição — comunicação clássica, portanto — para a Terra e para Saturno. E *voilà*, as partículas em posse de Alice e Charlie, que nunca se encontraram ou interagiram e sempre se mantiveram a distâncias astronômicas entre si, passam a estar emaranhadas! Mesmo sem nunca terem se encontrado, elas passaram a se comportar como uma unidade única de informação.

Assim, a teleportação do emaranhamento abre caminho para que dois correspondentes distantes se comuniquem quanticamente entre si, mesmo que não tenham um canal quântico exclusivo e nem precisem estar inicialmente emaranhados entre si. Nas redes quânticas do futuro, os provedores de internet terão a responsabilidade de gerar e estabelecer emaranhamento quântico entre os vários nós da rede e, via teleportação, permitir a comunicação quântica mesmo entre nodos que estejam interconectados apenas por canais clássicos.

As primeiras realizações experimentais da teleportação quântica aconteceram em 1997, feitas por dois grupos independentes de pesquisadores. Tais experimentos, no entanto, eram apenas demonstrações dos princípios da ideia original, realizando a teleportação quântica da informação entre partículas de luz dentro do mesmo laboratório. Logo após os testes iniciais, demonstrou-se experimentalmente a viabilidade de também se teleportar o emaranhamento. Ao longo dos anos, a distância a que a teleportação do qubit se estabelecia começou a crescer vertiginosamente. Os cientistas liderados pelo físico Anton Zeilinger (à frente de vários outros experimentos fundamentais, como vimos no capítulo 4) foi responsável por quebrar recorde atrás de recorde, com teleportações cada vez mais distantes e acuradas. Em 2004, por exemplo, o grupo austríaco contou com o auxílio de fibras ópticas para teleportar a informação quântica de um fóton através do rio Danúbio em Viena. Em 2012, dessa vez usando a propagação dos fótons na atmosfera terrestre, eles conseguiram teleportar estados quânticos de luz entre duas ilhas do arquipélago das Canárias, estabelecendo o recorde de 143 quilômetros, distância que muitos consideraram que permaneceria insuperável por um longo tempo.

Com essa barreira, o foco dos experimentos de teleportação se voltou para outros aspectos. Em 2013 realizou-se a teleportação não de um qubit de luz, mas da informação quântica contida num átomo único, por uma distância de 21 metros. Em 2015, foi a vez da informação quântica contida em um aglomerado de átomos de rubídio ser teleportada para outro aglomerado de átomos a mais de 150 metros de distância. Voltando novamente aos fótons, em 2016 a teleportação a distâncias superiores a seis quilômetros foi alcançada com fibras ópticas metropolitanas, utilizadas para telecomunicação na cidade de Calgary, no Canadá. A importância desse experimento foi mostrar que toda uma infraestrutura instalada, tendo em mente uma comunicação puramente clássica, também poderia ser adaptada para uma futura rede quântica.

Os experimentos de teleportação ficavam cada vez melhores e mais precisos, no entanto ainda estavam distantes da teleportação sonhada por todos os fãs do dr. Spock. Em 2017, através do satélite chinês Micius, todos os recordes anteriores foram estraçalhados.

A grande dificuldade em um experimento de teleportação é que os estados quânticos emaranhados devem ser compartilhados por localidades distantes, entre as quais a teleportação será efetuada. Isso quer dizer que ao menos uma das partículas emaranhadas deve viajar essa longa distância, e mesmo os fótons viajando à velocidade da luz não conseguem atravessar longos trajetos sem ter suas propriedades quânticas alteradas, ou pior, completamente obliteradas. Seja numa fibra óptica ou em propagação no espaço livre, os efeitos da decoerência sobre a informação quântica do fóton se acumulam exponencialmente quanto maior for o percurso. Com efeito, os 143 quilômetros atingidos no experimento das ilhas Canárias pareciam ser a maior distância possível a ser alcançada.

Fosse esse de fato o limite máximo, as redes quânticas do futuro teriam uma restrição severa. Por exemplo, para me comunicar quanticamente da cidade de Natal, no Rio Grande do Norte, de onde escrevo este livro, com minha família no Sudeste brasileiro, seriam necessários, na melhor das hipóteses, ao menos vinte nós intermediários. O problema é que quanto mais nós intermediários, mais protocolos de teleportação do emaranhamento devem ser realizados para que eu estabeleça meu canal quântico de comunicação. E, como a teleportação de emaranhamento nunca é perfeita, ela sempre introduz algum tipo de ruído que, por menor que seja, se acumula exponencialmente com o número de intermediários. Mesmo que eu tivesse ao meu dispor uma sequência de estações emaranhadas sequencialmente entre Natal e Belo Horizonte, as imperfeições destruiriam qualquer chance de eu me comunicar quanticamente.

A ideia do grupo chinês, liderado pelo físico Jian-Wei Pan, foi ousada e genial. O problema de se enviar um fóton a longas distâncias está na interação com a matéria ao seu redor, seja o ar entre as ilhas do arquipélago espanhol ou a sílica de uma fibra óptica. Mas fora da atmosfera terrestre, no quase vácuo do espaço, esses efeitos são muito menores, praticamente irrelevantes. Então, por que não enviar uma fonte de estados emaranhados para o espaço, embarcada no tecnológico satélite Micius? A maior parte do trajeto feito pelos fótons em sua viagem de volta à Terra seria fora da atmosfera (ou em uma atmosfera muito rarefeita), evitando assim os efeitos deletérios da decoerência.

No primeiro experimento de teleportação usando essa plataforma sideral, os chineses conseguiram ultrapassar a distância de 1400 quilômetros, teleportando o estado quântico de um fóton na Terra para um fóton localizado no satélite. Pouco tempo depois, o mesmo satélite foi utilizado para estabelecer comunicação quântica segura entre a China e a Áustria, a uma distância aproximada de 7600 quilômetros — a primeira ligação telefônica quântica intercontinental da história. Mais recentemente, em 2020, os chineses foram capazes de emaranhar dois pontos em terra, separados por mais de 1120 quilômetros, utilizando esse emaranhamento para estabelecer uma chave criptográfica segura.

Todos esses avanços mostram claramente que a comunicação quântica é uma realidade. Mas será que ela poderá se tornar uma tecnologia de larga escala e, tal como a internet atual, conectar todo o mundo? Esta foi a pergunta que nos fizemos recentemente. E a resposta foi surpreendente.

Seis graus de separação

Ainda que certamente não fosse o intuito original, os experimentos do psicólogo social Stanley Milgram se tornaram ícones culturais da década de 1960. Em 1963 ele publicou os resultados de seus estudos sobre a obediência à autoridade, em que participantes eram orientados a aplicar em um desconhecido choques elétricos que, se fossem verdadeiros (os participantes não sabiam que eram falsos), seriam decerto suficientes para causar a morte. Os resultados, bastante controversos, jogavam luz sobre a psicologia do genocídio, no qual pessoas comuns se tornam cúmplices ou até perpetradoras de crimes hediondos ao aceitar cumprir ordens grotescas de um superior hierárquico. O nazismo e sua crueldade são o exemplo mais paradigmático dessa banalização do mal, mas mesmo hoje não escapamos das consequências perversas de versões do mesmo fenômeno. Enquanto escrevo estas palavras, já passam de meio milhão os brasileiros chacinados não somente pela pandemia da covid-19, mas por uma crise sanitária, moral, política e econômica sem precedentes.

Em 1967, Milgram haveria de se tornar ainda mais famoso ao executar um elaborado experimento de envio de cartas entre desconhecidos que lhe permitiu provar que a lenda urbana dos "seis graus de separação" era uma realidade. Aventada pela primeira vez na década de 1920 em um conto do escritor húngaro Frigyes Karinthy, essa teoria implicava que bastariam seis laços de amizade para que duas pessoas se conectassem. Entre um genocida ou um prêmio Nobel da Paz e você há, em média, cinco intermediários. Nas palavras de Karinthy:

> Um jogo fascinante nasceu da discussão. Um deles sugeriu realizar o seguinte experimento para provar que a população da Terra é muito mais próxima hoje do que jamais fora. Deveríamos selecionar qualquer pessoa dos 1,5 bilhão de habitantes da Terra — qualquer um, de realmente qualquer lugar. Ele aposta que, usando não mais que cinco indivíduos, um dos quais seja conhecido pessoal dele, poderia contatar o indivíduo selecionado recorrendo a nada além de sua rede de pessoas conhecidas.

Essa propriedade dos seis graus de separação — ou mundo pequeno, como também é conhecida — passou a ser identificada nas mais variadas redes. Fossem computadores, colaborações científicas, neurônios ou estradas, praticamente todas as redes na natureza pareciam ser altamente interconectadas de forma a dar origem aos seis graus de separação. Mas nada pode ser mais distinto do que os exemplos de redes listados acima. Apesar das diferenças óbvias, haveria algum princípio unificador por detrás desse comportamento universal das redes complexas?

Curiosamente, alguns anos antes do experimento de Milgram, dois matemáticos, compatriotas de Karinthy, Paul Erdős e Alfréd Rényi, haviam proposto um modelo matemático de redes que naturalmente levava ao mundo pequeno. Na teoria de Erdős-Rényi todos os nodos da rede eram igualitários, tendo a mesma probabilidade de se conectar entre si: nessa rede imaginária, a chance de você conhecer o seu pai, o seu irmão, o Dalai Lama ou Stephen Hawking seria a mesma. Claramente, as redes sociais e outras redes naturais não funcionam assim. Mas, apesar desse caráter completamente aleatório, a rede probabilística de Erdős-Rényi dava origem a uma propriedade: a separação média (também chamada de menor caminho médio) entre quaisquer dois nodos era proporcional ao logaritmo do número total de nodos da rede. O logaritmo era o segredo matemático responsável pelo mundo pequeno, já que ele transforma números muito grandes em números pequenos. Por exemplo, o logaritmo de 10, 100 e 1 000 000 seria 1, 2 e 6, respectivamente. Mesmo uma rede como o nosso cérebro, com quase 100 bilhões de neurônios, teria uma distância média de no máximo nove intermediários.

Além de suas contribuições fundamentais para a teoria de redes, Paul Erdős também foi um prolífico autor nas mais variadas áreas da matemática, tanto pura quanto aplicada. De fato, ele é o matemático com mais publicações em toda a história — mais de 1500, ganhando, e muito, do segundo lugar, o célebre matemático Leonhard Euler, com oitocentas publicações. Reza a lenda que Erdős passou grande parte da vida com nada mais que uma pequena mala, a única posse em sua romaria constante ao redor do mundo, visitando os seus mais de quinhentos colaboradores científicos.

Em homenagem a suas incríveis contribuições, estabeleceu-se o chamado número de Erdős, a distância na rede de colaborações científicas entre um cientista e o mítico matemático. Rényi, por exemplo, teria o número de Erdős igual a 1, já que publicou um artigo diretamente com ele. Einstein, por sua vez, tem o número de Erdős igual a 2, já que publicou um artigo com Ernst Gabor Straus, que por sua vez era grande colaborador de Erdős. Por incrível que pareça, apesar de Erdős nunca ter trabalhado em informação quântica e já ter morrido muito antes de eu me tornar cientista, meu número de Erdős é 4, significando que entre mim e o mito da matemática só há três intermediários. Com efeito, hoje em dia qualquer um pode calcular seu número de Erdős, ou a distância para qualquer outro cientista, usando as bases de dados existentes. Basta uma busca rápida no Google e você a encontrará. Por exemplo, entre mim e Einstein ou Bohr, fundadores da mecânica quântica que eu tanto adoro, há apenas quatro intermediários. Acredite ou não, a distância entre você e seu artista predileto, ou aquele cientista que você tanto admira, é muito menor do que possa imaginar. Uma das inúmeras surpresas do nosso fantástico mundo pequeno.

Com o passar do tempo, no entanto, percebeu-se que várias outras propriedades observadas nas redes naturais não podiam ser bem descritas pelo modelo de Erdős-Rényi. Nesse modelo, a chance de que você seja amigo de qualquer pessoa no mundo é praticamente a mesma, porém a chance de que dois de seus amigos sejam amigos entre si é virtualmente nula. As redes sociais não funcionam assim, obviamente, e em um grupo de amigos todos se conhecem entre si. A quantidade que mede essa amizade mútua entre os pares da rede é conhecida como coeficiente de agregação. Ela em geral é grande nos vários tipos de redes observadas na natureza, mas é ínfima na abordagem de Erdős-Rényi. Com o intuito de abarcar essa nova característica observada e ainda assim reproduzir o mundo pequeno, Duncan Watts e Steven Strogatz introduziram um novo tipo de rede em 1998.

Contudo, mesmo o modelo de Watts-Strogatz falhava em representar várias outras características que passaram a ser observadas e catalogadas nas mais variadas redes. Uma característica essencial de uma rede é sua conectividade, ou seja, o quanto os nós da rede se conectam entre si. E tanto o modelo de Erdős-Rényi quanto o de Watts-Strogatz previam que a conectividade seria descrita por uma curva conhecida como uma poissoniana. Essa curva nos diz que a grande maioria dos nós tem uma conectividade muito próxima de um valor médio global. Por exemplo, se a média de conectividade de uma rede é 20 (significando que cada nó se conecta a vinte outros), a chance de que algum nó tenha duas ou mil conexões é exponencialmente pequena, tanto menor quanto maior for o tamanho da rede.

Esses modelos de redes são de fato bastante igualitários. Mas a maioria das redes reais não é tão democrática assim. Por exemplo, em uma rede social, a grande maioria das pessoas terá um número relativamente pequeno de conhecidos, mas perfis famosos ou de grande destaque podem ter um número de conexões na ordem de dezenas de milhões. Na malha aérea entre aeroportos, cidades pequenas terão poucos voos e conexões, ao passo que grandes centros, como Nova York, têm um número diário de voos na casa dos milhares. As redes reais não são igualitárias, elas contêm hubs, nós que concentram grande parte das conexões e têm um papel fundamental na interconectividade global da rede.

Uma das redes com essa característica é a world-wide web (www), a rede mundial de computadores. A descoberta desses hubs, em 1999, foi feita por um trio de pesquisadores liderados pelo físico húngaro-americano Albert Barabási. Um dos alunos de Barabási, Hawoong Jeong, construiu um web crawler, um rastreador de redes, um robô digital capaz de percorrer grande quantidade de páginas da www e reconstruir suas interconexões. E, para surpresa dos pesquisadores, eles notaram que a conectividade da rede não era descrita por uma poissoniana, mas pelo que chamamos de uma lei de potência. Ao contrário de uma poissoniana, que tem um tamanho característico — quer dizer, a maioria de seus nós tem uma conectividade próxima do valor médio —, em uma rede regrada por uma lei de potência não há uma conectividade característica. A maioria dos nós tem uma conectividade baixa, mas uma parcela ainda significativa tem um número grande ou mesmo muito grande de conexões. Por esse motivo, tais redes são chamadas redes livres de escala. A Figura 6.3 ilustra, por exemplo, a comparação entre uma poissoniana e o comportamento real da internet ou de uma rede de colaborações científicas, ambas regradas

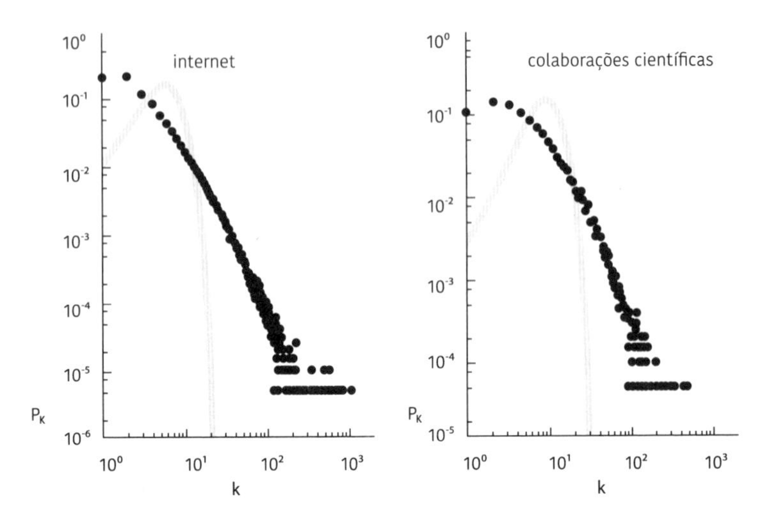

FIGURA 6.3. Gráfico (em escala logarítmica) com a conectividade da internet e de uma rede de colaborações científicas. No eixo vertical temos a probabilidade de que um certo nodo tenha um número *k* de conexões. A curva cinza representa a predição de uma rede de Erdős--Rényi, e os pontos pretos são os dados reais.

por uma lei de potência, ou seja, livres de escala. A presença de hubs extremamente conectados é evidente e não podia ser explicada pelos modelos de Erdős-Rényi e Watts-Strogatz.

Com a ajuda de sua aluna Réka Albert, Barabási construiu um novo modelo de redes capaz de reproduzir esse comportamento livre de escala. A bem da verdade, o modelo era um redescobrimento independente de outro, em que a lei de potência já emergia, uma teoria proposta por Derek Price em 1965 para descrever as redes de citações entre artigos científicos. De todas as formas, no modelo de Barabási-Albert, duas propriedades novas foram introduzidas. A primeira é o fato de que a rede não é estática, está em constante crescimento.

A segunda é o que chamamos de ligação preferencial. Um novo nó que vá se conectar à rede existente tem uma probabilidade muito maior de se conectar a nós muito conectados, e não àqueles com poucas conexões. Se você abrir uma conta hoje no Instagram, a chance de que você passe a seguir um artista ou atleta famoso é muito maior do que a de começar a seguir um cientista desconhecido e aspirante a escritor de livros. Essa preferência por se ligar a hubs também pode ser popularmente chamada de "o rico fica mais rico e o pobre mais pobre". Em consequência do domínio da ligação preferencial, a dinâmica da rede inexoravelmente leva a um aumento da desigualdade entre os participantes.

"O que isso tudo tem a ver com a informação e a comunicação quânticas?", você pode estar se perguntando. De fato, até bem pouco tempo atrás não havia nenhuma conexão entre esses dois campos de pesquisa, redes complexas e informação quântica. Isso haveria de mudar com a ajuda do grupo de pesquisa que lidero no Instituto Internacional de Física, em trabalhos colaborativos com os pesquisadores Samuraí Brito, Askery Canabarro e Daniel Cavalcanti. E assim começamos a desvendar os mistérios da futura internet quântica em um artigo escolhido como capa da *Physical Review Letters*, uma das mais antigas e prestigiosas revistas de física do mundo, no qual pela primeira vez usamos a teoria de redes para analisar a internet quântica.

Mas como estudar uma rede que nem existe ainda? Com teorias físicas e modelagem computacional. Tal como grande parte das conexões na internet hoje, nosso primeiro passo foi supor que a internet quântica, ao menos em sua versão inicial, seria construída a partir da já instalada rede de fibras ópticas. Os resultados obtidos por um grupo canadense, que havia realizado a teleportação quântica usando uma rede de fibras ópticas para telecomunicações já existente, davam bom suporte à nossa hipótese. Porém, como saber exatamente a distribuição da rede de fibras ópticas ao redor do mundo é impossível, sobretudo porque essa informação não é pública, usamos modelos matemáticos para descrevê-la. No chamado modelo de Waxman, a probabilidade de que dois nós estejam conectados diretamente depende da distância entre eles. Em uma grande cidade, a maioria dos cabos ópticos tem tamanho curto, sendo conectados a uma fibra longa ligada a um servidor central. Outro exemplo ilustrativo é o fato de haver alguns poucos cabos subaquáticos com dezenas de milhares de quilômetros ligando as Américas e a Europa. Praticamente toda a comunicação entre os dois continentes é mediada por esses links centrais.

A essa rede de fibras ópticas, descrita pelo modelo de Waxman, sobrepusemos a rede quântica de informação, quer dizer, a rede pela qual os qubits seriam enviados. Mas, como já vimos, um fóton não consegue viajar longas distâncias sem ser absorvido completamente pela fibra ou sofrer efeitos severos da decoerência. Assim, a chance de que um canal quântico de comunicação possa ser estabelecido, mesmo usando uma fibra já existente, é tanto menor quanto maior for o tamanho da fibra. Com esse modelo simples mas fisicamente bem fundamentado pudemos extrair as principais características dessa rede quântica do futuro. E os resultados não foram nada animadores. Ao contrário da internet atual, a conectividade da rede quântica baseada em fibras ópticas é descrita por uma poissoniana. Pior ainda, o menor caminho entre dois nós não era descrito por um logaritmo — ou seja, a rede quântica não era uma rede de mundo pequeno.

Os resultados eram desestimulantes, não para nós como pesquisadores, que nos animamos com qualquer descoberta, positiva ou negativa, mas para a viabilidade da internet quântica. E por duas principais razões. Já se sabia que redes com conectividade regrada por uma poissoniana são menos robustas e mais sensíveis a falhas. Em redes livres de escalas, salvo se tivermos ataques dirigidos aos hubs da rede, a conectividade global é praticamente imune, mesmo que várias falhas aconteçam em seus nós menos conectados. Na rede poissoniana, o contrário acontece: um número relativamente pequeno de nós que falham, que são praticamente igualitários, já é o bastante para derrubar toda ela.

O segundo e principal motivo de preocupação era a conectividade da rede quântica. Redes de mundo pequeno são extremamente efetivas para a transmissão de informação. Com alguns poucos intermediários podemos alcançar qualquer outro ponto. Um exemplo claro e infelizmente muito triste dessa eficiência é a atual pandemia em que vivemos. Bastaram alguns poucos casos em uma província da China para que a covid-19 se espalhasse rapidamente por todo o globo. Alguns poucos voos e mais alguns apertos de mão foram o suficiente para parar o mundo. No caso de uma rede quântica, quanto maior é o número de nós intermediários (maior caminho médio), maior é o número de teleportações de emaranhamento necessárias para conectar quanticamente dois nós específicos. E, como invariavelmente cada uma dessas teleportações introduz algum tipo de erro, redes quânticas baseadas na transmissão de informação em fibras ópticas estariam restritas a redes de tamanho relativamente pequeno. Decerto nada na escala global a que nos acostumamos quando falamos da internet. Seria esse o fim de uma rede que nem ao menos começara a ser construída?

Foi quando nos lembramos dos resultados do satélite chinês Micius, capaz de conectar pontos muitos distantes no globo terrestre, ordens de magnitude mais distantes de qualquer coisa que pudéssemos alcançar com as fibras ópticas. Adaptamos nosso modelo então para levar em consideração a comunicação quântica mediada por satélites — e os resultados foram muito melhores. Apesar de não dar origem a um modelo livre de escala, sua conectividade é descrita por uma nova distribuição chamada de log-normal e que também permite a existência de hubs na rede. Com a ajuda desses hubs, a internet quântica passa a ter o comportamento de mundo pequeno e com grande robustez contra falhas. A Figura 6.4 dá uma amostra de como seriam as redes quânticas baseadas em fibras ou em satélites.

Nossos resultados teóricos mostravam que, com o uso de satélites, a internet quântica em grande escala poderia, sim, se tornar uma realidade num futuro não muito distante. Na verdade, passados poucos meses dos nossos resultados teóricos, a China, novamente liderada pelo visionário Jian-Wei Pan, chamado de "Pai do Quantum" em seu país, construiu a primeira rede integrada de comunicação quântica do mundo, algo como uma versão em pequena escala da internet quântica. Combinando mais de setecentas fibras ópticas com nós capazes de realizar comunicação entre terra e satélite, essa rede possibilitou que mais de 150 usuários (incluindo bancos, indústrias e agências governamentais) fizessem uso da segurança inviolável da criptografia quântica, atingindo incríveis distâncias de mais

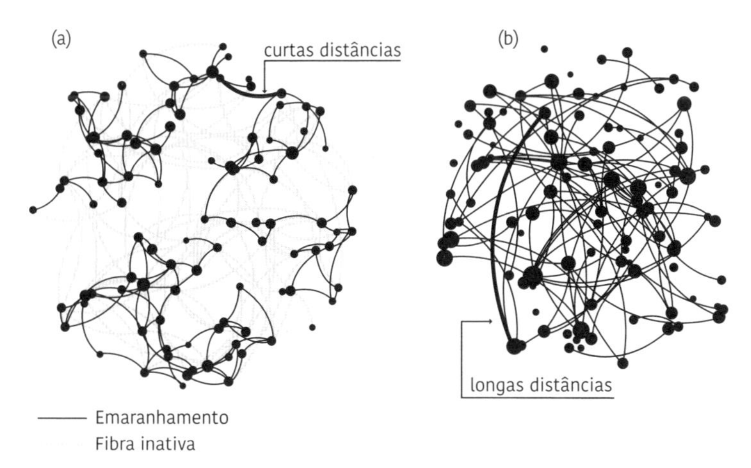

FIGURA 6.4. Esta simulação computacional mostra: (a) a internet quântica baseada na rede de fibras ópticas já existentes; e (b) em satélites.

de 4 mil quilômetros e cobrindo grande parte do território da China. Em outra realização chinesa, emaranhamento fotônico foi distribuído entre dois pontos em terra através do uso de drones robóticos. Uma fonte de pares de fótons emaranhados, embarcada em um dos drones, enviava um desses fótons para uma estação, enquanto o outro fóton era remetido para um segundo drone (um nó intermediário), que o reenviava para outra estação, estabelecendo assim o emaranhamento entre dois pontos distantes em terra.

Algo que há pouco tempo pareceria pura ficção científica já está se tornando uma aplicação real e prática. Quem poderia imaginar que partículas quânticas emaranhadas, geradas, enviadas ou reenviadas através de drones robôs e satélites poderiam ser usadas para garantir, de maneira fundamental e inquebrável, a segurança da nossa comunicação? Mesmo os maiores e mais potentes supercomputadores, os de agora ou do futuro, não serão capazes de desvendar e espiar a comunicação chinesa.

Para o bem ou para mal, a criptografia quântica chegou para ficar.

Computação quântica às cegas

Os primeiros computadores da história eram grandes, lentos e extremamente complicados de se operar, provável motivo pelo qual Thomas Watson, presidente da IBM em 1943, pronunciou o que talvez seja o mais equivocado exercício de futurologia já registrado: "Eu acredito que haja um mercado global para talvez cinco computadores". À medida que os computadores ficavam mais velozes, robustos, menores e com aplicações cada vez mais variadas, seu uso se tornou universal, a ponto de termos virado praticamente ciborgues ao carregarmos para cima e para baixo nossos smartphones, uma versão miniaturizada e muito mais poderosa que as máquinas jurássicas de setenta anos atrás.

Porém mesmo que hoje tenhamos à nossa disposição uma miríade de computadores pessoais, a existência de máquinas pesadas, grandes e extremamente poderosas não diminuiu. Pelo contrário, agora grande parte do nosso processamento de dados não se realiza em nossas máquinas pessoais, mas em servidores e supercomputadores localizados em galpões secretos de alguma gigante tecnológica. É o que chamamos de computação na nuvem. Sejam os filmes e séries da Netflix, as músicas do Spotify ou as fotos no Dropbox, nossa existência virtual está deslocalizada nessa nuvem digital.

Tal como na história dos computadores clássicos, é razoável imaginar que os primeiros computadores quânticos também serão extremamente complexos e exigirão vários especialistas para manter seu funcionamento. Esse é de fato o caso dos primeiros protótipos de um computador quântico, tal como os desenvolvidos pela Google e a IBM. Dificilmente nas próximas décadas você terá uma dessas máquinas no quarto ou escritório. Caso você as queira usar, seu acesso será remoto, como já acontece com as diferentes versões da rudimentar máquina quântica da IBM, que pode ser programada e acessada por qualquer pessoa conectada à internet, através do IBM Quantum Experience.

Do ponto de vista da computação clássica, da mesma forma que a computação na nuvem abre novas possibilidades e fornece a pessoas comuns um alto poder computacional, ela também cria um precedente perigoso para a segurança e a privacidade dos dados. O tráfego de dados entre seu dispositivo e o computador central que armazena e processa seus dados deixa brechas para uma interceptação. Como veremos no capítulo a seguir, a menos que fossem criptografados quanticamente, seus dados poderiam ser revelados por um hacker em posse de um computador quântico capaz de realizar o algoritmo de Shor. E, mesmo que não haja ninguém à espreita, como confiar na empresa que oferece seu poderoso computador para cálculos na nuvem? A princípio, nada nos garante que os cálculos realizados por esse supercomputador central estarão corretos. Ou, pior ainda, que quem opera a máquina não esteja disposto a roubar os resultados obtidos.

Aplicações de supercomputadores incluem desde a modelagem de complexos fenômenos climáticos e atmosféricos até o desenvolvimento de novos materiais, drogas e compostos químicos. Suponha que precisemos de um supercomputador para realizar cálculos que, uma vez provados corretos, levariam a um tratamento barato e eficiente para uma vasta gama de doenças respiratórias. Como saber se o servidor, no qual a pesada computação será realizada, não tentará nos roubar essa valiosa informação? Pode parecer uma maluquice de filmes da teoria da conspiração, mas na nossa era moderna nada é mais valioso ou importante que a informação. O ideal seria termos um sistema de computação remota capaz de garantir a privacidade dos dados, de tal forma que estes fossem desconhecidos mesmo do supercomputador que os processa. E melhor ainda seria ter a garantia de que o cálculo feito pela máquina remota está correto. No mundo dos computadores clássicos tal tarefa é impossível. Pense por um momento no que estamos buscando: um supercomputador que realize cálculos e nos dê respostas mesmo sem saber o que estamos perguntando. E mais que isso, mesmo sem saber qual é a pergunta, o supercomputador teria que nos fornecer a garantia de que a resposta dada está correta. Certamente uma insanidade. Mas — você já deve estar se acostumando — no mundo quântico o impossível muitas vezes se torna real.

Em um artigo de 2009, a cientista da computação Anne Broadbent e colaboradores mostraram que um cliente pode realizar cálculos em um servidor quântico — quer dizer, executar uma computação regrada pela mecânica quântica — de tal forma que não somente os dados de entrada mas a própria computação e os dados de saída também permanecessem completamente desconhecidos do servidor. Pense no quão improvável e doida é essa ideia. Como pode um computador realizar um cálculo sem saber que cálculo é? Processar dados sem saber quais são eles? Parece um dos ilógicos *koans* do zen budismo, mas é justamente o que a mecânica quântica nos permite fazer. E o melhor: usando o servidor quântico, o cliente não precisa ter qualquer poder computacional quântico ou memórias quânticas capazes de armazenar a informação quântica dos qubits. Tudo o que ele precisa é de um canal quântico de comunicação para acessar esse computador quântico na nuvem. E ainda pode verificar que o computador quântico tenha feito o cálculo da maneira correta. É o que chamamos de computação quântica às cegas. Mais uma possibilidade do repertório de maluquices abertas pelo estranho e poderoso mundo regido pela mecânica quântica.

PODEMOS IMAGINAR QUE, uma vez que a internet quântica esteja em operação, não somente protocolos de criptografia ou teleportação quântica serão realizados, mas também cálculos complexos envolvendo a descoberta de novos materiais ou medicamentos. Com a computação quântica na nuvem, os qubits trafegando à velocidade da luz dentro de fibras ópticas ou no ar, partindo de drones ou satélites em órbita, carregarão a informação para que as máquinas quânticas da Google, IBM e outras empresas possam revelar a próxima tecnologia a mudar o mundo. E essas máquinas quânticas o farão sem ter a menor ideia do que estão realizando.

7. O computador quântico

A máquina de guerra que mudou o mundo

É provável que nenhuma outra invenção tenha impactado tanto a nossa sociedade, positiva e negativamente, quanto os modernos computadores eletrônicos. Essas máquinas, no entanto, existem desde a Antiguidade. O primeiro computador digital, que, como sua versão atual, trabalha com números discretos, sejam os bits 0 e 1 ou o sistema decimal, foi o ábaco. Inicialmente desenvolvido na Suméria há quase 5 mil anos, ele encontrou diferentes versões ao longo dos séculos, no Egito, na Pérsia, Grécia, China e América pré-colombiana, cujos povos os usavam para cálculos envolvendo vários aspectos da vida cotidiana, sobretudo para o comércio. Por sua vez, a história dos computadores analógicos, especialmente adaptados para o cálculo de quantidades contínuas tais como o tempo ou a posição dos astros no céu, também tem longa data. O primeiro computador conhecido desse tipo é a máquina de Anticítera, criada na Grécia do século I a.C., usada para previsões astronômicas e também como calendário.

É curioso notar que antes do desenvolvimento da eletrônica, de fato até pouco tempo atrás, vários cálculos complexos eram feitos usando-se computadores humanos. Por exemplo, no final do século XVIII, com a tarefa de computar tabelas de trigonometria usadas em agrimensura, o diretor do escritório francês encarregado dos registros de terra elaborou um arranjo de quase cem computadores humanos. Ele dividiu os cálculos necessários em sub-rotinas de tal forma que cada um de seus empregados tinha a tarefa de adicionar ou multiplicar números que lhes eram dados, escrever o resultado num pedaço de papel e entregá-los de volta ao diretor, que então combinava todos os cálculos intermediários em um resultado final. Arranjos de computadores humanos também eram muito comuns durante a Segunda Guerra Mundial, fosse para o cálculo de trajetórias de artilharia ou no desenvolvimento da bomba atômica no Projeto Manhattan. De fato, foi justamente a dificuldade nos cálculos de artilharia que levou à construção do primeiro computador eletrônico programável, o Eniac. Ele ficou pronto em 1946, após o fim da guerra, e seu primeiro uso foi em 1947, para simular explosões da bomba de hidrogênio.

As motivações iniciais para esses computadores decerto são aterrorizantes. Felizmente, graças ao gênio do cientista inglês Alan Turing, eles logo haveriam de se tornar algo muito maior do que apenas máquinas de guerra.

A FUNDAÇÃO DA MODERNA TEORIA da computação nasceu como resposta a uma pergunta feita pelo matemático David Hilbert, o chamado problema da decisão: existiria um algoritmo capaz de resolver todos os problemas da matemática? Mesmo que não percebamos, somos expostos diariamente aos mais variados tipos de algoritmos, quando seguimos uma receita para fazer um bolo ou usamos as regras aprendidas na escola para adicionar ou multiplicar dois números. Todos temos uma boa intuição do significado de um algoritmo: um conjunto de regras que, se seguido à risca, nos garante a conclusão bem-sucedida de um dado desafio. Para se resolver o problema matemático de Hilbert, no entanto, essa intuição é insuficiente. A definição lógica e precisa do que de fato é um algoritmo foi o primeiro passo de Alan Turing para resolver esse intricado problema.

Para captar matematicamente o que significa uma máquina realizar um algoritmo, Turing introduziu um artefato conhecido desde então como máquina de Turing, que nada mais é do que um modelo matemático de computação, composto, grosso modo, de uma fita infinitamente longa na qual símbolos são impressos segundo uma lista de regras. E, apesar da simplicidade, a máquina de Turing é capaz de computar uma enorme variedade de funções, sejam elas as operações aritméticas básicas, uma busca num banco de dados ou mesmo gerar os incríveis gráficos de um moderno videogame. Tudo o que se pode fazer nos modernos computadores atuais, com bilhões de transistores, também pode ser feito na máquina de Turing, usando-se nada mais que uma fita bem longa, alguns símbolos e certas regras para imprimir esses símbolos. De acordo com a tese defendida por Turing e proposta independentemente pelo matemático norte-americano Alonzo Church, uma máquina de Turing não apenas é capaz de realizar qualquer computação. Ela pode ser vista como a própria definição do que significa computar uma função usando-se um algoritmo. De acordo com a tese de Church-Turing, como descrito pelos autores Michael Nielsen e Isaac Chuang em seu livro clássico *Quantum Computation and Quantum Information* [Computação quântica e informação quântica]: "A classe de funções computáveis por uma máquina de Turing corresponde exatamente à classe de funções que podem ser consideradas naturalmente computáveis por um algoritmo". Eles complementam: "A tese de Church-Turing estabelece a equivalência entre um conceito matemático rigoroso — uma função computável por uma máquina de Turing — e um conceito intuitivo do que significa uma função ser computável por um algoritmo".

Usando essa definição do que é um algoritmo, Church e Turing finalmente elucidaram o problema da decisão. Ao contrário do que imaginara David Hilbert, não existe um algoritmo capaz de resolver todos os problemas da matemática. Na resolução de Turing ele propôs o chamado problema da parada: com uma certa máquina de Turing e os dados de entrada a serem processados por ela, devemos determinar se a máquina terminará sua computação ou continuará os cálculos indefinidamente. O que se mostrou foi que o problema da parada não é decidível em uma máquina de Turing; ou seja, chegamos à conclusão de que existem questões matemáticas que simplesmente não podem ser respondidas ou computadas.

Quem já leu a série de livros ou viu o filme *O guia do mochileiro das galáxias* certamente lembrará a passagem mais famosa da obra de Douglas Adams. Na busca de respostas para as perguntas mais fundamentais, uma civilização avançada constrói uma inteligência artificial capaz de elucidá-las. Ao questionarem a máquina sobre o sentido da vida e do Universo, ela lhes pede alguns milhares de anos para realizar os cálculos e descobrir a resposta: o famoso número 42. Se a mudança climática, algum vírus mortal ou nossa própria ignorância não devastar a humanidade, é bem possível que algum dia construamos máquina parecida. Ao contrário do *Mochileiro*, no entanto, é provável que o sentido da vida e tudo o mais não seja algo computável. Quem sabe se o sentido da vida não é justamente esperar por uma resposta que nunca virá?

É curioso notar que o problema da decisão e as soluções propostas por Church e Turing têm uma forte conexão com outro problema proposto por Hilbert: o da consistência dos axiomas matemáticos, algo provado impossível pelo lendário matemático Kurt Gödel. Toda a matemática se constrói em axiomas, um conjunto básico de regras e premissas, e Hilbert imaginava que seria possível encontrar um conjunto completo e consistente (que não se contradiz) de axiomas definindo toda a matemática e suas consequências. Ao contrário, Gödel e seus teoremas da incompletude colocavam por terra essa esperança. Em seu primeiro teorema, ele mostrou que não existiria qualquer conjunto consistente de axiomas capaz de provar alguns fatos sobre os números naturais. Quer dizer, haveria fatos verdadeiros sobre os números, mas que nunca poderiam ser provados, qualquer que fosse o sistema de axiomas utilizado. Para piorar, em seu segundo teorema Gödel demonstrou que nem mesmo a própria consistência de um conjunto de axiomas pode ser comprovada.

Como todos nós sabemos por experiência própria, alguns problemas são simples enquanto outros nos demandam grande tempo e atenção. Ao longo dos anos percebeu-se que não somente era possível executar qualquer algoritmo em uma máquina de Turing, mas que essa computação poderia ser realizada de forma eficiente. Quer dizer, se realizamos um cálculo em questão de minutos usando algum outro modelo de computação, poderíamos fazer o mesmo usando uma máquina de Turing, e com a garantia de que não teríamos que esperar dias ou anos para que essa computação terminasse. Nesse meio tempo, no entanto, diversos cientistas introduziram vários modelos probabilísticos de computação, nos quais os algoritmos não seguem uma receita determinística de bolo: fazem uma operação ou outra com uma certa probabilidade. Para manter o passo, introduziu-se também o conceito de máquina de Turing probabilística, na qual o símbolo a ser impresso em determinada posição da fita é sorteado de acordo com uma distribuição de probabilidade. Mesmo na presença de incertezas e probabilidades o modelo de Turing parecia ser universal, o que levou à introdução da chamada tese forte de Church-Turing, estabelecendo que "Qualquer modelo de computação pode ser simulado de modo eficiente em uma máquina de Turing probabilística". Essa tese, se correta, nos mostra que podemos entender a computação independentemente de um modelo específico, seja a máquina de Turing, os circuitos dos computadores modernos ou qualquer outro das mais de uma dezena de modelos computacionais inventados ao longo da segunda metade do século XX.

Mas o que significa algo poder ser simulado ou computado de maneira eficiente? Para ilustrar, lembremos que alguns cálculos são bastante simples; por exemplo, mesmo uma criança consegue somar dois números com vários dígitos. Outros, no entanto, são extremamente difíceis; por mais experiência que se tenha, resolver um problema de Sudoku pode demorar muito tempo. Para tornar essa classificação algo menos vago, os cientistas introduziram o conceito de complexidade da computação, um campo que busca caracterizar a dificuldade computacional de determinado problema. Quer dizer, quantos recursos — seja tempo, memória ou número de passos — são necessários para efetuar um algoritmo.

Dizemos que um problema é resolvível de forma eficiente se o número de passos ou tempo necessário para efetuar os cálculos cresce no máximo polinomialmente com o tamanho do problema. Exemplos dessa eficiência são a soma ou a multiplicação. Para somar dois números com n dígitos precisamos efetuar n operações básicas. Usando o algoritmo aprendido nas escolas, a multiplicação de dois números de n dígitos requer n^2 operações básicas. A complexidade ser polinomial implica, por exemplo, que a multiplicação de dois números muito grandes pode ser feita sem maiores problemas. Pode parecer chato, mas a dificuldade de multiplicar dois números de dez dígitos é somente 25 vezes maior que multiplicar dois números de dois dígitos apenas. Ao contrário, achar os fatores primos de um número inteiro é um problema muito mais complexo. Fatorar o número 15 em seus fatores 3 e 5 parece simples, mas, à medida que aumentamos o tamanho do número a ser fatorado, o tempo necessário para completar nossa computação aumenta muito depressa. Exponencialmente depressa. Na prática, se precisamos de quatro dias para fatorar um número de 512 bits, dobrando esse número de bits para 1024 o tempo necessário para fazer a mesma fatoração pula de alguns dias para algumas dezenas de milhares de anos.

Os trabalhos pioneiros de Church, Gödel e Turing não só nos forneceram uma definição do que significa computar uma função, mas também nos mostraram que alguns desses problemas não são apenas difíceis, eles são impossíveis. No entanto, Church, Gödel e Turing sempre tiveram em mente um conceito clássico do que são a informação e a computação. Será que os truques do mundo quântico poderiam nos trazer alguma surpresa?

Há muito espaço lá embaixo

No começo da década de 1980 o mercado começava a ser inundado por novas máquinas que definiriam o futuro da tecnologia e de nossa sociedade: o computador pessoal. Antes restritos a grandes corporações, governos ou indústrias, os computadores se tornaram mais acessíveis, poderosos e com uma gama de aplicações cada vez maior desde a invenção do primeiro microprocessador pela Intel em 1971 e sua constante miniaturização desde então. Os computadores pessoais da Altair, Apple, Atari, Commodore, IBM e muitas outras empresas passaram a fazer parte da rotina de um número cada vez maior de pessoas. Nessa época também, ainda que de forma bastante sutil e silenciosa, uma outra grande revolução na computação começava a ser gestada.

Dois artigos do físico norte-americano Paul Benioff, o primeiro em 1980, outro em 1982, foram os primeiros a descrever modelos quânticos para uma máquina de Turing. A grande diferença da máquina quântica de Turing residia no fato de que os símbolos usuais eram substituídos por estados quânticos, não somente os qubits $|0\rangle$ ou $|1\rangle$, mas também superposições quânticas $|0\rangle + |1\rangle$. Benioff, no entanto, não mostrava nenhuma vantagem aparente em se usarem tais máquinas quânticas. Seu trabalho teórico era uma prova de princípio mostrando apenas que essas máquinas quânticas eram possíveis.

O passo de importância fundamental foi dado em uma palestra de 1981 intitulada "Simulando a Física com Computadores", ministrada pelo excêntrico físico norte-americano Richard Feynman, na qual ele argumentou, pela primeira vez, que um computador quântico seria capaz de realizar algumas tarefas de maneira muito mais eficiente do que um computador clássico. Nessa época, o uso de computadores na ciência já estava se tornando a regra. Na física, por exemplo, uma nova área entre a teoria e o experimento começou a emergir, a chamada física computacional. Até então a parte experimental era essencial para se testarem os limites de uma dada teoria ou modelo. Mas com o surgimento dos computadores nasceu a possibilidade de simulações numéricas nas quais um ambiente virtual era criado, com o intuito de mimetizar da melhor forma possível um experimento real. Com aplicações que vão desde o desenvolvimento de novos materiais até o estudo da astrofísica e da cosmologia, a física computacional se estabeleceu como uma terceira e indispensável via do método científico.

Contudo, tal como argumentado por Feynman, vários sistemas físicos dificilmente poderiam ser simulados em um computador convencional. Para ilustrar o porquê, pensemos em um sistema com um número crescente de spins. Conforme discutido no capítulo anterior, o estado mais geral de um único spin eletrônico é o qubit $a|0\rangle + b|1\rangle$, que precisa de dois números imaginários (as variáveis a e b) para ser descrito. Se consideramos agora dois spins, o estado de dois qubits mais geral possível será algo da forma $a|00\rangle + b|01\rangle + c|10\rangle + d|11\rangle$ e que precisa de quatro números imaginários (as variáveis a, b, c e d) para ser descrito. De forma geral, se tivermos um número n de spins precisaremos de 2^n números simplesmente para descrever o estado quântico desse sistema. Se lembrarmos que a estimativa dos cientistas para o número de átomos do Universo é algo em torno de 2^{300}, e imaginarmos que usamos cada um desses átomos para codificar as variáveis de um estado quântico, vemos que, para simular um sistema quântico bastante simples, com apenas trezentos spins eletrônicos, precisaríamos de todo o Universo à nossa disposição. Se checarmos na tabela periódica, o chumbo é um elemento químico com 82 elétrons. Pense nisso: mesmo usando todos os átomos do Universo como nossa máquina de calcular, seríamos incapazes de descrever computacionalmente apenas quatro átomos de chumbo emaranhados entre si. Nas palavras de Feynman: "A natureza não é clássica, caramba, e se você quiser fazer uma simulação da natureza, é melhor torná-la quântica e… Uau! Esse é um problema maravilhoso, porque não parece assim tão fácil".

Enquanto um computador clássico precisaria de um número absurdo de bits para simplesmente armazenar a informação sobre um estado quântico de muitos qubits, um computador quântico precisaria, em princípio, de apenas n qubits para simular um outro sistema quântico de n qubits. Nasceu daí a ideia de um simulador quântico — um computador quântico de aplicação limitada capaz de codificar não apenas o estado quântico do sistema que queremos simular, mas também sua evolução temporal. Na década de 1980 as ideias de Benioff e Feynman soaram como ficção científica para grande parte de seus contemporâneos. Pouco mais de três décadas depois, no entanto, o grupo liderado pelo físico Chris Monroe usou um simulador quântico construído a partir de armadilhas iônicas para simular as interações magnéticas entre um conjunto de

53 spins, e foi capaz de revelar detalhes que seriam inacessíveis a muitos dos melhores supercomputadores atuais. Em um desenvolvimento ainda mais recente, o grupo liderado pelo físico russo Mikhail Lukin, da Universidade Harvard, construiu um simulador quântico programável com 256 qubits, capaz de investigar diferentes regimes quânticos magnéticos da matéria e até mesmo fazer vídeos rudimentares do famoso personagem Mario Bros, dos videogames, em que cada pixel da imagem é um átomo único nesse processador. Para se ter ideia da magnitude do feito, nesse simulador os pesquisadores têm acesso a 2^{256} diferentes estados quânticos, um número maior que o de átomos existentes em nosso sistema solar.

É curioso que Feynman também tenha sido o precursor de outra ideia revolucionária bastante em voga hoje: a nanotecnologia. Na maior parte de nossa história nos acostumamos a registrar e processar informação na escala dos metros ou centímetros, por exemplo as letras num pedaço de papel. Mas, com o entendimento e o controle cada vez maiores sobre a natureza, começamos a acessar os menores e mais escondidos recantos da matéria. Enquanto os primeiros transistores tinham alguns centímetros de comprimento em suas versões baseadas em tubos a vácuo, o transistor construído com semicondutores logo teve seu tamanho reduzido para dez micrometros. E, seguindo uma redução incrível, a indústria conseguiu, no começo dos anos 2000, reduzir esse tamanho a meros cinco nanômetros, ou cinco bilionésimos de um metro. Novamente Feynman:

> E acontece que todas as informações que a humanidade acumulou cuidadosamente em todos os livros do mundo podem ser escritas em um cubo de material com um centésimo de polegada

de largura — que é o menor pedaço de poeira que pode ser percebida pelo olho humano. Portanto, há bastante espaço lá embaixo!

A miniaturização permitida pela nanotecnologia foi por muito tempo a vedete da indústria e dos jornais científicos. Mas, como foi dito por Jonathan Dowling em seu livro *Schrödinger's Killer App* [O aplicativo assassino de Schrödinger]:

> Embora o resultado de Feynman seja um número impressionante, ele empalidece em comparação com a capacidade de processamento de informação de um computador quântico. Em uma máquina quântica, por meio do poder do emaranhamento, você pode processar todas as informações contidas em todos os computadores clássicos da Terra em um registro de computador quântico composto por apenas setenta átomos de silício, que formariam um cubo de silício com cerca de um nanômetro de comprimento. Embora possa haver muito espaço lá embaixo, há muito mais espaço no quântico.

Paralelismo quântico

A história sobre a tese de Church-Turing pode ter levantado algumas suspeitas em você, que me lê. Afinal, para se adequar aos novos desenvolvimentos em modelos probabilísticos de computação, essa tese teve de ser adaptada para levar em consideração também as probabilidades. O que nos garante que no futuro alguém não encontre um modelo de computação exponencialmente mais eficiente que uma máquina de Turing? Será que de fato haveria uma espécie de modelo universal de computação, capaz de simular todos os outros de maneira eficiente?

Para o físico britânico David Deutsch, a forma como os modelos de computação eram desenvolvidos e comparados era demasiado arbitrária. Em suas próprias palavras:

> A teoria da computação foi tradicionalmente estudada quase inteiramente no abstrato, como um tópico da matemática pura. Isso é perder de vista o ponto principal. Os computadores são objetos físicos e seus cálculos são processos físicos. O que computadores podem ou não podem computar é determinado apenas pelas leis da física, e não pela matemática pura.

Em 1985, motivado pela sua intuição física, Deutsch se perguntou então qual seria a versão mais plausível da tese de Church-Turing que não fosse baseada em escolhas arbitrárias, mas fundamentada nas próprias leis da natureza. Em sua nova exposição, a tese de Church-Turing-Deutsch assumiu uma versão muito mais simples e poderosa: um computador universal é aquele capaz de simular todos os processos físicos. Seja o choque de bolas de bilhar, o voo de um planador, a interação de milhares de spins eletrônicos ou a colisão de dois buracos negros supermassivos, um computador realmente universal deveria estar à vontade para resolver todos esses problemas. Nada das arbitrariedades, axiomas e definições enigmáticas dos matemáticos. Aquilo que é computável é aquilo que a natureza nos permite fazer. Uma bela tese, se me permitem dizer.

Dado que as leis da física em seu nível mais fundamental são quânticas, Deutsch naturalmente considerou que qualquer computador universal deveria se fundar nos princípios da mecânica quântica. Nascia assim o famoso computador quântico.

A tese de Deutsch é fenomenal. Mas será que os computadores quânticos serviriam de fato para alguma coisa? Ou seriam apenas uma elucubração acadêmica e de interesse puramente teórico? Para provar que essas novas máquinas realmente teriam algum valor, era necessário mostrar que elas poderiam executar alguma tarefa computacional de maneira muito mais eficiente que os computadores clássicos. Afinal, como aventado por Feynman, se a natureza é quântica, quem melhor do que sistemas quânticos para realizar os cálculos mais difíceis e complexos que podemos imaginar?

Tentemos entender de maneira mais prática o que significa computar algo. Em geral, se temos algum dado de entrada, representado por x, o que uma computação faz é aplicar uma certa função f a esse dado de entrada, uma operação denotada como $f(x)$. Em um modelo reversível de computação (um detalhe de menor importância para o nosso argumento), teremos na saída do nosso computador tanto o bit de entrada x quanto a função $f(x)$. O dado de entrada x pode ser um único bit, 0 ou 1, ou uma sequência longa de bits, por exemplo, 011110001. A função f pode ser uma porta lógica simples, que transforma 0s em 1s e vice-versa, ou uma combinação complexa dessas portas gerando algo como uma função trigonométrica. Como é que a mecânica quântica poderia nos ajudar a melhorar algo tão básico assim?

Como vimos ao longo dos últimos capítulos, uma das características fundamentais que distinguem o mundo quântico do clássico é a superposição, ou seja, a capacidade que um qubit quântico $|0\rangle + |1\rangle$ tem de poder ser encontrado tanto como o bit 0 quanto como o bit 1 e de na verdade não ser nem um nem outro antes que uma medição seja realizada. Se usamos essa superposição como entrada do nosso dispositivo que aplica a função f, teremos na saída um estado quântico dado por $|0, f(0)\rangle + |1, f(1)\rangle$. Quer dizer, se o dado de entrada é o bit 0, na saída teremos o resultado $f(0)$, e se o bit de entrada for 1, o resultado da computação será $f(1)$. Mas, como nossos dados de entrada estão numa superposição de 0 e 1, nosso qubit de entrada estará emaranhado com o qubit contendo a resposta da computação. O mais incrível, porém, é o fato de que, ao aplicarmos a função apenas uma vez, podermos computar, ao menos no nível da função de onda $|\Psi\rangle$, o valor da função f para todos os dois possíveis valores de entrada. É o que chamamos de paralelismo quântico. Enquanto um computador clássico precisaria aplicar a função desejada a cada possível dado de entrada, um por vez, o computador quântico usa a superposição para, ao menos aparentemente, computar todas essas possibilidades de forma simultânea. Aparentemente. Porque, na verdade, o colapso da função de onda (ver capítulos 2 e 4) impossibilita acessarmos toda essa informação de uma só vez.

Imagine Teseu preso no labirinto do Minotauro, tentando desesperadamente encontrar, entre as miríades de possíveis caminhos, aquele que o levará para fora do calabouço e de volta para a filha do rei. Tivesse Teseu uma partícula quântica a seu dispor, ele poderia colocá-la numa superposição e fazê-la testar todos os caminhos simultaneamente. Mas ele teria um problema: mesmo que a função de onda que descreve o sistema quântico de Teseu esteja numa superposição de todas as possibilidades, para recuperar essa informação ele teria que medir o sistema. A medição colapsa a função de onda, selecionando aleatoriamente um único caminho, e não necessariamente o que contém a saída que ele busca. É como se Teseu tivesse o resultado de cada possível rota, levando ou não à saída, escrito em diferentes pedaços de papel. Mas, ao medir o sistema quântico, é como se ele jogasse todas essas respostas para o alto, pegando ao léu um único bilhete. Fazer isso ou percorrer desavisadamente qualquer um dos milhares de caminhos dá na mesma. Embora o estado quântico $|0, f(0)\rangle + |1, f(1)\rangle$ contenha a informação do valor da função para os dois possíveis valores de entrada, 0 ou 1, ao realizarmos uma medição, passo necessário para acessarmos essa informação, colapsamos a informação de maneira imprevisível, obtendo somente uma das respostas, ou $f(0)$ ou $f(1)$.

David Deutsch percebeu, no entanto, que seria possível usar o paralelismo quântico para computar outras propriedades da função f. Para o caso de um único bit de entrada só temos dois possíveis tipos de funções: funções constantes, que independentemente de a entrada ser 0 ou 1 sempre nos retornam a mesma saída — quer dizer $f(0)$ é igual a $f(1)$ —, ou, caso contrário, funções balanceadas. Classicamente, para saber em qual dos dois casos uma função desconhecida se encontra, teríamos necessariamente que aplicá-la a cada um dos possíveis bits de entrada. Quer dizer, teríamos que aplicar a função duas vezes. Mas na quântica, como Deutsch haveria de demonstrar, poderíamos descobrir essa informação aplicando a função apenas uma vez se os dados de entrada estivessem numa superposição.

Pode parecer um ganho irrisório obter certa informação indagando um dispositivo eletrônico uma vez e não duas, mas essa foi a primeira demonstração clara de que propriedades quânticas ofereciam algum tipo de vantagem em relação aos computadores clássicos. Após esse resultado inicial, Deutsch se juntou ao matemático australiano Richard Jozsa para mostrar que essa vantagem poderia se tornar exponencial. Em vez de considerar uma função que toma um único bit de entrada, eles consideraram agora *n* bits. Ao invés de duas possíveis entradas, 0 ou 1, temos agora um número exponencial dado por 2^n. Qualquer computador clássico precisaria aplicar a função *f* desconhecida um número exponencial de vezes para descobrir a natureza dessa função. Quanticamente, no entanto, somente um uso da função já é o suficiente.

A quântica não só oferece uma vantagem ante as máquinas clássicas como essa vantagem pode ser exponencial. A questão, contudo, é que descobrir se uma função desconhecida é constante ou não é um problema que, até onde sabemos, não serve para nada. É uma ótima prova de princípio, mas ninguém gastará milhões para comprar a máquina capaz de realizar somente essa tarefa, por mais depressa que ela a execute.

Ainda que Deutsch não pudesse antever, seu artigo de 1985 continha a chave para a descoberta que viria a elevar a computação quântica ao status de algo vantajoso em aplicações realmente práticas. Mas haveríamos de esperar quase uma década para que esse ponto de mutação fosse alcançado.

Começa o *hype*

Em seu artigo de 1985, Deutsch não só introduziu o computador quântico como também mostrou como ele poderia ser usado para realizar de maneira eficiente um cálculo extremamente utilizado nas mais variadas ciências: a chamada transformada de Fourier. Conforme demonstrado pelo matemático e físico Jean-Baptiste Joseph Fourier ainda no começo do século XIX, qualquer sinal variando no espaço e no tempo também pode ser representado em função das frequências características daquele sinal. Para entender um pouco melhor o que isso significa, lembre-se de que no capítulo 1 vimos que as ondas podem se superpor e interferir. Quando tocamos uma corda de violão, ela não vibra em uma frequência única, mas é composta por uma superposição de ondas de diferentes frequências, os harmônicos da nota musical tocada. O que a transformada de Fourier faz é converter o padrão vibratório observado nessa corda em um novo sinal, no qual somente as frequências presentes na onda original aparecerão. Em suma, é uma maneira prática de descobrir as frequências presentes em qualquer fenômeno oscilatório.

Com aplicações das mais variadas, em particular no processamento digital, essa ferramenta se tornou onipresente em quase todas as ciências naturais. Contudo, apesar de sua grande utilidade, mesmo os melhores e mais rápidos algoritmos em um computador clássico têm uma complexidade exponencial no número de portas lógicas necessárias para realizá-la. Quer dizer, o número de portas lógicas e, assim, o tempo demandado para efetuar os cálculos necessários crescem rapidamente à medida que aumenta o número de bits representando o sinal a ser processado. Não obstante, Deutsch demonstrou que ao menos casos particulares dessa transformada poderiam ser realizados de modo muito eficiente em um computador quântico. O problema, como veremos reiteradamente nas próximas páginas, é o fato de que toda a informação sobre a transformada de Fourier está contida na superposição de uma função de onda. Função de onda que colapsa aleatoriamente quando é medida e, assim, impossibilita seu uso realmente prático na grande maioria das aplicações.

Por esse motivo, o resultado de Deutsch permaneceu sem grande destaque até que, em 1994, o matemático Peter Shor encontrou uma generalização quântica da transformada de Fourier e a aplicou para obter um resultado computacional simplesmente espetacular. Shor, que nessa época trabalhava no Bell Labs — uma empresa de pesquisa industrial e científica, responsável por importantes descobertas, tal como o transistor —, mostrou que um computador quântico, ao contrário do computador clássico, poderia encontrar os fatores primos de um número em um tempo polinomial. Para se ter uma ideia do que isso significa, basta dizer que, enquanto o melhor computador clássico demoraria bilhões de anos para fatorar um número de 2048 bits, o algoritmo de Shor poderia fazê-lo em algumas dezenas de minutos.

A prova de Shor é bastante técnica e impossível de se explicar sem usar um bocado de teoria dos números, superposições quânticas e transformações um tanto quanto abstratas. Pela matemática incomum, algo que a grande maioria não aprende nas universidades, mesmo físicos e físicas bem treinados precisam de um certo tempo para digerir e entender o que está acontecendo. Mas, de forma bastante resumida, o algoritmo de Shor consiste em duas partes principais.

Na primeira, o problema da fatoração é convertido no problema de se encontrar o período de uma função. Para entender o que isso significa, considere as primeiras potências do número 2, quer dizer 2^n: 2, 4, 8, 16, 32, 64, 128, 256, 512, 1024 e por aí vai. Tipicamente, quando falamos de teoria de números e, em particular, de criptografia, estamos interessados em aritmética modular (ver capítulo 5). O que importa não é o número em si, mas o quanto resta desse número depois de o dividirmos por um outro número *m*, operação que chamamos de módulo *m*. Se pegarmos a sequência e a fizermos em módulo 3, obteremos: 2, 1, 2, 1, 2, 1, 2, 1, 2, e assim vai. Vemos que a sequência 2^n na álgebra de módulo 3 é igual ao número 2 seguido de 1, de maneira indefinida. O período dessa sequência é, portanto, igual a 2. Se pegarmos a mesma sequência e a fizermos em módulo 15, ela se transforma em 2, 4, 8, 1, 2, 4, 8, 1, 2, 4, e assim indefinidamente. Temos nesse caso a repetição da sequência 2, 4, 8, 1, e assim essa sequência tem período 4.

A segunda parte do algoritmo de Shor nos mostra como encontrar esse período usando-se uma transformada de Fourier aplicada às variáveis descrevendo um estado quântico, um algoritmo exponencialmente difícil para computadores clássicos, mas fácil para computadores quânticos. Encontrado esse período, usamos então alguns truques matemáticos e outros cálculos simples (que podem ser realizados rapidamente em um computador clássico) e *voilà*, encontramos os fatores primos de um número, mesmo que muito grande. Vale notar que, como vários outros algoritmos quânticos, o protocolo de Shor também é probabilístico, quer dizer, temos uma grande probabilidade mas não certeza de encontrarmos a reposta correta. Mas isso não é um problema, já que, dado um certo resultado, podemos verificá-lo facilmente. Na prática, basta rodarmos o algoritmo algumas vezes e teremos a garantia de encontrar a resposta e ainda assim sermos eficientes. Algo que, até onde sabemos, não pode ser feito sem efeitos quânticos.

A chave para o sucesso de Shor, assim como no problema de Deutsch-Josza, é que não estamos tentando acessar todos os "universos paralelos" ao mesmo tempo. Sabemos que, ao medir a função de onda, iremos colapsá-la para um "universo único". O que esses algoritmos exploram é uma propriedade coletiva dessas muitas possibilidades. Como dito pelo cientista da computação norte-americano Scott Aaronson em seu blog Shtetl-Optimized: "O que podemos esperar detectar, entretanto, é uma propriedade de todos os universos paralelos juntos — uma propriedade que só pode ser revelada por uma computação para a qual todos os universos contribuam".

Como vimos no capítulo 5, a fatoração de números não é um problema de interesse puramente acadêmico, ela está também no cerne de uma variedade de protocolos criptográficos usados para proteger nossa informação. Grande parte de toda a informação sigilosa de todo o mundo, a de agora, do futuro ou mesmo de décadas atrás, se tornaria perigosamente disponível para qualquer um que pudesse construir um computador quântico e rodar o algoritmo de Shor.

Não é de espantar que o feito de Shor logo estampasse as páginas dos jornais e revistas de ciência, tecnologia e economia, causando também um grande alvoroço entre agências governamentais e de segurança. Vários eventos foram organizados para se entender o significado daquela descoberta, como utilizá-la para hackear informações alheias, mas, principalmente, se seria possível se proteger dessa novidade. Os poucos cientistas da informação quântica existentes então logo se viram no centro de reuniões e debates. E, apesar da turbulência inicial, todos garantiram que não havia o que temer. Ao menos não naquele momento. Apesar de teoricamente possíveis, os computadores quânticos ainda precisariam de algumas décadas e bilhões de dólares de investimento para se tornar uma realidade. Como veremos a seguir, para que esse novo algoritmo pudesse colocar a internet em risco, precisaríamos de um computador quântico com mais de 10 milhões de qubits, algo que mesmo hoje ainda parece distante.

Embora espetacular, o algoritmo de Shor ainda é de aplicação bastante limitada. A não ser por agências governamentais ou de segurança nacional, poucos são os usuários dispostos a construir máquina tão complexa simplesmente para tentar quebrar um tipo específico de criptografia, ainda que fosse a mais utilizada na internet, o protocolo RSA. Além do mais, motivados pelo algoritmo de Shor, começaram a surgir vários novos protocolos de criptografia *quantum-safe*, seguros mesmo contra um computador quântico. Sistemas criptográficos baseados em redes ou em hash, por exemplo, não podem ser quebrados por Shor ou por qualquer outro algoritmo conhecido, clássico ou quântico. E, no outro extremo, temos ainda a criptografia quântica, inviolável a menos que o hacker possa contornar as próprias leis da natureza.

A verdade é que o algoritmo de Shor incentivou cientistas de dados, empresas e governos a irem além da criptografia RSA (que pode ser quebrada por um computador quântico), embora ainda hoje grande parte da infraestrutura se baseie nessa criptografia. Com efeito, algumas estimativas nos mostram que a migração em larga escala para tecnologias *quantum-safe* pode exigir um investimento pesado e levar até uma década para ser realizada. Mas é algo que será possível e certamente será implementado muito antes que um computador quântico esteja à espreita.

Mas, se não devemos nos preocupar tanto assim com o algoritmo de Shor, existiria alguma outra aplicação espetacular da computação quântica? Essa foi a pergunta que todos buscaram responder após esse trabalho pioneiro.

PENSE NUMA TAREFA COMPUTACIONAL que todos nós fazemos inúmeras vezes todos os dias: uma busca em um banco de dados. Seja uma receita de moussaka grega ou o contato de uma empresa ou amigo, a tarefa de procurar um item em uma lista é algo que todos fazemos. O tempo todo. A dificuldade, no entanto, reside no fato de que a maior parte dos nossos bancos de dados não é estruturada. Seria como tentar localizar um livro em uma biblioteca ou livraria completamente desorganizada, nas quais os volumes não estão classificados por gênero, autor ou qualquer outra característica, e sim empilhados ao léu. Classicamente, o melhor que podemos fazer é buscar, uma a uma, todas as entradas da lista, até encontrar aquilo que estamos procurando — algo não muito diferente de achar uma agulha no palheiro. Nenhuma outra tarefa computacional poderia se beneficiar mais de uma possível vantagem quântica. E, curiosamente, foi um companheiro de Shor no Bell Labs, o indiano-americano Lev Grover, o responsável por descobrir, em 1996, um algoritmo quântico capaz de melhorar a eficiência de uma busca em bancos de dados.

O primeiro passo do algoritmo de Grover é colocar todas as entradas do banco de dados em uma superposição quântica. Nessa superposição inicial, caso fizéssemos uma medição, a chance de obtermos a entrada que estamos buscando é a mesma de encontrar qualquer outra entrada. Como se viu nos capítulos 2 e 4 e no exemplo de Teseu, devido ao colapso aleatório da função de onda, apenas criar a superposição não nos ajuda em nada. Grover, no entanto, usou o que chamamos de amplificação de amplitude. Seguindo essa receita de bolo, podemos fazer com que a probabilidade de que obtenhamos o item que buscamos seja de quase 100%. E diferentemente de um algoritmo clássico, que precisaria buscar todas as entradas da lista até encontrar a correta, neste temos um ganho quadrático.

Se temos uma lista com 1 milhão de entradas, em um computador usual necessitamos olhar, na média, ao menos metade desses itens (500 mil) para encontrar um específico. No caso quântico, é como se encontrássemos o que buscamos olhando para apenas mil itens, a raiz quadrada de 1 milhão. Temos uma vantagem quântica, mas, diferentemente do algoritmo de Shor, ela não é exponencial. Se num computador clássico algo dura a idade do Universo para ser encontrado, num computador quântico levaremos "só" alguns bons milhões de anos. Como disse o físico norte-americano Jonathan Dowling em *Schrödinger's Killer App*: "Para alguns problemas que não são muito grandes, mas ainda grandes o suficiente para serem interessantes, um ganho quadrático pode significar muito. O truque é escolher um problema no qual o ganho quadrático ofereça um resultado prático".

Para ilustrar, voltemos a atenção novamente para o labirinto do Minotauro. A tarefa de Teseu é encontrar, dentre os milhões de caminhos possíveis, a única saída. Se cada caminho demora um minuto para ser percorrido e temos 100 milhões de caminhos, Teseu demoraria 190 anos para testar todos eles. Assumindo que não fosse massacrado pela fera mitológica, ainda assim ele passaria toda a vida buscando a saída. Em contrapartida, usando o algoritmo de Grover, Teseu encontraria a saída em pouco menos de uma semana. Não é um ganho exponencial, mas para o herói grego certamente é muito melhor passar o resto da vida com sua princesa do que andando sem esperança por corredores escuros e úmidos.

Além de agilizar enormemente nossas buscas diárias no Google, o algoritmo de Grover também tem aplicações em importantes problemas de otimização. Peguemos, por exemplo, o famoso problema do caixeiro-viajante, em que devemos encontrar a rota mais eficiente para que o caixeiro visite o maior número possível de localidades. Dentro da teoria da complexidade computacional, esse é um problema da classe chamada de NP-completa, com duas propriedades básicas. A primeira é que uma simples busca pode resolvê-lo (tal como Teseu percorrendo aleatoriamente o labirinto), e a correção da solução pode ser verificada rapidamente (por exemplo, com Teseu achando a saída). A segunda é que a solução para qualquer problema dessa classe pode ser usada para resolver qualquer outro na mesma classe. Quer dizer, se temos um algoritmo capaz de resolver com eficiência o problema do caixeiro-viajante, também resolveremos o problema da mochila, o problema da satisfabilidade booleana ou qualquer outro das dezenas de problemas NP-completos em teoria de grafos ou otimização combinatória.

A questão, no entanto, é que mesmo com um computador quântico não se conhece nenhuma solução eficiente para esses problemas. O melhor que podemos fazer é usar o algoritmo de Grover para resolver o problema do caixeiro-viajante de maneira quadraticamente mais rápida. Mas a raiz quadrada de um crescimento exponencial continua exponencial. Ainda assim, como argumentamos, o algoritmo de busca quântica pode ser a diferença entre o sucesso e o fracasso em uma variedade de problemas de tamanho intermediário.

Além da viagem do caixeiro-viajante, é possível imaginar variadas aplicações. Por exemplo, a Amazon ou o Alibaba certamente gostariam de reduzir o tempo e a distância necessários para enviar um produto dos Estados Unidos ou da China para o Brasil. Uma remessa saindo de Pequim certamente parará em vários postos intermediários antes de chegar ao destino. Mas quais são os pontos intermediários que minimizam o custo de combustível e garantem que a encomenda chegue dentro do prazo? Como vimos no capítulo 6, em uma rede de comunicações devemos atravessar um número enorme de computadores intermediários para que nosso e-mail chegue até o destinatário. Encurtar o caminho não somente agiliza o envio da mensagem como minimiza a chance de que ela seja interceptada por um hacker à espreita. Em um processo industrial, na construção de um iPhone, por exemplo, o número de peças e processos é gigantesco. Na linha de montagem, devo colocar primeiro a câmera, o processador ou a memória? Assim como Teseu, a Apple certamente se interessaria em reduzir o tempo necessário para realizar um cálculo, de uma centena de anos para algumas horas, caso isso lhe valesse a economia de alguns milhões de dólares.

Embora o algoritmo de fatoração de números primos de Shor tenha sido o responsável por chamar a atenção para o computador quântico, é bem provável que quando essa máquina estiver à disposição, o algoritmo vá ter aplicações bastante limitadas. O algoritmo de busca de Grover, ao contrário, será amplamente utilizado. De fato, desde sua descoberta ele se tornou uma peça essencial para o desenvolvimento de vários novos tipos de protocolos quânticos.

Nos últimos anos, computadores quânticos passaram a encontrar aplicações em um dos temas mais em voga: a aprendizagem de máquina. Ao contrário da programação usual, na qual um ser humano tem que dizer ao computador o que fazer com os dados, no novo paradigma a máquina aprende por experiência própria. No arcabouço tradicional, alguém tem que escrever um programa que analise os dados de entrada e os converta em dados de saída, a resposta da nossa computação. Na aprendizagem de máquina, ao contrário, o computador é alimentado com dados de entrada e saída, chamados de dados de treino. Como resultado, a máquina cria por si só um programa capaz não só de descrever como associar os dados de entrada e saída com os quais foi treinada, mas também de processar novos dados. Para ilustrar, pense na tarefa de distinguir fotos de cães e gatos. No modelo convencional deveríamos escrever um complexo código analisando cada uma das partes da foto, buscando características próprias de um ou de outro animal — por exemplo, as orelhas menores dos felinos. Na aprendizagem de máquina, simplesmente alimentamos o algoritmo com vários exemplos de fotos classificadas, quer dizer, que especificam o animal ali contido, e com base nessa experiência prévia o computador cria um modelo capaz de identificar tanto essas fotos de treino quanto novas fotos às quais não foi exposto antes. Após um longo período de pouco interesse e poucos investimentos, chamado de o inverno da inteligência artificial, e que durou até meados da década de 1990, a aprendizagem de máquina tem crescido incrivelmente e se tornou indispensável para analisar a enorme quantidade de dados que geramos todos os dias.

Na base da grande maioria dos sucessos recentes estão as chamadas redes neurais, formadas de unidades básicas de computação: os neurônios. Pelo seu alto grau de interconectividade, o estado de cada neurônio depende do estado de vários outros neurônios na rede. Em particular, em uma rede neural profunda, há diversas camadas neuronais com complexos e dinâmicos padrões de conexões entre si. Pense, por exemplo, em uma rede neural desenhada para distinguir fotos de gatos e cães. A imagem a ser analisada é convertida em sinais que ligam ou desligam os neurônios da primeira camada da rede. A cada nova imagem usada para alimentar a máquina, as camadas neurais seguintes se estruturam dinamicamente com o intuito de codificar as informações presentes nas imagens, tais como formas geométricas e texturas. Na camada final, temos a resposta de nossa classificação; ou seja, com base em sua análise, a rede neural deve dizer se uma dada imagem de entrada corresponde a um gato ou a um cachorro.

Em nossos computadores clássicos, todas essas interconexões dinâmicas são codificadas em uma enorme matriz de números manipulada e modificada a cada nova interação da máquina com seus dados de entrada. Uma tarefa que o alto poder computacional de hoje nos permite fazer cada vez mais rápido e melhor. Mas, se comparadas ao poder computacional quântico, as máquinas clássicas empalidecem. A mecânica quântica é imbatível para armazenar e processar matrizes. Se você lembrar da nossa discussão no capítulo 2, as propriedades mesmas de um sistema quântico podem ser representadas por matrizes. Não só isso, mas também podemos usar o paralelismo quântico para codificar os neurônios e seus possíveis estados de forma muito mais eficiente.

Baseados nessa intuição, em 2008 o físico Seth Lloyd e colaboradores desenvolveram um algoritmo quântico capaz de resolver alguns problemas de álgebra matricial exponencialmente mais rápido que seus análogos clássicos. Não só o algoritmo era muito mais eficiente e podia ser usado em uma grande variedade de problemas em aprendizagem de máquina como também o número de operações lógicas necessárias era substancialmente menor do que em outros algoritmos quânticos, tal como o de Shor. Quer dizer, uma vez que a computação quântica poderia ser realizada muito mais rapidamente, ela seria possível mesmo em máquinas quânticas ruidosas e com alto grau de decoerência.

O próprio algoritmo de Grover também pode ser usado em variados problemas de aprendizagem que envolvam uma busca num banco de dados, como é o caso do chamado algoritmo de vizinhos próximos, amplamente empregado em problemas de classificação. Nesse caso temos uma aprendizagem de máquina híbrida, em que a máquina clássica é assistida por uma sub-rotina quântica. Algoritmos quânticos de otimização, que serão discutidos em mais detalhes no próximo capítulo, também passaram a encontrar amplas aplicações. Em 2009, por exemplo, o time da Google, liderado por Hartmut Neven, usou essa arquitetura híbrida e, mesmo que a máquina quântica fosse bastante ruidosa, ela conseguiu identificar com sucesso fotos de carros em um banco com milhares de imagens. Em uma aplicação mais recente, publicada na *Nature* em 2017, um grupo de pesquisadores usou uma técnica de otimização quântica, conhecida como anelamento quântico, para identificar o bóson de Higgs, a famosa partícula responsável por dar massa a todas as outras partículas elementares. A evidência de uma nova partícula, no entanto, nunca é direta. No caso do Higgs, cientistas aceleram e colidem prótons a grande velocidade e, olhando os destroços gerados, tentam encontrar evidências da presença do bóson. Essas colisões de partículas geram uma quantidade enorme de dados a serem analisados, tarefa para a qual a aprendizagem de máquina se tornou soberana. Curiosamente, mostrou-se que em algumas situações os algoritmos quânticos poderiam ser ainda mais eficientes que os métodos clássicos utilizados pelos especialistas em física de partículas até então.

No entanto, apesar de todos esses sucessos, o principal problema, que ainda é a pedra no sapato da maior parte dos algoritmos de aprendizagem de máquina quântica até hoje, é o fato de que a grande maioria dos dados que temos disponíveis não está codificada em superposições de estados quânticos, mas em bits clássicos armazenados em nossos computadores. Isso implica que os dados clássicos têm que ser transformados em dados quânticos para serem processados. E mais do que isso: é razoável imaginar que esses dados precisem ficar armazenados, nem que seja por um curto período, antes do processamento pelo computador quântico. Ou seja, precisamos de algo como uma memória RAM quântica, exigência que continua a ser um complicado problema tanto de física fundamental quanto de engenharia.

Podemos ver e controlar um único átomo?

O surgimento dos primeiros algoritmos quânticos capazes de superar seus análogos clássicos deu um grande impulso à computação quântica em meados da década de 1990 e sobretudo ao longo dos anos 2000. Com a grande visibilidade do tema, somada ao apoio generoso de financiadores privados e principalmente de agências públicas, mais e mais pesquisadores focaram a atenção no desenvolvimento da nova tecnologia. Mas como tirar do papel ideias revolucionárias e transformá-las em algo concreto e aplicável?

Como vimos no capítulo 4, os efeitos quânticos são extremamente frágeis devido à sua interação com o ambiente através do processo de decoerência. Tão frágeis que, pelo princípio da incerteza de Heinsenberg e o colapso da função de onda, o simples ato de observar um sistema quântico já é capaz de perturbá-lo de forma irreversível. Para um qubit processar informação da maneira correta, devemos mantê-lo isolado do mundo exterior. Mas, ao mesmo tempo, em algum momento, precisamos interagir com esses qubits, controlando-os e fazendo-os interagir entre si e, mais ainda, medi-los para recuperar o resultado de nossa computação. Uma tarefa excruciantemente difícil e que demandou avanços disruptivos na fabricação e no desenvolvimento de novos materiais e plataformas experimentais para o controle preciso de sistemas quânticos individuais.

Para que o computador quântico pudesse algum dia se tornar realidade, deveria voltar a acontecer algo parecido com o que ocorreu com os computadores clássicos. Apesar do caráter universal e teoricamente bastante simples da máquina de Turing, nenhum computador é construído seguindo esse modelo. Na prática, o chamado modelo de circuitos é o mais utilizado. Nele, qualquer algoritmo é implementado pela aplicação sequencial de um pequeno número de operações fundamentais, chamadas de portas lógicas. Por mais incrível que pareça, com apenas uma dessas portas lógicas é possível construir qualquer algoritmo em um computador clássico. É como se estivéssemos brincando de Lego. Com apenas alguns tipos básicos de tijolinhos construímos de naves espaciais a grandes castelos.

No caso da computação quântica, mostrou-se que a brincadeira de Lego também era possível. Combinando apenas quatro operações quânticas básicas poderíamos construir qualquer outra operação quântica, sejam os complicados processos de colisão em um acelerador de partículas, a complexa interação de spins em um material magnético ou o algoritmo de Shor para a fatoração eficiente. Das quatro operações, três são de um único qubit, capazes de girar arbitrariamente o estado quântico na esfera de Bloch (ver capítulo 6), e a quarta é aquela capaz de gerar emaranhamento entre dois qubits. Quer dizer, esses dois tipos de operações básicas — operações em um qubit e operações "emaranhantes" — bastam para obtermos qualquer outra operação, significando, portanto, que podemos realizar uma computação quântica universal.

Com o objetivo de viabilizar esse conjunto básico de portas lógicas quânticas, algumas dezenas de possíveis abordagens experimentais foram propostas e implementadas ao longo dos últimos anos. A grande dificuldade está no fato de precisarmos obter o controle individual de sistemas quânticos, algo que mesmo Schrödinger considerava impossível, como escreveu em 1952: "Não se realizam experimentos com partículas únicas, não mais do que se criam ictiossauros no zoológico". Nessa época, vários experimentos, principalmente com aceleradores de partículas, estavam sendo realizados e, de certa forma, detectando partículas quânticas individuais. Mas, como observou Schrödinger, tudo o que tínhamos eram traços e evidências indiretas dessas partículas, através das trajetórias e dos destroços deixados pelo choque violento entre elas. Como o francês Serge Haroche descreveu em seu discurso ao receber o prêmio Nobel de Física em 2012: "Nesses experimentos, a existência e propriedades [das partículas] eram deduzidas, por assim dizer, após sua morte".

Nem mesmo Bohr e Einstein, tão adeptos dos famosos experimentos imaginários com partículas quânticas individuais, poderiam prever que algum dia tal controle pudesse se tornar possível. Mas fora justamente isso que Haroche e o físico norte-americano David Wineland — que dividiu o Nobel com ele — alcançaram. Como descrito pela academia sueca em seu anúncio, a dupla estava sendo reconhecida "por métodos experimentais inovadores que permitiram a medição e manipulação de sistemas quânticos individuais".

A seguir, discutiremos quatro propostas experimentais para a construção do computador quântico: a ressonância magnética nuclear, circuitos ópticos, armadilhas de íons e os qubits supercondutores. Cada uma dessas plataformas tem vantagens e desvantagens. Mas somente algumas se mostraram promissoras o suficiente para a construção de um computador quântico em larga escala.

Uma das primeiras propostas para a construção do computador quântico se deu através da ressonância magnética nuclear, amplamente utilizada em exames que salvam milhares de vidas diariamente. Um artigo na revista *Science* em 1997 mostrava que essa técnica experimental também poderia ser empregada em computação quântica, codificando o qubit no spin nuclear de moléculas. Como o spin é uma espécie de bússola magnética, as operações lógicas de um único qubit poderiam ser obtidas facilmente através da aplicação de um campo magnético externo. Por sua vez, as operações lógicas emaranhantes, necessárias para uma computação universal, se davam pela interação entre spins que surgem naturalmente em alguns tipos de moléculas. Com efeito, tal sistema parecia bastante promissor. Com os avanços então recentes, a ressonância magnética já era utilizada para estudar proteínas complexas com alguns milhares de spins. Seria possível adaptar a tecnologia para a construção de sistemas quânticos controláveis cada vez maiores?

O principal problema para isso é o fato de que na verdade os qubits na ressonância magnética nuclear não são codificados em moléculas únicas, mas em uma coleção de mais de 1 sextilhão de moléculas. Na prática, é nessa coleção incrivelmente grande de spins individuais que a informação quântica está contida, um fraquíssimo sinal quântico magnético embaralhado em um envelope de ruído muitas ordens de magnitude maior do que o próprio sinal. Como os autores do artigo na *Science* viriam a reconhecer alguns meses mais tarde, a ressonância magnética nuclear muito dificilmente poderia ser utilizada para a computação quântica em larga escala. Felizmente, no entanto, a plataforma encontrou outras variadas aplicações em tecnologias quânticas, como máquinas térmicas quânticas, uma área de pesquisa para a qual os grupos liderados por cientistas brasileiros deram importantes contribuições nos últimos anos.

Outra plataforma experimental de grande importância no desenvolvimento inicial da computação quântica foram os fótons, as famosas partículas de luz teorizadas por Einstein ainda no começo da grande revolução quântica. Diferentes graus de liberdade do fóton podem ser utilizados para codificar a informação quântica, porém o mais usual é a polarização, descrita em mais detalhes no capítulo 3. A grande vantagem da polarização da luz é que operações de um único qubit podem ser implementadas com grande facilidade e acurácia, usando o que chamamos de placas de onda, dispositivos ópticos simples feitos de quartzo ou até mesmo de plástico. Em contrapartida, operações emaranhantes são muito mais difíceis de se realizar com fótons. Ao contrário de spins eletrônicos, que interagem naturalmente entre si, fótons são virtualmente invisíveis uns para os outros. Duas ondas de luz que se encontram podem gerar um padrão de interferência — as regiões claras e escuras descritas no capítulo 1 —, mas, após esse encontro breve, continuam sua propagação como se nada tivesse acontecido.

Para que dois fótons interajam e se emaranhem precisamos usar um meio material. Um cristal, por exemplo. Porém essa interação mediada entre os fótons é sempre probabilística: às vezes funcionará, mas na maioria das vezes será falha. Imagine uma longa computação quântica, com vários qubits e portas lógicas. Tudo dá certo até que, na hora de aplicar uma última porta emaranhante, todo o nosso esforço vai por água abaixo. Por esse motivo, logo se reconheceu que o emaranhamento fotônico de polarização não era uma plataforma escalável e confiável para a computação quântica. Como vimos, no entanto, fótons são a escolha óbvia para a comunicação quântica, não só porque eles viajam à velocidade da luz como porque podem fazê-lo mantendo suas propriedades quânticas por longo período de tempo.

O emaranhamento usado na comunicação quântica também é produzido através de cristais e de forma probabilística. Nesse caso, no entanto, a probabilidade deixa de ser um problema. Se quisermos gerar um par de fótons emaranhados para serem enviados a dois lugares distantes, basta que esperemos a operação emaranhante funcionar. Apesar da baixa probabilidade individual de cada evento emaranhante (algo em torno de um evento bem-sucedido para cada 1 milhão), se jogarmos um número grande de fótons em nosso cristal ainda assim podemos obter uma taxa grande de pares emaranhados. Mesmo em lasers que compramos em qualquer camelô temos algo como 1 quatrilhão de fótons emitidos por segundo, implicando que, mesmo com baixas taxas de conversão, é possível obter algo em torno de 1 bilhão de fótons emaranhados a cada segundo.

Vale notar que em 2001 um trio de físicos, Emanuel Knill, Raymond Laflamme e Gerard J. Milburn, mostrou que a computação quântica fotônica também seria possível mesmo sem a necessidade de complicados cristais emaranhantes, usando-se apenas elementos ópticos disponíveis no mais chinfrim dos laboratórios, tais como espelhos, placas de onda, divisores de feixes e fontes de partículas de luz. No chamado modelo KLM, os fótons passavam por todos os elementos ópticos arranjados para realizar um certo algoritmo quântico e no final eram absorvidos por detectores. Dependendo do padrão de detecção observado teríamos a certeza de que todas as portas lógicas, inclusive as emaranhantes, foram implementadas da forma correta. É o que chamamos de uma computação quântica não determinística, já que baseada na pós-seleção apenas do padrão correto de detecções.

FIGURA 7.1. Exemplo típico de uma mesa óptica usada, por exemplo, para a computação quântica fotônica.

O problema desse esquema é que, embora cada porta lógica tenha uma probabilidade alta de ser realizada com sucesso, quando precisamos implementar um número grande de portas em um certo algoritmo, a probabilidade total de que o algoritmo funcione de modo correto será exponencialmente pequena. É como se o ganho exponencial fornecido pela quântica no algoritmo de Shor, por exemplo, fosse obliterado por essa pós-seleção. Uma forma de evitar tais perdas seria o emprego de um esquema chamado de teleportação de portas lógicas. O que se propôs foi que, para evitar o acúmulo exponencial de erros, cada porta lógica fosse preparada individualmente e, somente após termos a certeza de que foi implementada com sucesso, ela se teleportasse para sua posição correspondente dentro do circuito quântico realizando nossa computação. "Teleportada?", você deve estar agora se perguntando. Pode parecer ficção científica, porém é mais um dos passes de mágica proporcionados pela mecânica quântica. Esse esquema de computação quântica, envolvendo fótons e teleportação de portas lógicas, teve algumas realizações experimentais, embora não tenham passado de provas de princípio, e dificilmente poderão ser escaladas para a real construção de um computador quântico com vários qubits.

Em termos de plataformas fotônicas, a mais avançada é aquela baseada em chips fotônicos, algo parecido com um chip de computador, mas que, em vez de ter delicados circuitos por onde viajam correntes elétricas, contém guias de onda pelas quais luz quântica é transmitida, transformada e detectada. A informação quântica é codificada em graus de liberdade contínuos — o análogo da posição e velocidade para uma única partícula, só que agora para ondas de luz. Elementos chamados de squeezers e interferômetros são usados para manipular e emaranhar essa luz, que é finalmente medida para registrar a resposta de um certo algoritmo de computação. Experimentos recentes mostraram que essa plataforma pode ser empregada para determinar o espectro de energia nas transições de uma molécula, algo central em química, mas também em variadas aplicações financeiras e de aprendizagem de máquina. De fato, uma importante startup de tecnologias quânticas, a Xanadu, é uma das pioneiras no uso prático dessa plataforma computacional.

Um dos esquemas mais animadores para a computação quântica nasceu em 1995, quando os físicos Ignacio Cirac e Peter Zoller mostraram como implementar portas quânticas usando íons atômicos aprisionados. Em um átomo neutro, o número de cargas positivas — os prótons em seu núcleo — é igual ao número de cargas negativas — a nuvem eletrônica que circunda esse núcleo. Em contrapartida, em um íon atômico há um desbalanço de cargas. Por exemplo, o íon Ca^{2+}, um átomo de cálcio com dois elétrons faltantes, tem um papel importante na bioquímica, atuando na transmitância neuronal, na contração de células musculares, na formação de ossos, na coagulação e em vários outros mecanismos fisiológicos.

No contexto da física, mostrou-se que íons podem ser aprisionados com alto grau de controle em regiões minúsculas do espaço. Na chamada armadilha de Paul, que levaria seu proponente, Wolfgang Paul, a receber o prêmio Nobel de Física em 1989, os íons são aprisionados através de campos elétricos oscilantes especialmente alinhados. O desenvolvimento subsequente permitiu que, combinadas com uma técnica conhecida como resfriamento por laser, essas armadilhas aprisionassem íons em temperaturas próximas ao zero absoluto, praticamente isoladas do seu ambiente e com seu movimento praticamente congelado. Dentro dessas armadilhas os íons conseguem manter suas propriedades quânticas por minutos, tempo incrivelmente longo para sistemas quânticos individuais. É possível, por exemplo, fotografar um único átomo preso dentro de uma armadilha. Um único átomo!

A alta robustez e o controle são características essenciais para qualquer algoritmo quântico, e, de fato, o qubit pode ser muito facilmente codificado nos níveis energéticos desses íons. Também é possível aplicar facilmente portas lógicas individuais, com o auxílio de campos eletromagnéticos externos. A medição, por sua vez, pode ser implementada pela incidência de um laser e observando-se a fluorescência do íon, quer dizer, o padrão luminoso emitido por ele. O problema central para que a plataforma fosse usada na computação quântica, no entanto, era como realizar uma porta lógica emaranhante. Esse foi o desafio resolvido por Cirac e Zoller.

Como eles próprios lembram: "Após várias tentativas, nós tivemos a ideia de fazer isso usando um barramento de fônons, um conjunto de graus de liberdade compartilhado por todos os qubits, algo que é utilizado hoje também por outras plataformas". O tal fônon mencionado por eles pode ser entendido como uma espécie de partícula, porém não uma partícula individual como elétrons ou prótons, mas uma que nasce do movimento coletivo de um conjunto de átomos. Através da incidência de lasers externos, os níveis energéticos do íon, nos quais o qubit é codificado, podem ser acoplados ao próprio movimento do íon. Assim, dois ou mais íons aprisionados dentro da mesma armadilha podem se comunicar através do seu movimento coletivo. Os fônons carregam a informação quântica necessária para fazer dois íons interagirem e se emaranharem.

Pouco depois da ideia luminosa da dupla Cirac-Zoller, a primeira demonstração experimental dessa porta emaranhante foi alcançada nos laboratórios do Nist, nos Estados Unidos, recorrendo-se a íons atômicos de berílio. Hoje são algumas dezenas os laboratórios ao redor de todo o mundo capazes de codificar e processar informação quântica com íons armadilhados. Até companhias privadas de tecnologia, como IonQ e Honeywell, têm computadores quânticos comerciais baseados nessa plataforma, considerada por muitos especialistas uma das mais oportunas para a computação quântica a médio e longo prazos. Em 2018, por exemplo, o grupo do austríaco Rainer Blatt conseguiu emaranhar, de forma completamente controlável, vinte desses íons atômicos. Antes disso, vários outros experimentos foram capazes de implementar provas de princípio de algoritmos de computação e simulação quânticas. Por exemplo, em 2012 realizou-se o algoritmo de Grover, isto é, uma busca num banco de dados quânticos de três qubits. Em 2015, o grupo de Blatt realizou o algoritmo de Shor para fatorar o número 15.

Falemos agora daquela que é considerada hoje a plataforma experimental mais promissora para a construção de computadores quânticos em larga escala, baseada nos qubits supercondutores.

Fenômenos elétricos são conhecidos desde a história antiga. No século VI a.C., o filósofo Tales de Mileto descobriu que, ao esfregar uma resina fóssil petrificada na pele ou na lã de animais, ela passava a atrair pequenos objetos como penas ou palhas. Essa resina, chamada de âmbar, *elektron* em grego, foi a precursora da eletricidade, uma força natural que, uma vez entendida e controlada pela humanidade, moldou nossa sociedade como nenhuma outra descoberta científica.

Assim como quando chutamos uma bola ela para depois de um tempo, pelo atrito com o ar e o chão em que toca, as correntes elétricas também "param", esvaem-se rapidamente. Para que a corrente continue a fluir pela rede elétrica em nossa casa e a alimentar a miríade de dispositivos eletrônicos conectados às tomadas, precisamos de uma fonte constante de energia, sejam as células solares presentes em um número cada vez maior de casas, seja a energia gerada em usinas hidroelétricas. Ao longo do desenvolvimento do eletromagnetismo no século XIX, logo se percebeu que essa resistência elétrica dos condutores era tanto menor quanto menor fosse sua temperatura. Em 1911, no entanto, o físico Heike Kamerlingh Onnes descobriria um fenômeno inesperado, que só poderia ser explicado pela mecânica quântica e pelo qual ele receberia o prêmio Nobel de Física em 1913: ao contrário do que a física clássica nos faria supor, a partir de uma temperatura crítica alguns condutores subitamente tinham sua resistência reduzida a zero. Quer dizer, contrariando o que estamos acostumados a pensar, uma corrente elétrica poderia perdurar de maneira indefinida em um fio, mesmo na ausência de uma fonte externa de energia.

Microscopicamente, a supercondutividade é explicada pelo que chamamos de pares de Cooper: um par de elétrons que se ligam a baixas temperaturas para formar uma nova partícula efetiva. Ao contrário dos elétrons, que são férmions (partículas com spin semi-inteiro), o par de Cooper é um bóson (partículas de spin inteiro), e assim não está limitado pelo princípio de exclusão de Pauli descrito no capítulo 2. Desse modo, os diversos pares de Cooper em um supercondutor podem todos ocupar o mesmo estado quântico e dar origem a um fenômeno coletivo que origina a supercondutividade, a qual é o que chamamos de um fenômeno quântico macroscópico, que se dá quando os sistemas quânticos microscópicos e individuais, no caso elétrons ligados em pares de Cooper, geram um efeito observável a olho nu. Caso você nunca tenha ido a uma feira de ciências, basta uma busca rápida na internet para encontrar uma das consequências mais famosas da supercondutividade: a levitação magnética, usada, por exemplo, nos trens-bala do Japão.

Aplicada à computação quântica, a supercondutividade deu origem a diversos tipos de qubits. Como os de fluxo, nos quais os qubits $|0\rangle$ e $|1\rangle$ são codificados no sentido de rotação da corrente dentro de uma espira supercondutora. E tal sentido de rotação pode estar em uma superposição, podendo ser encontrada, caso se faça a medição, girando tanto em sentido horário quanto anti-horário, e assim definindo um estado em superposição $|0\rangle + |1\rangle$. No caso dos qubits de carga, o qubit é codificado pela ausência ou pela presença de pares de Cooper em uma certa parte do circuito supercondutor. Do mesmo modo que no qubit de fluxo, é como se os pares de Cooper pudessem estar ausentes e presentes, gerando assim um estado em superposição.

Um caso particular dos qubits supercondutores de carga, chamado de Transmon, é particularmente eficiente em blindá-los dos efeitos ruidosos de cargas externas, e se tornou uma das implementações mais utilizadas dessa arquitetura, sendo a tecnologia embarcada nos computadores quânticos da IBM e da

FIGURA 7.2. O chip quântico Sycamore da Google, baseado em qubits supercondutores.

Google, por exemplo. Uma das grandes vantagens dos qubits supercondutores sobre as outras plataformas é o fato de que essa tecnologia é claramente escalável para um número cada vez maior de qubits. E o melhor: as operações quânticas podem ser realizadas controlando características macroscópicas do circuito supercondutor, tais como suas capacitância e indutância, propriedades de circuitos elétricos que, apesar de serem o terror dos meus estudantes que começam os cursos de engenharia, podem ser facilmente manipuladas.

Como veremos em mais detalhes no último capítulo deste livro, muito em virtude dos qubits supercondutores estamos agora entrando em uma nova era, em que plataformas experimentais finalmente nos permitem explorar a natureza em um regime que nem mesmo os maiores e melhores supercomputadores, os de agora ou do futuro, seriam capazes de penetrar.

Como corrigir algo que não se pode olhar?

Qualquer que seja a plataforma usada na construção de um computador quântico, ela estará inevitavelmente sujeita aos efeitos incontornáveis da decoerência. Mesmo que usemos o melhor e mais preciso qubit supercondutor, ainda assim teremos erros que precisarão ser corrigidos para que possamos confiar no resultado da nossa computação. E, segundo vários céticos da computação quântica, entre eles o matemático israelense Gil Kalai, esses erros fazem o computador quântico não passar de um sonho teórico, algo irrealizável na prática. Será?

Erros e sua correção são inerentes a qualquer sistema informacional. Pensemos em algum texto antigo, a Bíblia, por exemplo. Será que a versão que temos hoje é igual ou ao menos parecida com a versão original? Afinal, antes da máquina de impressão tipográfica inventada por Johannes Gutenberg no século XV todos os textos eram copiados manualmente por escribas e monges. Fosse por cansaço, pouca luz ou efeitos dos famosos vinhos beneditinos ou das cervejas trapistas, era inevitável que alguns erros se produzissem. E as cópias das cópias feitas ao longo dos séculos parecem nos deixar pouca dúvida de que mesmo os textos considerados sagrados devem ter mutado irreversivelmente — a menos que alguém tenha se preocupado em analisar e corrigir os erros. Este foi justamente o caso da Bíblia Hebraica: graças ao trabalho cuidadoso de escribas judeus, contando com precisão o número de palavras nas diferentes linhas e seções, conservou a acurácia do texto original através do tempo — fato que foi comprovado pela comparação dos textos modernos com os Manuscritos do Mar Morto, datando de 2 mil anos.

Mas foi somente com o surgimento dos computadores modernos que a correção de erros deixaria de ser um ato de paciência e arte para também se tornar uma ciência. Curiosamente, mesmo antes do nascimento da teoria da informação de Shannon códigos matemáticos de correção de erros já haviam sido propostos pelo pioneiro Richard Hamming. A ideia central de qualquer um desses códigos é a redundância, quer dizer, repetir a mesma informação o máximo de vezes possível. Por exemplo, ao falar seu nome ou um código para um atendente telefônico é sempre útil dizer algo como "A de abacaxi" ou "B de bola", pois, mesmo se a pessoa do outro lado não entender bem a letra, a palavra seguinte repetirá a informação, codificada em uma palavra facilmente reconhecível ainda que a qualidade da ligação não seja das melhores.

No contexto da comunicação binária, suponha que Alice queira enviar um bit, 0 ou 1, para Bob. Esse bit pode estar codificado em um pulso elétrico que seria facilmente perturbado por algum distúrbio eletromagnético em seu caminho. Ao receber o bit 0, por exemplo, Bob não tem como saber se o bit original enviado por Alice era realmente 0: talvez fosse um bit 1 que se tornou 0 por algum erro inesperado. Mas se a informação é feita redundante, mesmo que os erros aconteçam é possível detectá-los e, assim, corrigi-los. Alice registra sua informação no que chamamos de um bit lógico, que pode conter muitos bits físicos individuais. Por exemplo, quando ela quer enviar o bit 0, na verdade ela envia 000, uma sequência de três bits que repetem a informação original. Da mesma forma, se quer enviar o bit 1 ela codifica isso em três bits, 111. Na maioria dos casos, a chance de que um erro aconteça em um único bit é muito maior do que a chance de que ocorra em dois ou três bits. Imagine que Bob receba a sequência de três bits dada, por exemplo, por 100. Como não é nem a sequência 000 nem a 111, que codificam os bits 0 e 1, Bob pode ter certeza de que um erro aconteceu. Para que 000 se transforme em 100, apenas um bit tem que mudar. Em contrapartida, para 111 se tornar 100 dois bits teriam que ter sido afetados pelo ruído. Como o mais provável é que apenas um bit tenha sido modificado, a chance de que a mensagem original tenha sido 000 é maior do que a chance de ter sido 111. Ou seja, lendo os bits lógicos, Bob pode detectar se algum erro aconteceu e assim corrigir e recuperar a informação original.

A princípio poderíamos imaginar algo muito parecido para corrigir um bit quântico. Os problemas, no entanto, são vários. Ao contrário de um bit clássico, em que o único erro que pode ocorrer é o bit 0 se tornar 1, ou vice-versa, no caso quântico há uma infinidade de erros possíveis. Se temos um qubit $|\Psi\rangle = a|0\rangle + b|1\rangle$ codificado nos spins nucleares, a presença de um campo magnético externo pode, tal como no caso clássico, trocar os qubits $|0\rangle$ e $|1\rangle$, gerando o estado errôneo $|\Psi\rangle = a|1\rangle + b|0\rangle$. Caso o qubit esteja codificado em um íon aprisionado, a fonte dominante de ruído é o que chamamos de defasagem, originária de flutuações do campo magnético e da intensidade do laser que compõe a armadilha. Nesse caso, o qubit original $|\Psi\rangle = a|0\rangle + b|1\rangle$ é transformado em um qubit com uma fase (um sinal de menos) e dado por $|\Psi\rangle = a|0\rangle - b|1\rangle$. No caso do íon, podemos também ter o que chamamos de decaimento de amplitude. Devido à emissão espontânea de luz, um elétron no estado excitado pode decair para seu estado menos energético, implicando que o estado original $|\Psi\rangle = a|0\rangle + b|1\rangle$ deixa de estar em uma superposição, sendo dado por $|\Psi\rangle = |0\rangle$. E estes são só alguns exemplos.

O principal problema, no entanto, é que, ao contrário do caso clássico, se um erro acontece em um qubit não podemos simplesmente medi-lo para detectá-lo. Por exemplo, podemos usar o código de redundância descrito acima para codificar a informação original em três qubits de modo que $|\Psi\rangle = a|000\rangle + b|111\rangle$. Se a troca entre os qubits $|0\rangle$ e $|1\rangle$ ocorrer no primeiro qubit, teremos o estado $|\Psi\rangle = a|100\rangle + b|011\rangle$. Mas, ao medirmos o estado para identificar a presença desse erro, colapsaremos o estado para $|100\rangle$ ou para $|011\rangle$. Como a medição é um processo irreversível, a informação original presente nos coeficientes a e b terá se perdido para sempre. Como, então, corrigir infinitos erros possíveis sem nem ao menos sabermos quais deles aconteceram?

O primeiro a perceber como algo assim seria possível foi Asher Peres, aquele que aceitou um artigo sobre comunicação superluminal mesmo sabendo que a ideia devia estar errada. Em 1985, ele notou que, ao usar redundância para codificar logicamente os qubits, o que de fato estamos fazendo é distribuindo a informação quântica original de forma não local entre os qubits da nossa codificação. Quer dizer, a informação está agora no emaranhamento entre esses qubits, o qual pode ser utilizado para que façamos uma medição muito especial, em que identificamos se um erro ocorreu e qual foi ele, mas sem apagar a informação quântica original. Em seu artigo, no entanto, Peres se ateve somente a corrigir um tipo específico de erro; foi só dez anos depois que Peter Shor, o mesmo do algoritmo de Shor, adaptou o trabalho original de Peres para ser capaz de corrigir qualquer um dos infinitos erros possíveis.

Shor percebeu que qualquer um dos erros infinitos na verdade sempre poderia ser entendido como a combinação de um número finito de erros possíveis, os quais, uma vez corrigidos, garantiriam a correção de qualquer outro erro. Em seu código original, a informação de cada qubit devia ser codificada em nove outros qubits. Contudo, trabalhos posteriores mostraram que codificações ligeiramente mais eficientes seriam possíveis.

Erros são inevitáveis, mas, ao menos a princípio, pode-se corrigi-los. Contudo, quão pequena deve ser a probabilidade de que um erro aconteça para que a computação quântica seja realmente viável? Como o chamado teorema do limite quântico demonstrou, temos a garantia de que é possível haver uma computação quântica tão bem-sucedida quanto quisermos mesmo na presença de ruído, desde que esse ruído esteja abaixo de certo limiar. Como foi explicado pelo cientista da computação quântica Scott Aaronson, "o teorema do limite nos mostra que podemos corrigir os erros mais rapidamente do que eles são criados". Códigos de correção de erros, somados ao teorema do limite, mostraram que a computação quântica poderia ser algo real. Não havia barreiras fundamentais para a construção desses dispositivos, apesar de na prática ainda termos um problema de engenharia extremamente complicado de executar. Códigos modernos de correção quântica de erros nos permitem tolerar erros consideravelmente grandes, uma probabilidade em torno de 1% de que cada uma das portas lógicas do nosso computador quântico possa falhar. Para corrigir isso, no entanto, precisaríamos codificar cada um de nossos qubits em ao menos mil outros (e possivelmente mais).

Para se ter uma ideia da dificuldade do que estamos falando, para que o algoritmo de Shor quebre o protocolo de criptografia RSA contendo uma chave de 2048 bits, o mais utilizado na internet atual, precisaríamos de algo em torno de 10 mil qubits lógicos. Se cada um desses qubits lógicos consiste em mil outros qubits, precisaríamos de algo em torno de 10 milhões de qubits para quebrar a segurança do código RSA, e só assim tornar a internet o paraíso dos hackers quânticos. Algo que nem o mais otimista dos cientistas espera que aconteça nos próximos dez ou vinte anos. Mas, como veremos a seguir, não precisaremos esperar décadas para usufruir dessas incríveis novas máquinas. A revolução quântica já começou.

8. O futuro é quântico

Supremacia quântica

Em setembro de 2019, a capa da revista *Nature* estampava, em letras garrafais, um feito considerado por muitos como algo de um futuro distante e incerto. "Supremacia quântica: Supercomputadores clássicos superados por um chip quântico pela primeira vez". Seria o começo da era dos computadores quânticos? Uma época de cálculos antes impossíveis, da descoberta de novos materiais, drogas e compostos químicos? Estariam os códigos de criptografia da internet sob ataque, deixando vulneráveis os nossos segredos mais escondidos?

O feito do grupo de computação quântica da Google, liderado pelo físico John Martinis, certamente foi um divisor de águas na história da computação. Mas nem de perto marca o início de um admirável mundo novo dominado pelos algoritmos quânticos. Como vimos, para que os computadores quânticos possam realizar cálculos como o algoritmo de Shor ou buscas mais eficientes em bancos de dados, eles terão necessariamente que corrigir os inevitáveis erros que ocorrerão. E, apesar dos avanços recentes, a tecnologia atual ainda está muito distante do controle necessário para computações quânticas realmente práticas e de larga escala. Mas isso não significa que precisaremos esperar décadas para obter algum tipo de vantagem computacional quântica.

Com esse cenário em mente, o físico norte-americano John Preskill, um dos pioneiros desse campo de pesquisa, cunhou o termo "supremacia quântica" para descrever o ponto de virada em que máquinas quânticas poderiam fazer algo que os computadores clássicos não fazem. Para a supremacia quântica, não importa se a tarefa realizada é realmente útil ou não. Como analogia, vale lembrar os primeiros voos realizados por Santos Dumont e os irmãos Wright. Dificilmente alguém acreditaria que aqueles primeiros e desajeitados objetos voadores dariam origem a máquinas de dezenas de toneladas cruzando os céus a grandes velocidades. Com a supremacia quântica a ideia é a mesma. Provar possível aquilo que até então era considerado impossível. Mesmo que não sirva para nada.

Mas o que significa algo ser impossível quando falamos de computação? Achar os fatores primos de um número muito grande é uma tarefa muito difícil para um computador clássico, mas não impossível. Só que, para um número de 2048 bits, por exemplo, teríamos que esperar algumas idades do Universo antes de terminar nosso cálculo. A supremacia quântica não se refere, portanto, à realização de algo realmente *impossível*, mas do que seria, ao menos do ponto de vista prático, completamente irrealizável.

O problema resolvido pelo computador quântico da Google em 2019 é o que chamamos de um problema de amostragem aleatória. Podemos entendê-lo da seguinte forma: imagine que se queira convencer alguém, digamos um juiz, de que você de fato tem um computador quântico operacional, por exemplo algo em torno de cinquenta qubits e capaz de realizar portas lógicas em cada um desses qubits, assim como portas emaranhantes entre eles. Para verificar a história, o juiz gera um circuito quântico aleatório, um conjunto de operações lógicas que você deve implementar no seu computador. Após executar esse circuito, você deve medir os qubits e registrar o padrão de observações. Repetimos o procedimento alguns milhões de vezes e mandamos nossas observações ao juiz, que então aplica um teste estatístico nos dados gerados e pode confirmar com alto grau de precisão se realmente aplicamos o circuito quântico desejado.

Para ilustrar o que isso significa, suponhamos que você tenha um único qubit. Se após aplicar o circuito e logo antes da medição o estado do qubit é $|0\rangle$, então, com uma probabilidade de 100%, você obterá, após a medição, que seu qubit estava no estado $|0\rangle$. Mas se o qubit logo antes da medição estiver numa superposição $|0\rangle + |1\rangle$, a probabilidade de encontrá-lo no estado $|0\rangle$ passa a ser de 50%, a mesma de encontrá-lo no estado $|1\rangle$. No caso de mais qubits a coisa fica ainda mais interessante. Se o estado estiver emaranhado, por exemplo, $|00\rangle + |11\rangle$, a medição nunca encontrará os qubits nos estados $|01\rangle$ ou $|10\rangle$. Acontece que, se não fosse pela superposição e pelo emaranhamento, simular o padrão de medições de um circuito quântico seria algo fácil. Mais precisamente, a dificuldade escalaria polinomialmente com o número de qubits em nosso sistema. Mas se de fato temos um computador quântico, o estado gerado pelo nosso circuito estará em uma superposição e com um alto grau de emaranhamento entre os seus qubits. Tal como ondas num mar tempestuoso, alguns estados quânticos interferirão construtivamente e terão maior probabilidade de serem observados quando realizarmos uma medição. Outros sofrerão interferência destrutiva e nunca serão observados.

Tudo o que o computador quântico está fazendo é aplicar uma sequência aleatória, entretanto conhecida, de portas lógicas. Algo extremamente simples para a máquina quântica mas exponencialmente difícil para um computador clássico. O juiz a quem queremos convencer sabe, portanto, que nunca conseguiríamos gerar dados capazes de enganar os testes. Não com um computador clássico. No caso da Google, eles construíram um chip quântico com 53 qubits supercondutores, com o qual podiam aplicar, de forma totalmente controlada, basicamente qualquer circuito quântico gerado pelo tal juiz. O chip quântico, nomeado pela Google de Sycamore, precisou de apenas três minutos para aplicar o circuito aleatório um total de 5 milhões de vezes. Com esses dados, a Google foi capaz de passar nos testes estatísticos mais rigorosos, provando assim seu caráter genuinamente quântico. Mas como o juiz pode ter tanta certeza de que na verdade não usamos um supercomputador clássico para apenas simular os dados?

Quando falamos de complexidade da computação, o melhor que podemos fazer é estimar quanto tempo um problema demoraria para ser resolvido usando o melhor algoritmo já inventado. Mas isso não quer dizer que maneiras mais eficientes não possam ser encontradas. Foi justamente algo assim que aconteceu com o experimento da Google. Recorrendo ao método mais usual na literatura, a equipe estimou que a computação que eles haviam feito em apenas três minutos no chip Sycamore demoraria algo em torno de 10 mil anos se realizada em um supercomputador clássico. Segundo essas estimativas, o computador quântico era 10 bilhões de vezes mais rápido que seu análogo clássico.

Mas nem todos concordaram com essa estimativa. O grupo de computação quântica da IBM, por exemplo, discordou veementemente das conclusões de sua rival. Poucos dias após as notícias sobre a supremacia quântica se espalharem por todos os noticiários do mundo, a IBM argumentou que, se usasse toda a capacidade de sua máquina Summit, o supercomputador clássico mais poderoso do planeta, eles reduziriam os tais 10 mil anos para apenas três dias. Ainda assim, estamos falando de três minutos contra três dias, uma vantagem de mais de mil vezes. E mais que isso: estamos comparando o Summit, o mais poderoso supercomputador clássico, quase do tamanho de um campo de futebol, com um ainda rudimentar computador quântico não muito maior que um barril de cerveja. A comparação fica ainda mais absurda se levarmos em consideração a capacidade de armazenamento do supercomputador Summit: incríveis 250 petabytes de espaço no disco rígido, 250 mil vezes mais espaço que o laptop no qual digito este parágrafo. Isso é o que é preciso para simular um circuito quântico simples e aleatório atuando em apenas 53 qubits.

A supremacia quântica atingida pela Google se torna ainda mais impressionante se nos perguntarmos o que acontecerá se eles conseguirem aumentar o número de qubits no seu processador. Na estimativa do cientista da computação Scott Aaronson, aumentando apenas sete qubits, de 53 para 60, precisaríamos de 33 supercomputadores Summit para tentar manter o passo. Pulando para setenta qubits, precisaríamos de uma metrópole inteira de supercomputadores. E com um chip quântico de trezentos qubits ou mais, nem com todo o Universo recheado de supercomputadores daríamos conta do recado. Contra um crescimento exponencial não há o que máquinas clássicas possam fazer.

Embora a IBM tenha perdido essa primeira etapa na corrida da supremacia quântica, é importante ressaltar que ela desenvolveu um modelo de negócios arrojado e inovador para a computação quântica, usando a mesma tecnologia de qubits supercondutores da rival Google. O custo e a dificuldade de manutenção dessas máquinas fazem com que elas ainda sejam um artefato raro. E mais: o problema para sua popularização é que as primeiras versões, pelo menos até onde se saiba, não podem resolver nenhum problema que pudesse interessar à maioria dos usuários. Quem seria maluco de investir milhões para comprar um computador que ninguém sabe direito para que serve?

Tendo isso em mente, a IBM criou o IBM Quantum Experience, uma plataforma em que qualquer pessoa conectada à internet pode utilizar os computadores quânticos da empresa. Não há maneira melhor de descobrir para que seu produto serve do que disponibilizá-lo de graça para milhares, quem sabe até milhões, de potenciais usuários. Com essa jogada de mestre, vários interessados passaram a testar e usar as máquinas quânticas da IBM. E, no processo, descobriram-se novas aplicações, tanto em ciência fundamental quanto em potenciais usos práticos.

Tendo milhares de pessoas com os mais variados interesses usando suas máquinas diariamente, a IBM pôde também otimizar e melhorar sua performance e criar um portfólio de aplicações que hoje abarca o setor financeiro, a aeronáutica e até mesmo a indústria farmacêutica. A supremacia quântica para tais aplicações ainda não foi alcançada e é apenas uma prova de princípio mostrando o que podemos esperar no futuro. Mas os sucessos recentes dos qubits supercondutores nos mostram que isso talvez aconteça muito antes do que o imaginado. Em 2020 a IBM anunciou uma nova máquina com 65 qubits, em 2021 passou a barreira dos cem qubits e prevê que até 2023 consiga construir um computador ultrapassando a barreira dos mil qubits. Nesse limite próximo, nenhum supercomputador, sejam os de agora ou os do futuro, serão páreo para combater alguns algoritmos quânticos.

Quantum Startups

Quando comecei a trabalhar nessa área de pesquisa, em meados de 2002, os computadores quânticos não eram muito diferentes dos experimentos imaginários de Einstein. Elaborávamos complexos algoritmos de computação e elucubrávamos sobre as implicações do emaranhamento para a segurança da informação e em protocolos de comunicação mais eficientes. Sempre em nossas mentes ou em algum pedaço de papel. Máquinas quânticas reais com número maior que dois ou três qubits eram algo completamente inimaginável. Mesmo o especialista mais otimista não imaginaria que depois de uma década estaríamos falando de dispositivos com dezenas, logo centenas, de qubits. Naquela época, somente os mais corajosos e persistentes conseguiam sair do mundo das ideias e implementar suas ruminações teóricas em um laboratório real. Emaranhar dois qubits na prática demandava anos de dedicação, várias teses de mestrado e doutorado. Hoje, mesmo os estudantes mais jovens e em começo de curso já podem manipular uma máquina quântica com mais de uma dezena de qubits. Do conforto de casa, sem precisar passar noites em claro em um laboratório frio e sem janelas, e sem apertar um parafuso sequer. Qual foi o grande salto tecnológico dado nesse curto meio-tempo?

De uma ideia estapafúrdia no começo da década de 1980 aos avanços teóricos meteóricos entre os anos 1990 e 2000, foi somente na última década que a computação e a informação quânticas se tornaram a nova vedete tecnológica, com hype somente comparável ao da inteligência artificial. Como é comum a várias outras ideias revolucionárias, o ponto de inflexão para tornar as tecnologias quânticas algo real foram os investimentos do capital privado.

A liberdade acadêmica de cientistas nas universidades e centros de pesquisa de todo o mundo é essencial para que novas ideias sejam gestadas. Dificilmente alguém que trabalhe em uma indústria ou no setor financeiro, por exemplo, teria o tempo e o incentivo para pensar em conceitos tão abstratos como o que aconteceria ao se juntar computação e informação com mecânica quântica. Quando os cientistas das universidades não estão ocupados com tarefas mais mundanas — aulas, orientação de alunos, comitês, palestras, escrita, submissão de projetos ou respondendo a processos que põem em xeque sua liberdade de expressão —, de pronto suas mentes se põem a imaginar mundos e futuros alternativos. A existência de vida extraterrestre, a cura do câncer, os efeitos das mudanças climáticas ou até o que acontece dentro de um buraco negro. A liberdade de um cientista para escolher e poder fazer suas perguntas fundamentais é essencial para que o conhecimento avance. Não fossem algumas mentes libertas e brilhantes a adentrar cada vez mais nos mistérios do Universo, dificilmente a quântica teria sido descoberta, e estaríamos aqui ainda a falar de máquinas a vapor ou algum truque eletromagnético barato.

Ao contrário do que parte da mídia e da classe política quer nos fazer crer, essa divagação científica fundamental não acontece sem o apoio irrestrito de governos e da sociedade. Seja aqui no Brasil, nos Estados Unidos ou na China, a ciência fundamental é majoritariamente financiada por recursos públicos. Com raras mas importantes exceções, nenhuma empresa pagará um cientista altamente qualificado, possivelmente um dos maiores especialistas em sua área, para divagar sobre questões científicas sem uma aplicação óbvia e imediata. O investimento público é essencial para que exploremos novas possibilidades. Algumas — talvez a maior parte — vão nos levar a becos sem saída ou talvez a respostas de interesse apenas para alguns outros especialistas. Mas invariavelmente descobriremos coisas novas e grandiosas, sejam teorias físicas que mudam radicalmente nossa percepção do Universo, sejam novos medicamentos e exames capazes de salvar muitas vidas, sejam outros materiais e fontes energéticas para um futuro mais limpo e menos desigual.

O investimento público, no entanto, também tem limites. Uma vez que um fenômeno é descoberto e experimentos se mostram viáveis para uma nova tecnologia, a parceria público-privada se torna inevitável. Mesmo em países em que a ciência é realmente levada a sério, dificilmente um cientista, por mais famoso e revolucionário que seja, receberá recursos públicos suficientes para transformar sua ideia em algo comercializável em grande escala. Investimentos públicos vultosos em um único projeto contrariariam a premissa básica de que a ciência fundamental deve ser diversa e não restrita a uma única linha vigente de pensamento. Mesmo em países europeus, é difícil que o projeto de um único grupo de pesquisa receba mais que 2 milhões de dólares durante um período de cinco anos. Projetos em larga escala, envolvendo centenas de cientistas, dezenas de grupos de pesquisa e universidades, podem receber quantias mais vultosas, na casa das dezenas ou centenas de milhões de dólares. Contudo, mesmo nesses casos essas quantias acabam pulverizadas em diversas linhas de pesquisa complementares. Pode parecer muito dinheiro, mas não é bem assim. Para se ter uma ideia, a construção de uma fábrica de chips de computadores, tecnologia já antiga e dominada, requer algo em torno de 10 bilhões de dólares. Dentro desse quadro mais amplo, não podemos esperar que os acanhados aportes públicos sejam suficientes para materializar uma nova tecnologia tão complexa quanto a computação quântica. Os investimentos em pesquisa do setor privado são imprescindíveis nessa tarefa. Felizmente, algo que já começou a acontecer.

Fundada em 1999, a D-Wave foi a primeira empresa privada a construir e comercializar computadores quânticos. Entretanto, e apesar de terem parcerias comerciais com empresas como Google, Nasa e Lockheed Martin (companhia aeroespacial, de defesa e segurança, e também fabricante de armas e máquinas de guerra), sempre houve muita desconfiança da comunidade acadêmica sobre os feitos da D-Wave. Em 2011, enquanto a maior parte dos laboratórios do mundo ainda lutava para controlar sistemas com dez qubits ou menos, eles anunciaram o D-Wave One, descrito como "o primeiro computador quântico comercial do mundo", usando um conjunto de chips com

128 qubits supercondutores. Desde então, os cientistas da D-Wave têm aumentado de forma extraordinária o número de qubits em suas máquinas, atingindo mais de 5 mil qubits em sua última atualização, em 2020. Será que eles estariam tão à frente de todos os outros laboratórios ao redor do mundo? Seriam os computadores da D-Wave realmente quânticos?

A primeira coisa a se observar é que as máquinas da D-Wave não são computadores quânticos universais, e sim máquinas especializadas em resolver alguns tipos de tarefas — problemas de otimização, em que o objetivo da computação é encontrar o valor mínimo ou máximo de certa função. Por exemplo, encontrar a configuração mais estável de um complexo proteico, aquela que minimiza sua energia. Ou, ainda, resolver o famoso problema do caixeiro-viajante. Mesmo antes dos primeiros computadores da D-Wave, já se sabia que vários desses problemas de otimização podem ser reduzidos à questão de se encontrar o estado fundamental, aquele menos energético, de um sistema de spins interagentes. E nada melhor do que uma máquina quântica para implementar, ou mesmo simular, esses spins.

Através do chamado anelamento quântico, podemos encontrar esse estado menos energético de forma muito mais rápida do que usando-se computadores clássicos. Basicamente começamos com a máquina quântica em um estado fundamental bastante simples, por exemplo o estado menos energético de spins não interagentes. Aos poucos aumentamos as interações entre os spins; e, passado algum tempo, atingiremos a situação que descreve o nosso problema de otimização, envolvendo uma interação mais forte e complexa entre os spins. Pelas regras da mecânica quântica, temos a garantia de que, embora o sistema quântico tenha mudado drasticamente, de um cenário sem interações para outro, em que elas podem ser bastante fortes, ainda assim estaremos no estado menos energético do sistema, justamente aquele que carrega a resposta para o problema de otimização que queremos resolver.

O grande passo dado pelas máquinas quânticas da D-Wave foi atingir a capacidade de controlar os qubits individualmente e regular suas interações. Apesar de toda a controvérsia e de certamente não ser um computador quântico universal, vários resultados promissores foram alcançados nos últimos anos, desde a simulação quântica de processos químicos a problemas de aprendizagem de máquina e inteligência artificial, e até mesmo problemas mais mundanos, como o controle do tráfego automotivo em grandes cidades. Em todas as aplicações, no entanto, nunca ficou evidente que a supremacia quântica tenha sido alcançada. Para ilustrar, em um resultado de 2015 eles mostraram que sua máquina D-Wave 2x, contendo mais de mil qubits, era capaz de resolver algumas otimizações com até 100 milhões de vezes mais velocidade que um popular algoritmo clássico implementado em um computador de mesa. Esse ganho notável não se mantinha, no entanto, se utilizássemos outros algoritmos clássicos bastante conhecidos, e, com efeito, se mostrou completamente obliterado quando pesquisadores desenvolveram novos códigos especializados em resolver o problema enfrentado pela equipe da D-Wave. O fato de computadores quânticos, universais ou não, terem estimulado novos avanços na computação puramente clássica é algo interessante e um produto não esperado dessa revolução.

Em 2016, os pesquisadores Iordanis Kerenidis e Anupam Prakash encontraram um algoritmo quântico exponencialmente melhor que qualquer outro algoritmo clássico conhecido. E o melhor: para uma aplicação que não interessaria somente às agências de segurança ou aos grandes conglomerados industriais ou científicos. Era uma tarefa que afeta uma parcela grande da população diariamente: qual filme ou série devo assistir na Netflix? Certamente não sou o único a passar vinte minutos escolhendo um título e logo em seguida perceber que aquela não foi a melhor opção. Para nos auxiliar nessa empreitada, a própria Netflix tem um sistema automatizado de recomendação, baseado não somente nas nossas escolhas, mas também no padrão de visualização de todos os outros usuários. O objetivo é predizer o que gostaríamos de assistir na sequência. É o chamado problema da recomendação; ou, simplesmente, problema da Netflix. Suas aplicações não se restringem a plataformas de filmes ou músicas. Por exemplo, a Amazon certamente gostaria de descobrir o que lhe oferecer depois que você comprou um livro de divulgação sobre informação quântica. Talvez outro título de divulgação científica? Espero que não seja um livro sobre "cura quântica".

Podemos entender o problema da Netflix como um problema matricial. Cada usuário seria uma linha e cada filme ou série, uma coluna dessa matriz. Para cada entrada da matriz, a Netflix tem a informação de se você assistiu e gostou de um dado filme. E, com base nisso, eles gostariam de completar o resto da matriz, quer dizer, predizer se você gostará ou não dos títulos aos quais ainda não assistiu. Algo que pode ser feito analisando-se as similaridades entres os usuários e os títulos disponíveis. Pode parecer razoável imaginar que alguém que só tenha assistido a documentários e filmes cult não vá querer assistir a uma comédia trash. Mas nosso gosto pessoal pode ser bastante eclético. Se outros usuários intelectualizados também assistiram a comédias, talvez seja uma boa ideia ofertar *Zombieland* em vez de mais um documentário inteligente e sem graça.

Mesmo em computadores clássicos, esse não é um problema difícil, já que sua complexidade escala polinomialmente com o tamanho da matriz. Ainda assim, na prática pode ser um problema bastante complicado se a base de dados for grande. É o caso da Netflix, que tem mais de 200 milhões de usuários em todo o mundo e mais de 5 mil títulos disponíveis. Ou seja, em sua análise, a Netflix tem a princípio uma matriz com cerca de 1 trilhão de entradas. Mesmo para algoritmos muito eficientes, esse pode ser um problema bastante difícil. Se pensarmos na Amazon e em sua infinitude de usuários e produtos, vemos que logo o problema se torna impraticável.

O algoritmo de Kerenidis e Prakash, no entanto, poderia fazer os mesmos cálculos de forma exponencialmente mais rápida, já que sua complexidade computacional é logarítmica com o tamanho da matriz, permitindo assim a análise de bancos de dados gigantescos. Eles desenvolveram uma maneira de separar os usuários em subgrupos e, em vez de usar todos os dados disponíveis, empregaram a mecânica quântica para escolher aleatoriamente apenas uma pequena parcela dos dados. A impressão geral entre os cientistas era de que este era apenas um dos muitos exemplos de algoritmos quânticos ultraeficientes que viriam a seguir. Por exemplo, problemas de aprendizagem de máquina tipicamente envolvem operações matriciais, e, dado que a própria teoria quântica pode ser entendida como uma teoria matricial (ver capítulo 2), esta parecia ser a parceria perfeita.

As esperanças viriam a se dissipar quando Ewin Tang, de dezoito anos, conheceu Scott Aaronson, que lhe propôs provar que nenhum algoritmo clássico seria páreo para o algoritmo quântico de Kerenidis e Prakash. Para a surpresa geral, no entanto, ela demonstrou o contrário. Tang, que com apenas catorze anos pulara algumas séries da escola e se matriculara na universidade de Austin para estudar matemática e ciência da computação, se apropriou do algoritmo quântico e o transformou em uma versão clássica para resolver com a mesma eficiência o problema da Netflix. Basicamente, o que ela evidenciou foi que a parte quântica do algoritmo relativa à seleção aleatória de apenas parte dos dados da matriz também poderia ser feita em um computador clássico.

De um certo ponto de vista, Ewin Tang jogou por terra um dos algoritmos quânticos mais interessantes na literatura, não só por seu aparente benefício exponencial, mas também por ser um problema de ampla aplicabilidade. Visto por uma ótica mais positiva, o resultado de Tang foi uma demonstração clara das vantagens de se pensar quanticamente sobre a computação. Ela nunca teria bolado a solução a que chegou não fosse a existência de um análogo quântico. E o seu algoritmo não foi o único, o primeiro nem o derradeiro. Ao longo dos últimos anos, mais e mais exemplos de algoritmos clássicos inspirados por ideias quânticas têm surgido. Uma forma realmente nova de se entender e programar os computadores. Quânticos ou não.

Quando falamos de computadores quânticos, a primeira pergunta que nos vem à mente é se, e quando, eles substituirão os nossos computadores usuais. A verdade é que isso nunca acontecerá. Mesmo num futuro em que computadores quânticos de milhares ou milhões de qubits já sejam uma realidade, sempre haverá espaço para os computadores atuais. Ao longo de décadas de investimentos, pesquisa e experiência, os computadores clássicos se tornaram otimizados para executar uma vasta gama de tarefas, como cálculos pesados, edição e visualização de texto ou entretenimento. Da mesma forma que não precisamos usar um supercomputador para a grande maioria de nossas tarefas diárias, também não precisaremos de um computador quântico.

Este será reservado para tarefas específicas, aquelas em que as bizarrices quânticas realmente ofereçam uma grande vantagem computacional. Podemos antever arquiteturas híbridas nas quais teremos tanto um processador clássico usual quanto uma unidade quântica, muito mais cara e complexa. Algo similar aconteceu com as placas de vídeos, as famosas e caras GPUs. Elas passaram a integrar qualquer bom computador, mas as tarefas que executam são limitadas; a menos que você esteja fazendo algum cálculo pesado em paralelo ou jogando a última novidade do mundo dos games, é bem provável que ela fique grande parte do tempo repousando em sua máquina. A Samsung, por exemplo, lançou recentemente o smartphone Galaxy Quantum, um telefone usual, mas com a diferença de contar com um chip integrado desenvolvido pela ID Quantique, empresa que, como vimos, foi responsável por implementar a criptografia quântica para garantir a segurança das eleições. Esse novo chip é um gerador quântico de números aleatórios e pode ser usado justamente para aumentar a segurança em protocolos criptográficos.

Outra possibilidade é a de que nossos computadores ou smartphones sejam puramente clássicos e apenas tenham os aplicativos necessários para operar remotamente algum computador quântico na nuvem. Além dos da IBM, há vários outros computadores quânticos rudimentares em operação. Empresas como a IonQ ou a Honeywell oferecem tempo em seus computadores quânticos baseados em íons aprisionados; na Xanadu você pode comprar tempo em um computador quântico baseado em chips fotônicos. O número de arquiteturas e de máquinas disponíveis tem crescido substancialmente nos últimos anos. E nem é necessário ser um especialista em algoritmos quânticos. Empresas de consultoria como Multiverse, Cambridge Quantum Computing, DualQ (da qual sou um dos fundadores) e muitas outras estarão disponíveis para entender o seu problema e saber se de fato haverá vantagem em ele ser executado em algum dos vários computadores quânticos do mercado.

Em algumas situações fará mais sentido ter uma máquina quântica exclusiva. Esse é o caso da Cleveland Clinic, nos Estados Unidos, que adquiriu um dos computadores quânticos da IBM, tornando-se a primeira a ter acesso ao Big Blue's Quantum System One. Com um investimento de meio bilhão de dólares e o auxílio de supercomputadores clássicos e inteligência artificial, o objetivo dessa parceria é a pesquisa biomédica e a síntese de novas moléculas, de farmoquímicos e potenciais novas drogas.

O mais provável é que, à medida que os computadores quânticos ficarem melhores, mais baratos e difundidos, novas aplicações ainda não antecipadas sejam descobertas. Se lembrarmos que Thomas Watson predisse, na década de 1940, que haveria um mercado mundial para talvez cinco computadores, e que Bill Gates afirmou que não mais que 640 kilobytes de memória seriam suficientes para todos (hoje os computadores pessoais podem chegar a 128 gigabytes de memória), o mais apropriado talvez seja evitar fazer qualquer exercício de futurologia.

O que podemos afirmar sem medo de errar é que as tecnologias quânticas chegaram para ficar. E vão mudar de forma irreversível o modo como processamos e entendemos a informação.

Sensitividade quântica

Por mais cuidadosos que sejamos, qualquer medição que façamos sempre terá uma precisão finita. Pense naquele exemplo de um radar na estrada. Mesmo que você esteja a uma velocidade um pouco acima da máxima permitida, é provável que não receba uma multa. Não porque as autoridades sejam lenientes, mas pelo fato de o aparato de medição de velocidade ter sempre uma margem de erro e imprecisão. Se um radar tem uma precisão de 5 km/h, uma medição que indique 52 km/h pode na verdade estar na faixa entre 47 km/h e 57 km/h. Ou seja, mesmo que a velocidade máxima fosse de 50 km/h, o estado não poderia aplicar a multa, já que, dentro da margem de erro, você não teria violado nenhuma regra.

Para reduzir essa incerteza devemos realizar um teste estatístico, quer dizer, repetir o mesmo experimento muitas vezes. Imagine que lhe é dada a seguinte tarefa: determinar se uma moeda (usada, por exemplo, no começo de um jogo de futebol) é ou não viciada. De uma moeda não viciada esperaríamos que, na metade das vezes, ela dê cara e na outra metade, coroa. Jogando a moeda apenas uma vez não podemos dizer nada. Se a jogarmos duas vezes, temos 50% de chance de obter duas faces iguais (duas caras ou duas coroas). Se nos limitarmos a apenas duas jogadas, haverá uma grande chance de concluir que a moeda é viciada sem que isso seja verdade. Entretanto, quanto mais vezes jogarmos a moeda, mais próximos estaremos de estimar seu real comportamento. Essa é uma consequência da famosa lei dos grandes números. Quanto mais repetirmos certo experimento, menores serão as flutuações estatísticas e mais próximos dos seus valores reais estarão os valores médios que obtemos com o experimento.

Quanto maior for o número de repetições, mais precisamente poderemos estimar a nossa quantidade de interesse. O erro na nossa estimativa é inversamente proporcional à raiz quadrada do número de repetições, o que chamamos de limite do ruído de tiro, uma nomenclatura motivada pela natureza discreta da radiação (ver capítulo 1) e que pode ser ouvida como ruídos granulares ou de tiro em um contador Geiger medindo a radiação presente. No contexto da mecânica quântica, essa consequência da lei dos grandes números ficou conhecida como limite quântico padrão, pois, até onde se sabia, esse limite também se aplicava aos fenômenos quânticos. Entretanto, ainda na década de 1980, começou-se a perceber que na verdade o limite quântico padrão não explorava todos os possíveis efeitos quânticos. Em particular, mostrou-se que um tipo bastante peculiar de luz, chamada luz de estado comprimido, poderia violar esses limites e assim atingir um grau maior de precisão em medidas interferométricas. Para entender o que é um interferômetro e como ele pode nos ajudar a medir distâncias de maneira muito precisa, falemos brevemente do maior e mais famoso interferômetro do mundo: o Laser Interferometer Gravitational-Wave Observatory (Ligo).

No começo de 2016 as capas de jornais de todo o mundo estamparam o grande feito científico da década: a detecção das ondas gravitacionais, previstas há quase um século pela teoria da relatividade geral de Einstein. Ao contrário de ondas se propagando pelo mar, estas são perturbações do próprio espaço-tempo, produzidas por eventos grandiosos e catastróficos no nosso Universo, tal como a colisão de buracos negros. E, por serem perturbações minúsculas, mesmo as ondas gravitacionais mais fortes deslocam o espaço por distâncias que chegam a ser milhares de vezes menores que o tamanho de um átomo. Certamente não poderíamos medir algo assim com uma régua escolar.

Para acessar esse nível de detalhe e precisão usamos um interferômetro. Ele basicamente consiste em um divisor de feixes que separa a luz incidente entre dois possíveis caminhos (os braços do interferômetro) que se recombinam mais adiante em um único feixe, que é então medido com detectores de luz. Podemos entender um interferômetro como uma versão alternativa do experimento da fenda dupla. Dependendo da diferença entre os caminhos percorridos pelos dois braços do interferômetro, teremos padrões de interferência distintos. Quer dizer, se uma onda gravitacional atravessou um dos braços alongando ou achatando seu comprimento, isso poderá ser observado na interferência dos feixes luminosos.

A precisão de um interferômetro depende fortemente do seu tamanho. No caso do Ligo, os quatro quilômetros de seus braços garantem a detecção de variações em distâncias 10 mil vezes menores que o tamanho de um próton. É como se pudéssemos medir a distância da Terra até Alpha-Centauri, a estrela mais próxima do nosso Sol (a mais de quatro anos-luz de distância), com uma variação de precisão menor que a largura de um fio de cabelo. Para se aumentar a precisão, injeta-se luz quântica comprimida no interferômetro do Ligo, garantindo assim uma acuidade ainda maior do que aquela limitada pela física clássica e pela lei dos grandes números.

Com os trabalhos precursores do físico norte-americano Carlton Caves, percebeu-se que essa precisão quântica era ainda mais geral. Mostrou-se que a única restrição imposta pela quântica era o princípio da incerteza, razão pela qual a limitação fundamental da natureza é conhecida como limite quântico de Heisenberg. Explorando a superposição, mas sobretudo o emaranhamento quântico, podemos obter ganhos quadráticos em precisão, um resultado de variadas aplicações práticas, não só em interferômetros, mas também em tomografias e outros imageamentos biológicos, microscopia e magnetometria. E o ganho vai além da precisão.

Usando o emaranhamento é possível fazer o imageamento fantasma, ou seja, tirar uma foto olhando para um feixe de luz que nunca interagiu e nem sequer tocou o objeto fotografado. Uma aplicação óbvia dessa técnica é na biologia. Como os fótons emaranhados não precisam ter a mesma energia, podemos tirar fotos de amostras biológicas sensíveis enviando fótons de baixa energia sobre eles, mas usando seu par emaranhado, de maior energia, para obter uma imagem de maior resolução. Pode parecer incrível, mas o imageamento fantasma não existe apenas em teoria. Um experimento que demonstrou a utilidade prática dessa técnica quântica foi realizado em 2014 na Áustria, em um estudo capitaneado pela física brasileira Gabriela Barreto Lemos, hoje professora da UFRJ.

Como demonstrado pelo exemplo do Ligo e do imageamento fantasma, a metrologia quântica já é uma realidade. Outro caso fantástico é o Dark Ice, um magnetômetro quântico feito de diamante sintético, do tamanho de um grão de sal, lançado pela Lockheed Martin em 2019. Esse diamante sintético é o que chamamos de um centro NV (do inglês *nitrogen-vacancy*, vacância de nitrogênio), uma rede cristalina onde algumas ausências de carbono são acopladas a átomos de nitrogênio. Quando esses centros de NV são iluminados por um laser, a luz que eles emitem de volta depende fortemente do campo magnético que os circunda. Olhando para a luz emitida pelo diamante, podemos determinar de maneira muito precisa tanto a direção quanto o módulo do campo magnético externo. Por ser miniaturizada, essa tecnologia quântica pode ser facilmente embarcada em qualquer outro dispositivo e usada para navegação em regiões sem a cobertura de um satélite (necessário para a localização via GPS comum).

Juntamente com a comunicação e a criptografia quânticas, o sensoreamento quântico deixou de ser apenas uma atividade puramente acadêmica, envolvendo pesquisas e parcerias entre universidades e indústrias, cientistas e engenheiros. Um exemplo muito claro da real potencialidade das tecnologias quânticas.

O Brasil também é quântico... ou não?

Podemos — mas não deveríamos — nos surpreender ao saber que o Brasil desempenhou um papel importante no desenvolvimento da informação e da computação quânticas. Apesar de ser uma pesquisa multidisciplinar, na maior parte de sua recente história ela foi dominada e praticada majoritariamente dentro da física. E a física, podem acreditar, sempre foi uma área de excelência científica no nosso país.

Em meus estudos de física em diversas universidades e institutos brasileiros, sempre tive a sorte de ter professores incríveis, com vasta experiência e renome internacional. Nos intervalos entre as aulas ou naquela cerveja gelada do final do dia, era comum os professores nos contarem suas experiências pessoais e profissionais, muitas delas em colaboração com cientistas famosos e ganhadores do prêmio Nobel. No meu mestrado no Centro Brasileiro de Pesquisas Físicas (CBPF), no Rio de Janeiro, eu era constantemente inspirado pelas fotos e histórias contadas em suas paredes. Elas incluíam cientistas de grande expressão como César Lattes, peça essencial no descobrimento de uma nova partícula subatômica, o píon — uma descoberta que laureou um colaborador de Lattes, o físico Cecil Powell, com o prêmio Nobel, mas que por motivos ainda não esclarecidos deixou de fora a contribuição do brasileiro.

Não era incomum recebermos em nossos auditórios os maiores nomes da física da época. Lembro-me claramente da palestra de Cohen Tannoudji, Nobel de Física por suas descobertas no resfriamento a laser e no aprisionamento de átomos. O professor Tannoudji também é autor de um livro famoso de física quântica, usado em praticamente todas as universidades do mundo. Para os estudantes brasileiros, no entanto, custava muito caro (mesmo hoje, quem quiser adquiri-lo terá de desembolsar uma boa quantidade de dinheiro), razão pela qual grande parte dos alunos, eu incluído, tinha apenas cópias do original. Após a palestra, foi grande a surpresa de todos os presentes quando um estudante se aproximou e pediu um autógrafo do grande cientista em uma dessas cópias. Após fazer uma cara um tanto desconcertada, Tannoudji sorriu e deixou uma dedicatória naquela versão surrada do seu livro, no que haveria de se tornar uma parte curiosa da história do nosso departamento.

Em outra palestra estrelada, contamos com a presença de Serge Haroche, também ganhador do Nobel de Física e colaborador de longa data do meu orientador de doutorado, o professor Luiz Davidovich. No dia anterior à palestra de Haroche, eu tinha a festa de despedida de um grande amigo que estava se mudando para a Alemanha. Como era de esperar, a comemoração adentrou pela manhã, terminando com um café regado a cerveja em algum botequim de Copacabana. Apesar de já ser quase sete da manhã, eu chegara tranquilo em casa, porque a palestra seria no final da tarde, o que me garantia tempo mais que suficiente de recuperação. Para minha surpresa, no entanto, Haroche havia encontrado um horário em sua ocupada agenda e faria uma apresentação fechada e especial somente para o nosso grupo de pesquisa. Às nove da manhã. E lá estava eu em uma sala pequena e sem janelas, ainda emanando o perfume de esbórnia da Lapa e a poucos metros de um herói da ciência quântica. Felizmente, com a ajuda de uma overdose de cafeína, pude me comportar adequadamente e até mesmo fazer algumas perguntas. Colegas, no entanto, me dizem que em algum momento da palestra eu peguei no sono, chegando até a roncar — uma história que segue sem confirmação.

Mas como é possível que um país subdesenvolvido, com uma desigualdade social gritante e os mais variados problemas estruturais, possa estar no roteiro da mais renomada ciência mundial? Entre 2011 e 2016 a produção científica brasileira nos colocou na 13ª posição entre os países que mais publicam artigos científicos, à frente de Rússia, Suíça e Holanda, por exemplo, todos com uma ciência muito mais antiga e bem financiada. Nossa posição atual se torna um feito ainda maior se pensarmos que a primeira universidade brasileira foi fundada em 1909, a Universidade Federal do Amazonas. Como comparação, a Universidade de São Marcos, no Peru, foi fundada em 1551, e a de Córdoba, na Argentina, em 1613. Nós começamos tarde, mas logo atingimos um patamar de excelência internacional.

As causas para esse rápido crescimento são variadas, mas seria impossível não as rastrear de volta a janeiro de 1951, quando foi fundado o Conselho Nacional de Desenvolvimento Científico e Tecnológico, o CNPq. Cientistas brasileiros visionários, incluindo César Lattes e José Leite Lopes, usaram sua experiência e renome para alertar a classe política sobre o papel predominante que a ciência e a tecnologia teriam para o desenvolvimento futuro do Brasil. Inicialmente focado em capacitar o país para o domínio da energia atômica, logo o papel do CNPq se tornaria mais amplo, financiando praticamente todas as áreas do conhecimento científico e tecnológico através de bolsas de estudos e auxílios para projetos de pesquisa. Poucos meses após, em julho de 1951, deu-se a criação de outra base fundamental da ciência brasileira, a Coordenação de Aperfeiçoamento de Pessoal de

Nível Superior, a Capes. Com Getúlio Vargas em seu segundo governo e o plano de uma nação desenvolvida e independente, ficou evidente a necessidade de se formar uma geração de especialistas através da organização e do aperfeiçoamento de cursos de nível superior. A terceira pedra fundamental para o progresso futuro da ciência brasileira foi a instituição do Fundo Nacional de Desenvolvimento Científico e Tecnológico, o FNDCT, em 1969. Afinal, de nada serviria ter toda uma geração de cientistas na fronteira do conhecimento se não houvesse apoio financeiro para que pudessem realizar seus projetos.

Apesar do período conturbado que teríamos pela frente, em particular durante a ditadura militar, o país nunca deixou de entender o papel da ciência e da tecnologia. Com o surgimento do Instituto Tecnológico de Aeronáutica (ITA), em 1950, foi uma questão de tempo até que tivéssemos o primeiro voo bem--sucedido de uma aeronave brasileira, em 1968. Tamanho foi o sucesso do Bandeirante que em 1969 fundou-se a Embraer, uma gigante internacional da aviação. Nessa mesma época, o crescimento acelerado da população e do PIB brasileiros levaram a uma grande intensificação da agricultura, e logo se percebeu que, sem ciência e tecnologia agrária nacional, não se poderia suprir a alta demanda de alimentos tanto interna quanto externamente. Nascia assim a Empresa Brasileira de Pesquisa Agropecuária, a Embrapa, sem a qual o agronegócio no país ainda estaria na idade da pedra.

Os cientistas brasileiros, sempre antenados às grandes perguntas científicas do momento, perceberam, ainda no começo dos anos 2000, que a teoria quântica estaria no cerne dos próximos desenvolvimentos tecnológicos. Foi estabelecido então o Instituto do Milênio de Informação Quântica, uma iniciativa que visava a formar recursos humanos, equipar laboratórios e estabelecer uma comunidade de cientistas nessa nova área do conhecimento. Naquela época a informação quântica ainda era incipiente no Brasil. Lembro-me vividamente de quando uma amiga me avisou que um professor do departamento de física da UFMG tinha bolsas para estudar os computadores quânticos. Imediatamente fiquei excitado com aquela oportunidade. Durante um longo período os computadores haviam sido minha principal ocupação, sendo deixados de lado somente quando eu descobri a misteriosa sra. Quântica. Seria então possível juntar as minhas duas maiores predileções?

Apesar do Instituto do Milênio, o maior problema para o desenvolvimento da computação e da informação quânticas no Brasil era o fato de que, por ser uma área muito nova, ainda não havia professores e pesquisadores realmente especialistas no assunto. O que aconteceu então foi que nomes de áreas correlatas, por exemplo matéria condensada e óptica quântica, assim como de áreas completamente distintas, tiveram que embarcar nesse novo desafio. Foi justamente o que aconteceu com o professor que oferecia as duas bolsas no meu departamento. Ele estava disposto a largar uma carreira bem-sucedida em outra área da física para entrar em algo no qual tinha pouca ou nenhuma experiência.

Foi certamente uma época especial, em que alunos, alunas, professores e professoras brasileiros puderam pisar juntos um terreno desconhecido e fazer descobertas importantes, algumas das quais viriam a se tornar referências na comunidade internacional. Com o trabalho árduo e a inspiração desses desbravadores, logo o Brasil formou uma geração de especialistas e uma vasta rede de colaborações nacionais e internacionais.

Em 2007, por exemplo, tivemos o primeiro grande evento de informação quântica no Brasil, que reuniu em Paraty, cidade no estado do Rio de Janeiro, estudantes e pesquisadores nacionais e alguns dos maiores nomes de fora do país. Eu ainda estava no primeiro ano de doutoramento, mas já podia conversar e discutir com cientistas que antes só conhecíamos da leitura dos mais importantes artigos. Desse contato nasceram inúmeros trabalhos, colaborações e oportunidades para estudantes brasileiros que, depois de voltar de pós-doutoramentos no exterior, estabeleceram no Brasil grupos de pesquisa na fronteira do conhecimento.

Foi uma época de ouro. Não eram incomuns artigos nacionais publicados nas maiores revistas científicas do mundo. Fosse na *Nature* ou na *Science*, a informação quântica brasileira sempre se fazia presente. Os grupos de pesquisa antes restritos a alguns poucos centros do Sudeste logo se espalharam por praticamente todos os estados e regiões do país. O número de eventos, pesquisadores formados, artigos publicados e colaborações internacionais se multiplicavam. Era praticamente impossível não encontrar algum brasileiro ou brasileira em posição de destaque nas mais importantes conferências sobre o tema ao redor do mundo — de fato, temos um brasileiro no grupo de computação quântica da Google que atingiu a supremacia quântica pela primeira vez. Em pouco mais de uma década, nosso país conseguiu visibilidade em uma das áreas mais promissoras da ciência e da tecnologia mundiais.

PULEMOS ALGUNS POUCOS ANOS para adiante e nos encontramos agora em 2021. Grupos de pesquisa se desmantelam, alunos de doutorado não sabem se terão sua bolsa de pesquisa para pagar as despesas no final do mês, projetos se tornam inviáveis pela falta de financiamento. E, para piorar, a fuga de cérebros não é mais uma ameaça — é uma realidade. Alguns dos cientistas de maior destaque da informação e da computação quânticas saíram definitivamente do Brasil e estão agora em grandes centros de pesquisa ao redor do mundo. E outros, que já se encontravam fora do país, não mais têm o desejo de voltar. Se antes éramos notícia nas maiores revistas do mundo por nossa ciência de qualidade, hoje quase só aparecemos para contar péssimas notícias. "Resgatem o Pantanal em chamas do Brasil", diz uma correspondência na *Nature* em dezembro de 2020. "sos Brasil: A ciência sob ataque", diz outra na *Lancet*, em janeiro de 2021. "Um ambiente hostil", diz uma reportagem sobre a ciência no Brasil, publicada na *Science* em abril de 2021.

Como é que saímos de uma posição de destaque para nos tornarmos um pária internacional? Em 2015, tivemos algo em torno de 14 bilhões de reais (corrigidos pela inflação) investidos em ciência e tecnologia no Brasil. Desse momento de auge para cá, rapidamente voltamos ao patamar de duas décadas atrás, com pouco menos de 5 bilhões de reais investidos em 2020. Na contramão, e graças aos investimentos de anos anteriores, o número de pesquisadores brasileiros aumentou muito no mesmo período. Temos menos investimentos e mais mentes e ideias, várias delas revolucionárias, para compartir os parcos recursos.

Um artigo publicado na *Economist* estimou que o mundo investiu algo em torno de 1,5 bilhão de euros em tecnologias quânticas no ano de 2015. Dessa quantia, apenas 11 milhões de euros partiram do Brasil — um número pequeno diante de outras potências, como Estados Unidos e China, com investimentos, naquele ano, de 360 milhões e 220 milhões de euros, respectivamente, mas que já era suficiente para nos colocar no mapa dos países quânticos. Em 2020, o investimento global em tecnologias quânticas deu um grande salto, algo estimado em 22 bilhões de dólares. A China lidera esse movimento audacioso, sendo responsável por injetar mais de 10 bilhões de dólares nessa pesquisa, não por coincidência se tornando líder mundial em comunicação quântica e provavelmente ao menos uma década à frente de todos os outros países. Até mesmo nações em desenvolvimento como a Índia passaram a apostar pesado na quântica, com investimentos da ordem de 1 bilhão de dólares.

O Brasil, infelizmente, sumiu do mapa. De um ponto pequeno, mas promissor, no mapa das tecnologias quânticas em 2015, hoje nos tornamos irrelevantes. Invisíveis no complexo jogo científico e geopolítico quântico que dominará algumas das principais tecnologias do futuro. A verdade é que os cientistas brasileiros se acostumaram a fazer muito com pouco, mas nós não podemos fazer algo a partir do nada.

A ciência brasileira está à beira de um colapso. Se providências não forem tomadas em breve, iremos muito provavelmente atingir um ponto irreversível. Foram décadas de construção de um sistema de universidades e centros de pesquisa, vidas inteiras dedicadas ao estabelecimento de um ensino superior e uma pesquisa científica de excelência. Mas bastam alguns poucos anos de irresponsabilidade e falta de visão para que tudo desmorone irremediavelmente. Não só nossos políticos, mas também a população brasileira, precisam entender de uma vez por todas que educação e ciência não são gastos, e sim um grande investimento.

Basta mencionarmos a grande cientista brasileira Johanna Döbereiner, que em seu trabalho na Embrapa descobriu como usar bactérias para fixar nitrogênio no solo. Uma descoberta que não só fez com que a eficiência das lavouras brasileiras aumentasse enormemente, até sete vezes no caso da soja, mas levou o país a economizar bilhões ao não ter que importar adubo nitrogenado. O petróleo do pré-sal, que muitos diziam ser uma aventura fadada ao fracasso, através de parcerias científicas entre universidades e a Petrobras se tornou uma realidade e representa hoje mais da metade da produção brasileira de petróleo. A ciência brasileira também foi responsável por uma resposta rápida à epidemia de Zika em 2015, quando em pouco tempo e com recursos escassos a epidemiologista Celina Turchi conseguiu estabelecer uma relação de causa e efeito entre a infecção e a microcefalia de fetos. A lista de sucessos é enorme. Cada real investido na Embrapa chega a dar um retorno doze vezes maior. Um estudo feito pela União Europeia mostra que pesquisas públicas geram entre três e oito vezes o seu investimento, e que até 75% das inovações tecnológicas não poderiam acontecer sem a pesquisa pública realizada nos anos anteriores. Você pode procurar: apesar do que aqueles sabichões de fintechs nos falam nas propagandas do YouTube, garantindo duplicar nosso patrimônio em poucos meses, não há investimento melhor do que o aplicado em ciência e educação.

Não é preciso ter doutorado em economia pela Universidade de Chicago para entender o papel da ciência. Todos os países desenvolvidos investem mais de 2,5% de seu produto interno bruto em pesquisa científica. Nos Estados Unidos esse número chega a 2,7%, na Coreia do Sul e em Israel ultrapassam os 4%, e a Europa tem planos de chegar a 3% nos próximos anos.

Na contramão do bom senso e dos exemplos que realmente funcionam, o Brasil investe pouco mais de 1% do seu PIB, e esse percentual vem caindo vertiginosamente desde 2016. Sem investimentos adequados, o país vem sofrendo um processo de forte desindustrialização, com fábricas de média e alta tecnologia abandonando o território. A médio e longo prazos só nos restará exportar soja, carne, minérios e as variantes de um vírus mortal. Sem inovação e tecnologia, continuaremos a vender somente produtos baratos, com pouco ou nenhum valor agregado. Não só não seremos quânticos como também não seremos sustentáveis, continuaremos a devastar nossas florestas e a poluir nossas matas, cidades e rios. Seremos extremamente desiguais e miseráveis.

Máquinas quânticas inteligentes

Em 2008, um artigo publicado na *Wired* com o título "O fim da teoria" causou certo rebuliço entre os cientistas. Nele o autor dizia que "correlações superam a causalidade, e a ciência pode avançar sem modelos coerentes, teorias unificadas ou realmente qualquer explicação mecanicista que seja". E continuava:

> Correlações são suficientes. Podemos parar de procurar por modelos. Podemos analisar os dados sem quaisquer hipóteses sobre o que de fato esses dados podem conter. Podemos jogar os números nos maiores centros de computação que o mundo já viu e deixar algoritmos estatísticos encontrarem padrões onde a ciência não pode.

Será que algoritmos detectando padrões e correlações em grandes quantidades de dados seriam realmente o fim da ciência como a conhecemos?

É inegável que nosso atual poder computacional, as redes de comunicações globalmente interconectadas e os algoritmos cada vez mais sofisticados fizeram avançar enormemente a aprendizagem de máquina. Computadores capazes de derrotar os maiores mestres de Go, carros autodirigíveis, a variedade de assistentes virtuais e as ferramentas de reconhecimento de voz e imagem não deixam dúvidas de que algo significativo vem acontecendo com a inteligência artificial. No campo científico, existem inúmeros exemplos de como as máquinas de hoje podem aprender muito facilmente a derivar variadas leis da natureza a partir de dados empíricos: as leis de Newton, o movimento dos planetas, a lei da gravidade, a dinâmica de reações químicas, as propriedades magnéticas de um material quântico. Máquinas aprenderam até mesmo a resolver mais rápido e melhor as complicadas equações diferenciais que descrevem a dinâmica de um fluido. Pasmem, elas podem lidar com enormes incertezas e prever até o comportamento de sistemas caóticos. Mas isso quer dizer que a ciência como a conhecemos logo será apenas uma relíquia? E os cientistas, se tornarão ultrapassados?

Nada poderia estar mais longe da verdade. Apesar dos inúmeros sucessos, quase nunca escutamos sobre os fracassos desastrosos dos algoritmos que regem essas máquinas. Algumas são incapazes de diferenciar fotos de gatos daquelas de pulmões acometidos pela covid-19. Vemos algoritmos para detecção facial com tendências racistas e machistas. E até um robô de conversa que menos de um dia após o lançamento teve que ser desconectado por ter desenvolvido um irreversível comportamento violento e preconceituoso. Muito além de serem apenas fatos curiosos, o que esses resultados nos mostram é que a fé cega nos "big data" é infundada.

No entanto, e em sentido contrário a essa ideia, em 2016 um artigo de Cristian Calude e Giuseppe Longo mostrou que

> bancos de dados muito grandes podem conter correlações arbitrárias. Essas correlações aparecem apenas devido ao tamanho e não à natureza dos dados. Elas podem ser encontradas em banco de dados aleatórios, desde que grandes o suficiente, o que implica que a grande maioria das correlações é espúria. Informação em demasia se comporta tal como pouca informação. O método científico pode ser enriquecido por mineração computacional em bancos de dados imensos, mas não pode substituí-lo.

Algo semelhante ao descrito acontece o tempo todo na física de partículas. Os experimentos no Cern produzem mais de cem petabytes de dados todos os anos. Se tais dados fossem armazenados em computadores comuns, precisaríamos de 100 mil deles. Isso só para o armazenamento de dados. Imagine o que não é preciso para de fato analisar e processar essa quantidade de informação. Não resta dúvida de que o Cern é o paraíso para um cientista de dados e seus algoritmos, para encontrar correlações. E ao mesmo tempo também é o inferno das descobertas irreprodutíveis. Não é incomum lermos nos jornais que os cientistas do Cern ou de algum outro acelerador de partículas encontraram a evidência de uma nova partícula ou de uma nova física. Muitas vezes, no entanto, pela grande quantidade de dados, eventos produzidos ao acaso e que não correspondem a nenhuma descoberta verdadeira se tornam não só plausíveis mas bastante prováveis.

O problema do "big data" é que, quanto mais dados temos, maior é a probabilidade de que eles apresentem flutuações. Quer dizer, que contenham correlações espúrias — algo que parece uma descoberta mas na verdade é apenas um resultado ao acaso. Voltemos, por exemplo, ao jogo de moedas. Você joga trinta delas ao ar e depois conta quantas caíram cara e quantas deram coroa. Na média, teremos metade delas em cada uma das duas configurações possíveis. Mas em cada rodada esse número não será sempre igual. Algumas vezes teremos doze caras, outras onze, ou dezessete. Se repetirmos esse jogo um número grande de vezes, digamos milhões de vezes, e analisarmos cada uma das sequências obtidas, é bastante provável que encontremos uma jogada em que cinco moedas tenham caído cara e 25 tenham caído coroa. A probabilidade de que essa sequência aconteça em uma jogada individual é muito pequena, algo em torno de 0,01%. Mas, ao repetirmos esse jogo um número grande de vezes, a chance de encontrar tal sequência se torna considerável.

É justamente o que acontece nos aceleradores de partículas. Sinais que aparentemente indicam uma nova e espetacular física desaparecem no ar quando uma análise estatística mais aprofundada e novos experimentos são feitos. O padrão de ouro nos nossos dias, ao menos na física fundamental, é de que algo é considerado uma descoberta real quando atingimos o chamado 5-sigma de confiança estatística: os dados observados pelo experimento têm uma chance em 3,5 milhões de terem sidos gerados ao acaso (tal como a jogada de moedas descrita acima). Ou seja, temos 99,99997% de certeza de que realmente descobrimos algo novo.

Se fizermos uma procura rápida na internet encontraremos inúmeros exemplos dessas correlações espúrias quando analisamos um número massivo de dados. Se compararmos o consumo per capita de queijo e o número de pessoas que morreram enroladas em seus lençóis de cama, veremos que temos uma forte correlação. O número de divórcios no Maine e o consumo per capita de margarina também parecem intimamente conectados. E a minha favorita: o número de pessoas afogadas em piscinas tem uma correlação praticamente perfeita com o número de filmes estrelados por Nicolas Cage. Embora não seja assim tão improvável que tenhamos tendências suicidas após ver filmes de tamanha qualidade, na verdade o que esses exemplos nos mostram é sempre o mesmo: se procurarmos com afinco, sempre iremos encontrar padrões onde na verdade não há nada.

Mesmo que concordemos com a hipótese de que a descoberta de correlações em uma base de dados é o alvo central da ciência, ainda assim vemos que métodos automatizados estão longe de ser uma solução mágica. Certamente a ciência se beneficia do enorme poder computacional das máquinas atuais, todavia, para qualquer ciência funcionar, precisamos de hipóteses. É a partir delas que construímos um experimento e analisamos os dados. Não o contrário. É ingênuo imaginar que essa busca frenética por padrões em uma montanha de dados algum dia virá a substituir a ciência e seu método. Mas hipóteses não nos ocorrem em um vácuo de ideias, modelos e teorias. No cerne de tudo isso, sem sombra de dúvidas, está a causalidade.

Pense em um incrível algoritmo de aprendizagem de máquina que é alimentado por inúmeros dados de algum hospital de elite de São Paulo, com o objetivo de gerar correlações entre sintomas e doenças para assim poder prescrever, de maneira automatizada, o melhor tratamento. Os médicos atenciosos e muito bem-informados daquele hospital não o sabem, mas uma vez que a máquina tenha aprendido tudo o que há para se aprender sobre medicina, eles deixarão de ser necessários. Ao menos é isso que um iludido cientista de dados tentará nos fazer crer. Através da descrição detalhada de sintomas e tratamentos, exames precisos e o acompanhamento dos pacientes a longo prazo, a máquina logo aprende o que receitar para cada cliente do hospital. Uma máquina treinada por bons médicos e cientistas, e não por uma horda de alucinados, faria um ótimo trabalho. São inúmeros os exemplos de algoritmos com taxa de acertos maiores até do que a de médicos bem treinados.

O problema, no entanto, é que essa máquina está apenas fazendo associações entre dados. Analisando um raio x torácico, a oxigenação do sangue e os sintomas de febre e tosse, ela pode concluir, baseada em seu treinamento anterior, que o paciente tem apenas uma forte gripe. Repouso e alguns analgésicos deveriam ser suficientes. A máquina, no entanto, poderia estar alheia ao fato de vivermos a pandemia de uma nova doença com alguns sintomas parecidos com os da gripe, mas que tem chance muito maior de apresentar casos severos. Com base no histórico de comorbidades de um dado paciente e sabendo os mecanismos causais da doença, um médico pode rapidamente escolher o melhor entre os possíveis tratamentos individualizados. Como a máquina só descobre correlações e não sabe nada sobre relações de causa e efeito, esses detalhes passarão batido para o médico virtual. E o pior: um algoritmo treinado em um hospital de elite em São Paulo certamente nunca terá encontrado vários dos casos e particularidades de um posto de saúde no interior do Pará. Um bom médico provavelmente saberá reconhecer um caso da doença de Chagas; a máquina, treinada em um hospital de elite, não.

Apesar de todos os problemas e falhas, é inegável que as máquinas se tornaram indispensáveis na análise e detecção de correlações na imensidão cada vez maior de dados. Com todos os avanços recentes, parece ser uma questão de tempo até que surjam as primeiras inteligências artificiais. Definir o que é inteligência e, pior ainda, consciência é algo que os cientistas vêm debatendo e pesquisando há décadas. Embora não haja consenso, sempre podemos nos apoiar no chamado teste de Turing, no qual um interrogador humano tem a tarefa de descobrir se uma dada inteligência, com a qual ele interage através de voz ou de um monitor, é humana ou artificial. Caso o interrogador não consiga distinguir a máquina de um ser humano, é razoável supor que a primeira demonstre um comportamento inteligente.

Mas, como vimos, dificilmente os atuais algoritmos de aprendizagem de máquina estão aptos para essa tarefa. Qualquer que seja a sua definição, inteligência é muito mais do que apenas descobrir padrões e correlações em um monte de dados. Tendo isso em mente, o cientista da computação Judea Pearl começou a desenvolver, em meados da década de 1990, a chamada teoria da causalidade. O objetivo final é não somente que as máquinas aprendam a detectar correlações, mas que as usem para algo realmente importante e muito mais fundamental: descobrir quais são as relações de causa e efeito que geraram os dados que são observados.

Em seu último livro, *The Book of Why* [O livro do porquê], Pearl introduz o que ele chama de escada causal. No primeiro degrau temos o nível associativo da informação, em que adquirimos conhecimento através da observação passiva e da detecção de correlações. A principal pergunta nesse nível, e de fato uma das poucas a que podemos responder nesse caso, é: "O que é?". No exemplo do hospital, a partir dos dados poderíamos inferir qual a probabilidade de um paciente ter determinada doença considerando os sintomas observados. É nesse primeiro nível que as nossas máquinas estão ainda, por mais inteligentes que pareçam.

No segundo degrau da escada de Pearl, temos o nível intervencional. Sejamos nós ou uma máquina, nos tornamos participantes ativos de um experimento. Em vez de simplesmente observar os dados sendo gerados, é possível intervir naquele mecanismo e gerar novos dados mais apropriados a nossa pergunta. No nível observacional poderíamos perceber uma correlação clara entre o consumo de tabaco e o desenvolvimento de câncer de pulmão, mas não iríamos de forma alguma concluir que o cigarro é uma causa da doença. Poderíamos, por exemplo, imaginar um cenário onde uma mutação genética, ainda desconhecida, seja uma causa comum, fazendo com que as pessoas tenham probabilidade tanto maior de se viciar no tabaco quanto de desenvolver câncer.

Para termos certeza, cabe tomar as rédeas e intervir no experimento, no mecanismo causal subjacente que gera os dados observados. Em vez de esperar as pessoas fumarem ou não, terem alguma doença ou não, fazemos o seguinte: separamos de forma aleatória dois grupos de pessoas, cada um contendo uma amostra razoável da população em geral — homens e mulheres, jovens e idosos, de povos e condições socioeconômicas variadas. Forçamos todas as pessoas de um dos grupos a fumar um maço de cigarros todos os dias. No outro grupo, forçamos os participantes a não fumarem. Com essa intervenção quebramos qualquer efeito que uma causa comum possa ter; independentemente de a pessoa ter uma potencial mutação genética ou não, estamos forçando-a a fazer algo novo e que independe dessa potencial condição preexistente.

Se fizermos tal intervenção e ainda assim detectarmos uma correlação clara entre o fumo e o câncer, podemos ir além e afirmar que há uma relação causal. Claramente, no entanto, a grande maioria dos experimentos intervencionais não são éticos ou possíveis, ainda mais quando feitos por máquinas. Mas o ponto é que o tipo de informação que eles nos proporcionam nos permite perguntar "O que é?" e também "O que aconteceria se?". Podemos não só detectar uma correlação entre dois eventos, mas concluir que um é a causa do outro. Intervenções são o que nós humanos fazemos todo o tempo para realmente aprender sobre algo. E é o que as máquinas também terão que fazer se quiserem atingir a inteligência verdadeira.

No último degrau da escada de Pearl encontramos o nível da informação contrafactual. Em vez de perguntar "O que é?" ou "O que aconteceria se?", passamos a nos permitir pensar sobre mundos e futuros alternativos e que não precisam ser necessariamente vivenciados para serem aprendidos. Em algum momento da nossa infância aprendemos que cair é algo que nos machuca. É o que a nossa experiência observacional nos ensina. Mas, para ter certeza, e contrariar pai e mãe, fazemos nosso próprio experimento e pulamos do alto de uma árvore ou de um muro para confirmar, agora através de uma informação intervencional, que cair realmente pode ser doloroso. Nesse ponto do aprendizado somos capazes de construir um modelo causal detalhado, no qual cair de uma certa altura inevitavelmente nos machucará. A partir dele, não precisamos mais intervir para saber o que acontecerá no futuro — não precisamos pular de uma ponte para saber qual será o resultado final.

Um sistema realmente inteligente é capaz de fazer observações e extrair correlações a partir das quais constrói hipóteses. Com elas, pode realizar novos e mais detalhados experimentos, não só confirmando suas observações, mas permitindo a construção de uma teoria ou modelo. No último nível, esse sistema pode se sentar, relaxar e se permitir viver em novo mundo realmente interessante, onde não é estritamente necessário realizar nenhuma ação para saber qual será o resultado de um dado evento. É nesse nível que nós estamos, os seres humanos (ainda que muitas vezes, mesmo sabendo o que nos espera continuemos atuando irracionalmente, vide por exemplo as mudanças climáticas). E é lá que um ser artificial realmente inteligente terá que chegar.

E O QUE A TEORIA QUÂNTICA tem a ver com tudo isso, você deve estar se perguntando? Como vimos ao longo de todo o livro, e em particular no capítulo 3, as predições quânticas desafiam nossas noções intuitivas do que são causa e efeito. Partículas quânticas emaranhadas parecem se comportar como uma unidade única de informação, mesmo a grandes distâncias. Um qubit pode estar em uma superposição, como se fosse 0 e 1, mas na verdade não ter um comportamento bem definido até que uma medição tenha sido feita. Pesquisas mais recentes mostram que a superposição quântica se aplica até mesmo a ordens causais. Se *A* é a causa de *B*, pareceria loucura que *B* também pudesse ser a causa de *A*. Na mecânica quântica, no entanto, essas duas direções podem estar superpostas. E, como tem sido descoberto ao longo da última década, as predições quânticas mudam radicalmente a forma como devemos entender os dois primeiros níveis da escada causal de Pearl. De fato, esse é o principal foco da minha pesquisa hoje. Mas o que eu gostaria de discutir nas próximas linhas é um território ainda virgem. O que a quântica tem a dizer sobre o nível contrafactual da escada causal?

Pense no seguinte *koan* zen-budista: se ninguém está lá para escutar, qual é o som que uma árvore faz ao cair na floresta? Em um mundo clássico, a resposta será trivial. Em algum momento de nossas vidas escutamos o som que uma árvore faz ao cair, e a partir de experiências prévias temos o nosso modelo. Assim, não precisamos estar lá para saber o que vai acontecer. É o que o último nível da escada causal nos ensina. Mas pense agora em termos quânticos. Na visão da escola de Copenhague, essa pergunta não faz sentido. Para eles, até que uma medição seja feita, com o ouvido humano ou com um gravador, é impossível se indagar sobre qual som foi produzido. Na visão de Bohr e sua escola, não podemos perguntar sobre o resultado de um experimento não realizado. Imagine agora uma situação ainda mais incomum, em que a árvore está numa superposição de ter caído ou não. Um defensor dos universos paralelos dirá que em certo mundo não houve nenhum barulho e em outro universo, entretanto, houve um farfalhar intenso na floresta.

Se aceitamos que a verdadeira inteligência está no nível contrafactual da informação, começamos a perceber o porquê de a teoria quântica ser tão contraintuitiva para nós. Podemos fazer experimentos e descrevê-la de maneira incrivelmente acurada nos dois primeiros níveis, o observacional e o intervencional. Mas não é possível vivenciar o mundo contrafactual quântico. A partir de um certo experimento no qual medimos com total precisão a posição de um elétron, não podemos dizer absolutamente nada sobre sua velocidade. Ao contrário do mundo contrafactual clássico, sua versão quântica é permeada pela incerteza.

Poderíamos argumentar que essa é uma falha dos nossos cérebros clássicos. Mas o que aconteceria com uma inteligência artificial quântica? Quer dizer, uma máquina quântica não só capaz de extrair correlações e realizar intervenções, mas também de pensar contrafactualmente? Será que a superposição, o emaranhamento e outros fenômenos quânticos seriam assim tão estranhos para uma inteligência quântica?

Não sabemos a resposta, e na verdade a pergunta talvez nem faça muito sentido. Mas é possível imaginar que em um futuro distante não seremos nós a fazer testes de Turing em máquinas computacionais. Ao contrário, serão inteligências artificiais quânticas buscando desvendar se nossos rudimentares cérebros têm algo de quântico ou não.

Epílogo: Teoria quântica e além

Não há margem para qualquer dúvida sobre o fato de que a quântica é a mais bem-sucedida teoria física. Mas a história da ciência nos mostra que nenhuma teoria, por mais bela e bem testada que seja, resiste à prova do tempo. A mecânica de Newton uniu pela primeira vez a terra e o céu, mostrando que a mesma regra que regia o movimento celeste também operava aqui embaixo. Uma ideia de inegável beleza e rigor matemático, destroçada sem dó nem piedade pela relatividade e pela quântica no começo do século XX. Apesar de não termos qualquer indício experimental da necessidade de substituir a teoria quântica por outra, é razoável supor que será apenas uma questão de tempo para que isso aconteça.

Em uma das vertentes desse campo de pesquisa, ainda puramente especulativo, encontramos aqueles que estudam a gravitação quântica, a junção ainda incompleta e investigativa das duas teorias que acreditamos reger o Universo. De um lado temos a quântica, descrevendo o comportamento do mundo do muito pequeno. Do outro lado, a relatividade geral, que nos mostra como se dão a dinâmica entre a matéria e o espaço-tempo e a emergência da força que percebemos como gravidade. Tipicamente, usamos a relatividade geral para falar de sistemas realmente grandes: planetas, galáxias ou mesmo todo o Universo.

A depender da escala que buscamos entender, parecemos ter duas regras distintas para descrever a natureza. Mas o que acontece em regimes nos quais ambas descrições deveriam se fazer notáveis? Por exemplo, dentro de buracos negros ou na chamada escala de Planck do espaço-tempo, regiões de dimensões minúsculas em que se espera que a incerteza quântica tenha um papel importante e fundamental. Por mais que tenhamos tentado, ainda não há uma forma universalmente aceita para compatibilizar essas duas peças desconexas. Certamente você já ouviu falar da tentativa feita pela teoria de cordas, mas a verdade é que há ao menos mais uma dezena de outros modelos da gravitação quântica, tal como a gravidade quântica de loops, as teorias do conjunto causal, do Twistor, E8 e um bocado mais.

Sem experimentos que possam distinguir entre as várias possibilidades, confirmar ou descartar a correção de suas predições, a verdade é que a escolha entre essas diferentes hipóteses acabou se tornando pessoal e não muito científica. Até o momento, o LHC, o grande acelerador de hádrons do Cern, foi incapaz de revelar qualquer nova física além do modelo-padrão das partículas elementares, fato que aumentou consideravelmente o número e a severidade das críticas ao modelo atual de pesquisa em física de partículas. No que talvez seja o exemplo mais famoso, em seu livro *Not Even Wrong* [Nem mesmo errado], o físico Peter Woit critica a teoria de cordas pela incapacidade de fazer qualquer predição que realmente pudesse ser testada em laboratório.

Mas, então, por que se preocupar com algo que descreve efeitos que nem ao menos podemos testar? Não há uma resposta correta ou única, mas se lembrarmos que no começo do século xx a mesma pergunta poderia ser feita sobre a relatividade geral, vemos que vale a pena nos permitir pensar fora da caixa. A partir do artigo final de Einstein, em 1915, as predições da relatividade geral, por mais esdrúxulas que fossem — espaço curvo, buracos negros e ondas gravitacionais —, foram todas confirmadas experimentalmente, ainda que algumas dessas confirmações tenham demorado mais de um século para se concretizar.

A correta teoria da gravidade quântica não só mudará de forma ainda mais radical nossa visão do Universo como também poderá levar a novos paradigmas para o processamento de informação. Por exemplo, a junção da quântica e da relatividade pelo lendário Stephen Hawking na década de 1970 nos mostrou que, ao contrário do que se acreditava, buracos negros podem perder massa e evaporar. Essa evaporação, chamada radiação de Hawking, ocorre na proximidade do horizonte de eventos, uma região a partir da qual toda a luz e matéria nunca deveriam ser capazes de sair se não houvesse efeitos quânticos.

E, apesar de revolucionar a física de buracos negros, Hawking trouxe novos problemas à tona. Em particular o chamado paradoxo da perda de informação. A teoria da relatividade geral implica que um buraco negro é descrito por algumas poucas propriedades globais: sua massa, sua carga e sua rotação. A partir do momento em que a energia ou matéria é sugada para dentro desse ralo cósmico, suas identidades são apagadas. Seja uma estrela, um planeta rochoso ou um presidente negacionista a ser sugado pelo buraco negro, uma vez lá dentro não importa mais o que foram antes. Pelos cálculos de Hawking, a radiação emitida por um buraco negro seria idêntica àquela emitida por um corpo negro, e, portanto, sua única característica relevante seria a temperatura, a qual deveria ser inversamente proporcional à massa do buraco negro. Fosse um buraco negro formado de bolinhas de gude ou de poeira estelar, desde que a massa de ambos fosse a mesma, seus destinos finais em forma de radiação térmica seriam idênticos.

O problema é que isso contraria uma das regras básicas da mecânica quântica, cujo segundo postulado nos diz que a evolução temporal dos sistemas físicos deve ser unitária. Isso quer dizer que, ao contrário do que acontece na radiação de Hawking, os fenômenos físicos devem ser reversíveis. Se queimarmos um tronco de cedro ou um monte de capim, pode até parecer que o fim de ambos será a mesma mistura de chamas e fumaça; mas, ao menos em princípio, a identidade original das duas fogueiras sempre será recuperável. Seja pela cor da chama ou pelo cheiro da fumaceira, sempre haverá alguma pista para identificarmos o que era o combustível antes da queima.

Inicialmente se imaginou que os cálculos de Hawking estariam errados ou então, de alguma forma, a mecânica quântica seria violada dentro de um buraco negro. Esse foi o cenário para uma famosa aposta que colocou John Preskill em oposição a Hawking e Kip Thorne, ganhador do prêmio Nobel de Física de 2017 por seu papel no descobrimento das ondas gravitacionais. Os dois últimos argumentavam que a radiação de Hawking era real e que, portanto, a mecânica quântica deveria falhar. Preskill, ao contrário, sustentava que a mecânica quântica deveria se manter e que, assim sendo, a teoria da relatividade deveria ser reavaliada quando aplicada a um buraco negro. Curiosamente, algum tempo mais tarde, Hawking se convenceu de que Preskill estava correto, mudando de lado e declarando-o ganhador da aposta. No entanto, Thorne, assim como uma grande maioria de cientistas, não se deixou convencer pelos argumentos de Preskill, e o paradoxo da perda de informação continua mais vivo do que nunca.

Em uma série de desenvolvimentos completamente independentes, pesquisadores de informação quântica também passaram a se perguntar o que aconteceria se fôssemos além do modelo atual dos fenômenos quânticos.

Ao contrário da teoria da relatividade, que, apesar de suas consequências bizarras, se baseia em conceitos físicos que podem ser facilmente entendidos e interpretados, a teoria quântica tem nos seus fundamentos postulados matemáticos herméticos e que até hoje geram grande debate e confusão.

Tendo isso em mente, os físicos Sandu Popescu e Daniel Rohrlich resolveram reverter a ordem do teorema de Bell. Como vimos, todos os experimentos confirmam que a natureza é não local, já que estados quânticos emaranhados podem violar uma desigualdade de Bell. Mas e se usássemos a não localidade como ponto de partida, seria possível rederivar a mecânica quântica ou ao menos alguns dos seus aspectos?

Popescu e Rohrlich mostraram que a quântica não é de fato tão especial, já que haveria formas de não localidade ainda mais fortes do que aquela permitida pelas correlações quânticas. Correlações pós-quânticas que ainda assim respeitavam as regras impostas pela teoria da relatividade. Em um Universo regrado apenas pela teoria de Einstein, a quântica seria uma de infinitas possibilidades. Mas o fato é que nenhuma dessas correlações mais fortes foi observada. A quântica passou por todos os testes e de fato parece ser a teoria escolhida para descrever o mundo em que vivemos. Mas por que ela e não alguma outra desse infinito de alternativas?

Foi essa pergunta simples, quase infantil, que motivou vários desenvolvimentos recentes nos fundamentos da teoria quântica. Percebeu-se que, da mesma forma que ela nos fornece vantagens no processamento da informação, conceitos informacionais e computacionais também podem ser utilizados para se entender por que essa teoria é tão especial. Uma simbiose quântica que já nos rendeu bons frutos, mas que ainda está apenas no começo.

Do ponto de vista computacional, mostrou-se que correlações não locais mais fortes do que aquelas permitidas pela quântica poderiam ser usadas para colapsar a complexidade da comunicação. Imagine que você tenha que computar uma função, mas que parte dos dados de entrada se encontrem a uma grande distância, por exemplo na Estação Espacial Internacional. Digamos que faltem mil bits. Parece óbvio que, para que se possa fazer o cálculo, toda essa informação tenha que ser enviada para você a partir da estação. Mas, caso compartilhassem as correlações pós-quânticas propostas por Popescu e Rohrlich, apenas um bit de comunicação já seria o suficiente. Na verdade, fossem mil ou 1 sextilhão de bits faltando, a comunicação de apenas um bit já resolveria o problema. Isso parece algo bastante improvável e que pode, portanto, ser tomado como uma das razões pelas quais essas correlações não são permitidas pela natureza.

Em outro princípio relacionado, chamado causalidade da informação, se a estação espacial nos enviar dez bits de comunicação, a quantidade de informação a que devemos ter acesso não pode ser nunca maior do que dez bits. Parece até uma tautologia, mas o fato é que as correlações pós-quânticas podem novamente violar esse princípio. Eu mesmo, com colaboradores, propus nosso próprio princípio, a chamada ortogonalidade local, implicando que diferentes resultados de um mesmo evento devem ser mutuamente excludentes. Quer dizer, se eu joguei uma moeda e obtive cara, posso ter certeza de que ela não caiu como coroa. Novamente parece óbvio, porém enquanto a teoria quântica respeita essa regra, as correlações pós-quânticas falham em fazer o mesmo.

Entendendo não somente as vantagens, mas principalmente as limitações da quântica no processamento da informação, jogamos nova luz sobre a teoria e seus fundamentos. Ainda estamos longe de um entendimento realmente completo e intuitivo da quântica, se é que algo assim será possível algum dia. Mas certamente estamos muito mais próximos do que estávamos vinte anos atrás. É bastante provável que essa jornada nunca termine. Mas de nada terá valido chegarmos a um destino que nem sabemos se existe se não soubermos apreciar o caminho. Parafraseando Mahatma Gandhi, não há caminho para esse objetivo. O caminho é o objetivo.

O QUE ESSAS HISTÓRIAS NOS MOSTRAM é que em algum recanto do Universo novas e ainda mais incríveis formas de se processar a informação talvez estejam disponíveis. Será que deveríamos estender a tese de Deutsch e propor um computador gravitacional-quântico? Será que os próprios buracos negros poderiam ser usados para resolver problemas computacionais de maneira ainda mais rápida do que os computadores quânticos? E os chamados buracos de minhoca ou dobras espaciais?

Caso eles realmente existam e algum dia possam ser controlados, será que poderíamos utilizá-los para formas ainda mais eficientes de comunicação? Quem sabe até mais rápidas que a luz? E o que dizer de máquinas quânticas inteligentes? Seriam elas capazes de compreender a teoria quântica de um modo que nunca conseguiremos?

Ainda que nada disso seja testável por agora ou mesmo num futuro próximo, certamente podemos e devemos nos perguntar o que aconteceria caso uma física além da atual seja possível. Não fossem os revolucionários quânticos, que ousaram pensar fora da caixa, muitas vezes colocando em risco suas próprias carreiras científicas, nunca teríamos descoberto o laser ou o computador quântico, não falaríamos do que acontece dentro de buracos negros e muito menos ousaríamos discutir seriamente a existência de universos paralelos.

Seja como justa homenagem aos que nos precederam ou com o objetivo incansável de nos tornar menos ignorantes, injustos e desiguais, o mínimo que podemos fazer é ir além do conhecimento presente e sonhar com novos mundos — ainda que inicialmente apenas em cálculos num pedaço de papel ou em experimentos imaginários.

Afinal, é assim que começam as revoluções.

Agradecimentos

De certa forma, este livro começou a ser escrito no inverno de 2001, quando eu finalmente começara a aprender sobre a física quântica nas aulas do professor Elmo Salomão. Não fossem seus ensinamentos e as constantes conversas no Laboratório de Demonstrações da UFMG, muitas vezes acompanhadas por uma cerveja gelada ou uma boa cachaça mineira, muito provavelmente meu interesse pela física teria se dissipado, e hoje meu caminho seria deveras distinto. A iniciação científica com o professor Reinaldo Vianna me apresentou o tema que definiria minha vida acadêmica, enquanto no mestrado, com o professor Sebastião Dias, eu aprendi sobre partículas quânticas à velocidade da luz e o poder preditivo de anomalias teóricas. Com o professor Luiz Davidovich e o grupo de informação quântica da UFRJ, meu interesse pelos fundamentos da teoria se consolidou, além das inúmeras amizades e colaborações que ali fiz. Por intermédio do professor Andreas Buchleitner, na Alemanha, pude finalmente trabalhar com o amigo e professor Fernando de Melo. Da estada em Freiburg voltei não somente com minha tese escrita, mas também trazendo minha mulher, Anne, e nosso primeiro filho, Noah.

Com as portas abertas pela Escola de Informação Quântica de Paraty e os workshops aos pés dos Pirineus de Benasque, na Espanha, pude conhecer meu primeiro supervisor de pós-doutorado, o professor Antonio Acín, com quem tanto aprendi sobre criptografia e não localidade, nos arredores da espetacular Barcelona, e que, apesar dos seus esforços contínuos para me introduzir ao mundo dos vinhos e queijos, só conseguiu reforçar minha predileção pela cerveja e pelo churrasco. De volta à Alemanha, o professor David Gross me ensinou sobre o rigor matemático, a criatividade e a liberdade acadêmica, num período incrível que eu teimava em querer não concluir.

Mas veio então a oferta do Instituto Internacional de Física em Natal, me obrigando a rever os planos e mais uma vez cruzar o Atlântico, agora com mais um pacote na bagagem, a pequena Luise. Com o apoio de todos do instituto, em particular dos visionários professores Alvaro Ferraz e Sylvio Quezado, pude estabelecer meu próprio grupo de pesquisa e continuar colaborando com vários cientistas, amigos e amigas: Ashutosh Rai, Askery Canabarro, Barbara Amaral, Caslav Brukner, Christiano Duarte, Daniel Cavalcanti, Davide Poderini, Eric Cavalcanti, Fabio Sciarrino, Gabriela Lemos, George Moreno, Jacques Pienaar, Johan Aberg, Jonatan Bohr Brask, Leandro Aolita, Lucas Celeri, Marcelo Terra, Mariami Gachechiladze, Matheus Capela, Nadja Kolb, Nikolai Miklin, Rafael Rabelo, Raniery Nery, Richard Kueng, Samuraí Brito, Taysa Mendes, entre tantos outros e outras. Impossível não lembrar de Dadão, Marina, Cláudio e Fê, queridos amigos de Natal, cobaias de várias das minhas tentativas de traduzir em palavras os conceitos quânticos mais absurdos, e que tanto me ensinaram sobre a Amazônia, a ilha de Noronha, alimentação saudável e o surfe.

Com o suporte do Instituto Serrapilheira, e em particular de seu diretor-presidente, Hugo Aguilaniu, e de sua diretora científica, Cristina Caldas, pude me arriscar a explorar terrenos ainda virgens nos fundamentos da quântica e estabelecer conexões com áreas diversas do conhecimento, como inteligência artificial e ciência de redes.

Com o aprendizado e o apoio de todas essas pessoas maravilhosas, cresci enormemente como cientista. Sinto que o auge da minha criatividade está logo à frente, um cume que felizmente insiste em ainda não ter chegado.

Eu sempre fui um leitor voraz e eclético, com uma clara predileção pela ficção científica e livros de divulgação. Mas a verdade é que nunca imaginei escrever um livro. Isso começou a mudar quando, em 2019, o Serrapilheira, através de Clarice Cudischevitch, me convidou para escrever artigos de divulgação no blog Ciência Fundamental da *Folha de S.Paulo*. Finalmente eu descobri que o prazer que sentia escrevendo artigos científicos para uma dúzia de iniciados podia ser ainda maior divulgando a ciência que faço para um público leigo, mas muito maior. Não só passei a escrever peças de divulgação como também a gravar podcasts e vídeos, dar entrevistas, ministrar palestras para os públicos mais variados, e, principalmente, aprendi o valor de sair da proverbial torre de marfim acadêmica e transmitir, ainda que de forma imperfeita, as descobertas científicas e seu papel transformador para qualquer sociedade.

Foi com os clássicos da divulgação — livros como os de George Gamow, Richard Dawkins, Marcelo Gleiser, Ronaldo Mourão, e documentários, como os de Carl Sagan, Jacques Cousteau e David Attenborough — que meu interesse pela ciência floresceu. Espero que, mesmo que sem a maestria dos meus antecessores, eu esteja conseguindo fazer o mesmo pela geração que se segue. Este livro é um firme passo para esse objetivo, e agradeço enormemente a Ricardo Teperman e a Juliana Freire pelo convite e a oportunidade. Em particular à Juliana pela leitura atenta e paciente das maluquices quânticas que eu tentava transmutar de equações em palavras, assim como a Angela Vianna e Clarice Zahar. Em sua fase final de produção, tivemos o prazer de contar com as críticas e sugestões de Luiz Davidovich, que certamente aperfeiçoaram o resultado do livro.

Nenhum agradecimento seria completo nem faria qualquer sentido sem mencionar aqueles que me trouxeram até aqui e fazem o que quer que seja valer a pena. Ao meu pai, Luis, e minha mãe, Zoé, que apesar de todas as dificuldades sempre priorizaram nossa educação. À minha irmã, Joanna, que sempre soube me trazer para perto, apesar das enormes distâncias. À Regina e à Estela, que tanto me ensinaram a pensar fora da caixa. À minha família alemã, que me aceitou com tanto carinho, Christine, Charles, Sanny e Marie. À Anne, meu porto seguro, companheira das lutas diárias e dos sonhos impossíveis que hora ou outra sempre se realizam. E a Luise e Noah, pelos quais nosso amor e ternura fazem empalidecer até a mais forte das conexões quânticas.

Referências e fontes

As palavras de Lorde Kelvin na p. 26 vêm de seu artigo "Nineteenth century clouds over the dynamical theory of heat and light", *Philosophical Magazine and Journal of Science*, série 6, v. 2, n. 7, jul. 1901.

A história por trás da frase de Planck ao indicar Einstein ao Nobel (p. 47) pode ser lida em Galina Weinstein, "From the Berlin 'Entwurf' field equations to the Einstein tensor 1: October 1914 until beginning of November 1915", arXivLabs, 25 jan. 2012. Disponível em: <https://arxiv.org/ftp/arxiv/papers/1201/1201.5352.pdf>.

O *Essai philosophique sur les probabilités*, de Laplace, citado na p. 59, foi publicado originalmente em 1840 e pode ser facilmente encontrado em diversas edições e idiomas, como *Ensaio filosófico sobre as probabilidades*, Rio de Janeiro: Contraponto, 2010.

O artigo de Niels Bohr citado na p. 100 é "Discussion with Einstein on epistemological problems in atomic physics", incluído em *Niels Bohr Collected Works*, v. 7. Elsevier, 1996.

A citação de Pascual Jordan na p. 202 vem de Max Jammer, *The Philosophy of Quantum Mechanics: The Interpretations of Quantum Mechanics in Historical Perspective*. Nova York: John Wiley and Sons, 1974.

Albert Einstein, Boris Podolsky e Nathan Rosen (o "trio EPR") são citados na p. 104 a partir de seu artigo "Can quantum-mechanical description of physical reality be considered complete?", *Physical Review*, v. 47, n. 10, 1935, p. 777.

As aspas de Erwin Schrödinger na pp. 109-10 foram extraídas de seu "Discussion of probability relations between separated systems", *Proceedings of the Cambridge Philosophical Society*, v. 31, 1935.

A biografia de Bohm citada na p. 116 é a escrita por F. David Peat, *Infinite Potential: The Life and Times of David Bohm*. Reading, MA: Helix Books/ Addison Wesley, 1997, p. 64.

As conhecidas palavras de John Bell reproduzidas na p. 119 podem ser encontradas por exemplo em Adam Becker, *What Is Real?: The Unfinished Quest for the Meaning of Quantum Physics*. Nova York: Basic Books, 2018.

A afirmação de Max Planck sobre novas verdades científicas, citada na p. 134, está em seus *Scientific Autobiography and Other Papers*. Nova York: Philosophical Library, 1950.

A resposta de Philip Ball a Einstein (p. 149) está em seu *Beyond Weird*. Chicago: University of Chicago Press, 2020.

Matthew Leifer é citado na p. 162 a partir de Anil Ananthaswamy, "New quantum paradox clarifies where our views of reality go wrong", *Quanta Magazine*, 3 dez. 2018. Disponível em: <https://www.quanta-magazine.org/frauchiger-renner-paradox-clarifies-where-our-views-of--reality-go-wrong-20181203/>.

A entrevista da qual provêm as palavras de Eric Cavalcanti mencionadas na pp. 162-3, de 24 set. 2020, pode ser ouvida na íntegra em <https://anchor.fm/iif-ufrn/episodes/QubitsQuasares-com-o-Prof-Eric-Cavalcanti-ek4av8>.

A frase de Rolf Landauer na p. 177 dá título a seu artigo: "Information is Physical", *Physics Today*, v. 44, n. 5, 1991, pp. 23-9.

Gilles Brassard relatou seu primeiro contato com Stephen Wiesner (p. 195) em "Brief history of quantum cryptography: A personal perspective", 17 out. 2005. Disponível em: <https://arxiv.org/pdf/quant-ph/0604072.pdf>.

Benjamin Schumacher narra como cunhou o termo "qubit" (p. 211) em "Quantum coding", *Physical Review A*, v. 51, n. 4, abr. 1995.

O conto em que Frigyes Karinthy aventa pela primeira vez a ideia dos "seis graus de separação" foi publicado originalmente em 1929 e é citado na p. 227 a partir da tradução para o inglês, "Chain-links", que pode ser lida em <http://vadeker.net/articles/Karinthy-Chain-Links_1929.pdf>.

As páginas 245-6 citam o clássico de Michael Nielsen e Isaac Chuang, *Quantum Computation and Quantum Information*. Cambridge: Cambridge University Press, 2010, p. 125.

As palavras de Richard Feynman na pp. 253-4 vêm de sua palestra "There's plenty of room at the bottom", proferida em Pasadena em 29 dez. 1959 e disponível em: <https://web.archive.org/web/20170105015142/http://www.its.caltech.edu/~feynman/plenty.html>.

Dowling é citado nas pp. 254 e 266 a partir de seu *Schrödinger's Killer App*. Boca Raton, FL, CRC Press, 2013, pp. 78 e 184.

As aspas de David Deutsch na p. 255 vêm de seu *The Fabric of Reality*. Londres: Penguin Books, 1998.

A analogia dos ictiossauros de Schrödinger (p. 274) vem de seu artigo "Are there quantum jumps?", *The British Journal for the Philosophy of Science*, v. 3, n. 10, ago. 1952.

As citações relativas ao prêmio Nobel de Física dado a Serge Haroche e David Wineland (p. 275) foram retiradas do site oficial da academia sueca e podem ser acessadas em <https://www.nobelprize.org/uploads/2018/06/haroche-lecture.pdf> e <https://www.nobelprize.org/prizes/physics/2012/summary/>.

As palavras de Cirac e Zoller na p. 282 foram citadas a partir de Iulia Georgescu, "Trapped ion quantum computing turns 25", *Nature Reviews Physics*, v. 2, n. 6, 2020.

O artigo mencionado e citado na p. 324 é de Chris Anderson, "The end of theory: The data deluge makes the scientific method obsolete", *Wired Magazine*, v. 16, n. 7, 2008. Disponível em: <https://www.wired.com/2008/06/pb-theory/>.

A citação de Cristian Calude e Giuseppe Longo na p. 326 vem de seu "The deluge of spurious correlations in big data", *Foundations of Science*, v. 22, n. 3, 2017.

Indicações de leitura

A bibliografia sobre a história da mecânica quântica, seus fundamentos e aplicações em informação e computação quântica é vasta. Infelizmente, a grande maioria ainda não está traduzida para o português. As referências a seguir de forma alguma são completas, nem chegam perto de abarcar todo o material utilizado para a pesquisa na escrita deste livro. Devem ser entendidas como um material adicional recomendado por mim para quem quiser se aprofundar ainda mais nos labirintos conceituais da quântica.

Jonathan P. Dowling. *Schrödinger's Killer App: Race to Build the World's First Quantum Computer.* Boca Raton: CRC Press, 2013.

A perspectiva adotada nesse livro de divulgação é bastante interessante. Seu autor foi um dos pioneiros da computação quântica nos Estados Unidos, sendo responsável pelas primeiras conferências sobre o tema e por convencer agências de financiamento a investir em algo que em meados da década de 1990 soava mais como ficção do que como ciência. Misturando memórias pessoais e histórias das maiores descobertas em tecnologias quânticas, é um texto obrigatório para se entender como a computação quântica foi capaz de evoluir tão rapidamente ao longo dos últimos anos.

David Kaiser. *How the Hippies Saved Physics: Science, Counterculture, and the Quantum Revival.* Nova York: W. W. Norton, 2012.

Esse livro de título chamativo é essencial para aqueles que buscam entender como temas que na década de 1970 eram considerados metafísica se converteram em uma das áreas mais quentes de pesquisa e tecnologia do século XXI. A narrativa gira em torno de um grupo de cientistas renegados, membros da contracultura e fascinados por filosofia, misticismo e física quântica. Dessa mistura exótica nasceu, ainda que de forma indireta, um dos teoremas que viriam a modelar o desenvolvimento da informação quântica, o chamado teorema da não clonagem. Abra a sua mente, tire aquela calça boca de sino e a sandália de couro do armário para uma viagem psicodélica ao cerne dos mistérios quânticos.

Michael A. Nielsen; Isaac L. Chuang. *Quantum Computation and Quantum Information*. Cambridge: Cambridge University Press, 2011.

A única obra técnica desta lista foi lançada originalmente em 2001 e logo se tornou um clássico, sendo um dos livros de física mais citados de todos os tempos. Apresenta um panorama geral da computação e da informação quânticas e introduz, nos primeiros capítulos, os conceitos essenciais de álgebra linear, mecânica quântica e ciência da computação. Com essa introdução, qualquer pessoa com alguma aptidão matemática pode navegar por suas páginas sem maiores problemas. Além de discutir em detalhes os principais algoritmos da computação quântica (Grover e Shor), debate as diferentes plataformas físicas para a implementação experimental de computadores quânticos. A segunda parte explora o papel da decoerência e os principais conceitos em teoria da informação quântica. Leitura obrigatória para qualquer um interessado em conhecer mais profundamente as tecnologias quânticas ou trabalhar com elas.

Manjit Kumar. *Quantum: Einstein, Bohr and the Great Debate About the Nature of Reality*. Nova York: W. W., Norton, 2011.

Relato fascinante da história da mecânica quântica e seus fundadores e fundadoras. Com aspectos históricos detalhados, por vezes temos a sensação de ter em mãos algum moderno thriller de ficção científica. O livro oferece a narrativa definitiva acerca de como os cientistas do começo do século XX, ainda que relutantes, foram obrigados a aceitar a realidade quântica fundamental.

Philip Ball. *Beyond Weird: Why Everything You Thought You Knew about Quantum Physics Is Different*. Chicago: University of Chicago Press, 2018.

Gatos vivos e mortos "ao mesmo tempo", partículas fantasmagóricas que atravessam paredes, partículas emaranhadas que parecem se comunicar telepaticamente entre si são alguns dos estranhos relatos que nos chegam ao lermos sobre mecânica quântica. Por isso mesmo, a quântica é tão deturpada e tornou-se figurinha fácil no discurso de qualquer pseudocientista. Focando nos temas mais controversos da teoria, o autor busca desmistificá-los, ainda que a estranheza quântica nunca possa ser afastada por completo.

Anil Ananthaswamy. *Through Two Doors at Once: The Elegant Experiment That Captures the Enigma of Our Quantum Reality*. Boston: Dutton, 2018.

Como dito pelo insigne Richard Feynman certa vez, "o experimento da fenda dupla contém o coração da mecânica quântica. Na realidade, ele contém o único mistério da física quântica". Tendo essa premissa em mente, o livro discorre sobre a história da quântica e seus conceitos mais fundamentais, usando o famoso experimento como guia. O mesmo autor escreveu um artigo de divulgação bastante acessível, que pode ser encontrado no site da *Quanta Magazine*, sobre um resultado de meu grupo de pesquisa, no qual fazemos uma análise causal do experimento da fenda dupla. Disponível em: <https://www.quantamagazine.org/closed-loophole-confirms-the-unreality-of-the-quantum-world-20180725/>.

Cronologia

1800

William Herschel descobre a parte infravermelha do espectro luminoso.

1801

Thomas Young realiza seu famoso experimento da fenda dupla, prova cabal da natureza ondulatória da luz.

1860

Gustav Kirchhoff introduz o conceito de corpo negro.

1865

James Clark Maxwell propõe sua teoria eletromagnética, que mostra, entre outras coisas, que a luz é um fenômeno eletromagnético.

1878

Thomas Edison inventa a lâmpada elétrica.

1887

Albert Michelson e Edward Morley publicam seus resultados negativos sobre a existência do éter luminífero, passo importante para motivar a teoria da relatividade de Einstein.

Heinrich Hertz prova a existência das ondas eletromagnéticas previstas por Maxwell.

1895

Wilhelm Röntgen descobre os raios x.

1896

Wilhelm Wien publica sua lei para a radiação do corpo negro.

1897

Joseph J. Thomson descobre o elétron.

1900

A não validade da lei de Wien é confirmada na região infravermelha.

Max Planck anuncia sua nova lei, baseada na quantização da energia, para explicar a radiação do corpo negro.

Lorde Rayleigh mostra que a física clássica leva à catástrofe do ultravioleta, evidenciando sua incapacidade de explicar a radiação do corpo negro.

1902

Philipp Lenard observa pela primeira vez o efeito fotoelétrico, fenômeno que não podia ser compreendido com uma teoria ondulatória da luz.

1905

Albert Einstein publica seu artigo sobre os quanta de luz e o efeito fotoelétrico. Logo depois publica o trabalho sobre o movimento browniano, uma forte evidência para a teoria atômica da matéria, seguido do artigo sobre relatividade especial.

1911

Ernest Rutherford descobre o núcleo atômico.

Wilhem Wien recebe o prêmio Nobel de Física por suas descobertas sobre a radiação do corpo negro.

Heike Onnes descobre a supercondutividade.

1913

Niels Bohr apresenta sua nova teoria atômica.

1914

Um experimento com vapor de mercúrio confirma a teoria de Bohr e os saltos quânticos entre os diferentes níveis de energia.

1915

Einstein publica suas equações de campo, que estão no cerne da relatividade geral.

1916

Arnold Sommerfeld propõe sua teoria para a estrutura fina das linhas espectrais do hidrogênio.

1918

Planck recebe o prêmio Nobel de Física pela explicação quântica para a radiação do corpo negro.

1920

Sommerfeld introduz um quarto número quântico para explicar as linhas espectrais do hidrogênio. Mais tarde esse quarto número viria a se tornar o spin eletrônico.

Bohr e Einstein se encontram pela primeira vez em Berlim.

1921

Einstein recebe o prêmio Nobel de Física pela explicação do efeito fotoelétrico.

1922

Bohr recebe o prêmio Nobel de Física por suas descobertas sobre o mundo atômico.

1923

Arthur Compton publica seus resultados do espalhamento de raios x, comprovação experimental dos quanta de luz de Einstein.

Louis de Broglie propõe as ondas de matéria e a dualidade onda-partícula.

1925

Wolfgang Pauli descobre o princípio da exclusão.

É publicado o primeiro artigo de Werner Heisenberg sobre a mecânica quântica matricial.

Samuel Goudsmit e George Uhlenbeck propõem o conceito do spin quântico (inicialmente desenvolvido por Ralph Kronig, mas nunca publicado).

Erwin Schrödinger deriva a equação de onda que leva seu nome.

1926

Schrödinger mostra que sua equação pode reproduzir os níveis energéticos do átomo de hidrogênio, primeiro grande feito de sua teoria.

É publicado o artigo do trio Werner Heisenberg, Max Born e Pascual Jordan com a estrutura matemática da mecânica quântica matricial.

O primeiro artigo de Schrödinger sobre a mecânica quântica ondulatória vem a público, seguido, nos meses posteriores, por vários outros, em particular o que mostrava que as versões ondulatória e matricial eram equivalentes.

Born propõe sua interpretação probabilística para a função de onda.

1927

Clinton Davisson e Lester Germer usam a difração de elétrons para provar que a dualidade onda-partícula também se aplica à matéria.

Heisenberg publica o artigo em que apresenta o princípio da incerteza.

Bohr apresenta o princípio da complementaridade, que mais tarde se tornaria central na interpretação de Copenhague da mecânica quântica.

O famoso debate entre Einstein e Bohr sobre os fundamentos da mecânica quântica tem começo durante a conferência de Solvay, em Bruxelas.

Compton ganha o prêmio Nobel de Física por seu experimento de 1923.

1929

De Broglie recebe o prêmio Nobel de Física pela descoberta da dualidade onda-partícula.

1931

Kurt Gödel publica seu teorema da incompletude.

1932

John von Neumann publica seu famoso livro com a estrutura matemática da mecânica quântica. O livro contém uma prova da não possibilidade de se explicar os fenômenos quânticos através de variáveis ocultas, resultado que seria posto em xeque mais tarde por David Bohm.

Heisenberg recebe o prêmio Nobel de Física pela elaboração da mecânica quântica matricial.

1933

Paul Dirac e Schrödinger compartilham o prêmio Nobel de Física por suas versões alternativas (e equivalentes à de Heisenberg) da teoria quântica.

1935

É publicado o famoso artigo de Albert Einstein, Boris Podolsky e Nathan Rosen (EPR) argumentando sobre a incompletude da mecânica quântica.

Schrödinger traz à luz seu famoso gato, ilustrando a estranheza quântica em escalas macroscópicas.

1936

Alonzo Church e Alan Turing introduzem a definição moderna do que é um algoritmo.

Turing divulga o chamado problema da parada e o usa para mostrar que nem todas as questões matemáticas são computáveis.

1945

Pauli recebe o prêmio Nobel de Física pela descoberta do princípio da exclusão.

1948

Claude Shannon publica seu artigo sobre uma teoria matemática da informação e da comunicação.

1951

No Brasil, fundação do CNPq, Conselho Nacional de Desenvolvimento Científico e Tecnológico, e da Capes, Coordenação de Aperfeiçoamento de Pessoal de Nível Superior.

1952

David Bohm publica dois artigos em que demonstra a possibilidade de explicar a teoria quântica através de uma teoria não local de variáveis ocultas. Born recebe o prêmio Nobel de Física por sua proposta da interpretação probabilística da função de onda.

1957

Hugh Everett III introduz a interpretação de muitos mundos da mecânica quântica.

1959

László Erdős e Alfred Rényi propõem seu modelo de redes apresentando o comportamento de mundo pequeno.

1961

Eugene Wigner expõe seu experimento imaginário ilustrando o problema da medição.

Rolf Landauer publica um artigo investigando o papel de leis físicas na computação.

1963

Stanley Milgram publica seus resultados de experimentos sobre obediência à autoridade.

1964

John Bell publica o famoso teorema mostrando que a mecânica quântica é não local.

1965

Gordon Moore enuncia sua famosa observação sobre o crescimento exponencial do nosso poder de computação.

1966

O artigo de Bell mostrando as falhas da prova de impossibilidade de Von Neumann de 1932 é finalmente publicado.

1967

Milgram anuncia seus resultados experimentais sobre redes de mundo pequeno.

1969

John Clauser, Michael Horne, Abner Shimony e Richard Holt desenvolvem uma nova desigualdade mais apropriada para testes experimentais do teorema de Bell.

No Brasil, instituição do FNDCT, Fundo Nacional de Desenvolvimento Científico e Tecnológico.

1972

John Clauser e Stuart Freedman publicam a primeira violação experimental de uma desigualdade de Bell, provando assim a incompatibilidade da natureza com o realismo local.

1973

Alexander Holevo publica seu artigo explorando o poder comunicacional da mecânica quântica.

1974

Stephen Hawking anuncia sua descoberta de que buracos negros podem evaporar.

1978

John Wheeler propõe sua primeira versão dos experimentos de escolha atrasada, ilustrando a ineficácia de se tentar explicar fenômenos quânticos através dos conceitos de onda e partícula.

1981

Carlton Caves prova que é possível ultrapassar o limite quântico padrão. É o surgimento da metrologia quântica.

1982

Alain Aspect publica o teste experimental da violação de uma desigualdade de Bell, fechando algumas das brechas dos experimentos anteriores. Seu experimento é considerado a primeira prova sólida da não localidade quântica.

Paul Benioff publica o artigo sobre a máquina de Turing quântica.

Richard Feynman revela ao mundo sua ideia sobre os simuladores quânticos.

Nick Herbert publica o errôneo artigo com o protocolo Flash para comunicação superluminal.

William Wooters e Wojciech Zurek demonstram o teorema da não clonagem.

Charles Bennett e Gilles Brassard produzem o primeiro artigo a falar de criptografia quântica.

1983

É publicado o artigo de Stephen Wiesner sobre dinheiro quântico.

1984

Introdução do protocolo BB84 para a criptografia quântica.

1985

David Deutsch apresenta o computador quântico, mostrando sua maior eficiência em alguns problemas matemáticos.

Asher Peres propõe o primeiro código quântico de correção de erros.

1989

Com a ajuda de outros colaboradores, Bennett e Brassard realizam a primeira prova experimental de seu protocolo de criptografia quântica.

1991

Arthur Ekert publica artigo argumentando que a violação de uma desigualdade de Bell poderia ser usada para garantir a segurança da criptografia quântica.

1992

Deutsch e Richard Jozsa generalizam o algoritmo de Deutsch e mostram um ganho exponencial do processamento quântico de informação.

Bennett e Wiesner publicam seus resultados sobre o código superdenso.

1993

Bennett, Brassard e colaboradores propõem a teleportação quântica.

Em seguida, Ekert e colaboradores propõem a teleportação do emaranhamento.

1994

Peter Shor publica seu algoritmo eficiente para fatoração em números primos.

1995

Ignacio Cirac e Peter Zoller mostram como emaranhar dois íons aprisionados.

Peter Shor generaliza o código de Peres e mostra que qualquer erro quântico pode ser corrigido.

Ben Schumacher propõe a generalização quântica dos trabalhos de Shannon sobre a teoria da informação.

1996

O algoritmo de Grover é descoberto.

Peter Shor prova que a computação quântica tolerante a falhas é possível, resultado que seria generalizado e formalizado mais tarde no teorema do limiar quântico.

1997

A ressonância magnética nuclear é proposta como alternativa para a construção de um computador quântico.

São realizados os primeiros experimentos de teleportação quântica da luz.

1998

Duncan Watts e Steven Strogatz propõem seu modelo de rede capaz de reproduzir a agregação de redes reais.

1999

Réka Albert e Albert Barabási introduzem seu modelo de uma rede livre de escala.

2001

No Brasil, é estabelecido o Instituto do Milênio de Informação Quântica, a primeira iniciativa nacional na área.

O modelo KLM para a computação quântica fotônica é proposto por Emanuel Knill, Raymond Laflamme e Gerard J. Milburn.

2003

Zurek e colaboradores propõem o darwinismo quântico para explicar a transição entre os mundos clássico e quântico.

2007

A criptografia quântica é usada para garantir a segurança das eleições em Genebra, na Suíça.

2009

Anne Broadbent e colaboradores propõem a computação quântica às cegas.

Grupo da Google usa a máquina quântica da D-Wave para identificar fotos de carros.

2010

Fótons emaranhados nas ilhas espanholas de La Palma e Tenerife são usados para violar uma desigualdade de Bell.

Vadim Makarov e seu grupo hackeiam um sistema comercial de criptografia quântica.

2011

A D-Wave lança o que chama de "o primeiro computador quântico comercial do mundo", usando um conjunto de chips com 128 qubits supercondutores.

2012

É publicado o teorema mostrando que a função de onda não pode ser interpretada estatisticamente.

2014

Experimento na Áustria realiza o chamado imageamento fantasma baseado no emaranhamento quântico.

A teleportação quântica quebra a barreira dos 100 km, com a luz quântica teleportada entre duas ilhas espanholas.

2015

Os primeiros testes de Bell livres de brechas são realizados, provas cabais da não localidade quântica.

2016

Teleportação quântica é realizada usando fibras ópticas de uma rede metropolitana de comunicação.

O satélite chinês Micius consegue compartilhar fótons emaranhados entre distâncias de mais de mil quilômetros.

A IBM lança o Quantum Experience, com o qual qualquer usuário conectado à internet pode controlar seus computadores quânticos.

Um algoritmo exponencialmente mais rápido que os algoritmos clássicos é proposto para o problema da Netflix (descobrir o que recomendar aos usuários baseado em suas escolhas anteriores de filmes e séries).

O Ligo anuncia a descoberta de ondas gravitacionais.

2017

Usando a máquina da D-Wave, pesquisadores mostram que o anelamento quântico pode ser vantajoso na análise dos dados de colisões de partículas.

2018

É realizado experimento de Bell utilizando fótons de quasares.

Daniela Frauchiger e Renato Renner exploram o problema da medição para argumentar que a mecânica quântica seria inconsistente quando aplicada em larga escala.

Encontra-se uma solução clássica inspirada pela quântica para uma resolução mais eficiente do problema da Netflix.

2019

A Google atinge a supremacia quântica usando seu chip quântico Sycamore, de 53 qubits.

Lockheed Martin lança o Dark Ice, um magnetômetro quântico para navegação e geolocalização.

2020

O Satélite chinês Micius é usado para estabelecer uma chave criptográfica segura em distâncias superiores a mil quilômetros.

2021

A China anuncia uma rede quântica de comunicação cobrindo distâncias de mais de 4 mil quilômetros, através da integração de satélites e estações em terra.

Também na China, drones são usados para estabelecer canais quânticos de comunicação entre estações separadas por um quilômetro de distância.

Grupo de pesquisa de Singapura emaranha um tardígrado e um qubit supercondutor.

Glossário

Algoritmo de Deutsch-Josza: O primeiro algoritmo quântico a mostrar uma vantagem exponencial em relação ao melhor algoritmo clássico, ainda que para um problema sem utilidade prática, no qual a tarefa é distinguir se uma dada função matemática é constante ou balanceada.

Algoritmo de Grover: Algoritmo quântico para a busca em listas desordenadas e que oferece uma vantagem quadrática sobre algoritmos clássicos.

Algoritmo de Shor: Algoritmo quântico capaz de fatorar um número em tempo polinomial, mostrando assim uma vantagem exponencial sobre o melhor algoritmo clássico conhecido. Uma de suas aplicações é quebrar a segurança da criptografia baseada no protocolo RSA.

Aprendizagem de máquina: Ao contrário do paradigma usual, no qual dizemos como o computador deve calcular os dados de entrada para chegar à sua resposta final, na aprendizagem de máquina esta usa os próprios dados de entrada para descobrir o algoritmo necessário para realizar a computação.

Caixa de Popescu-Rohrlich: Dispositivo fictício que gera correlações entre partes distantes ainda mais fortes que as permitidas pela mecânica quântica, mas ainda assim respeitando a teoria da relatividade.

Ciência de redes: Área de pesquisa focada nas propriedades estatísticas de sistemas dinâmicos e complexos. Do ponto de vista das redes, o que importa não são as características individuais, mas sim o comportamento coletivo que emerge a partir dos seus constituintes.

Colapso da função de onda: Uma das consequências da regra de Born, implicando que, após uma medição, a função de onda sofre uma evolução irreversível e descontínua, indo de uma superposição de estados para um único estado bem definido.

Computação quântica às cegas: Espécie de computação na nuvem, na qual os cálculos são realizados por um computador quântico central que não conhece nem os cálculos a serem realizados nem os dados de entrada — e ainda assim consegue garantir que executou com sucesso o cálculo prometido.

Correção quântica de erros: Uso de códigos para mitigar em sistemas quânticos os ruídos decorrentes da decoerência e assim poder usar esses sistemas em um computador quântico.

Criptografia quântica: Com diferentes versões, baseadas em distintos fenômenos quânticos como a não clonagem ou a não localidade quântica, essa criptografia é fundamentalmente segura. A não ser que um hacker viole as próprias leis da física, temos a garantia de que ele ou não poderá acessar nossa informação, ou será detectado quando tentar fazê-lo.

Darwinismo quântico: Teoria que explica por que nossos aparatos de medição detectam estados bem definidos, como baixo ou cima, e não superposições, como baixo e cima simultaneamente.

Decoerência: A interação do sistema com o ambiente que o circunda rapidamente apaga todas as suas propriedades quânticas, que passam a estar deslocalizadas nas correlações entre sistema e ambiente. É a explicação mais amplamente aceita para o fato de não observarmos fenômenos quânticos na escala macroscópica.

Dualidade onda-partícula: Princípio proposto por De Broglie e que implica que o mesmo sistema físico pode se comportar tanto como onda quanto como partícula, dependendo do aparato experimental usado para observá-lo.

Efeito fotoelétrico: Uma das consequências da interação entre a luz e a matéria, na qual a radiação eletromagnética incidente em um metal é capaz de gerar uma corrente elétrica. Esse efeito por trás da geração elétrica de energia solar foi também responsável por que Einstein introduzisse a ideia de que a luz seria composta de partículas chamadas fótons.

Efeito Zeeman: Aplicando-se um campo magnético a um átomo, percebe-se que suas linhas espectrais se multiplicam, efeito que só pode ser explicado corretamente através da invenção de um novo número quântico, o chamado spin.

Emaranhamento: Uma das características mais fundamentais da teoria quântica. Implica que, mesmo que saibamos tudo sobre um sistema de muitas partículas, ainda assim teremos incerteza sobre seus constituintes — afinal, o todo é mais que a soma de suas partes.

Equação de Schrödinger: Um dos postulados da mecânica quântica (não relativística) e que descreve como a função de onda evolui no tempo.

Experimento da escolha atrasada: Proposto por Wheeler, é uma variação do experimento da fenda dupla no qual a escolha sobre medir as características corpusculares ou ondulatórias de um sistema físico se dá apenas após esse sistema ter atravessado as duas fendas.

Experimento da fenda dupla: Experimento onipresente na física clássica e quântica no qual sistemas físicos são enviados através de duas fendas antes de serem medidos. A observação de um padrão de interferência é prova cabal do caráter ondulatório do sistema físico sob observação.

Experimento de Stern-Gerlach: Experimento no qual os spins eletrônicos são desviados por uma força magnética. Responsável por provar a quantização do spin.

Experimentos imaginários: Experimentos que, através da lógica e da matemática, mostram os aspectos fundamentais e por vezes contraditórios de uma teoria física.

Função de onda: Objeto matemático que, de acordo com um dos postulados da mecânica quântica, contém todas as propriedades observáveis de um sistema físico.

Gato de Schrödinger: Experimento imaginário que mostra a estranheza de explorarmos fenômenos quânticos na escala do nosso dia a dia. Devido ao emaranhamento com um sistema quântico, o gato pode estar em uma superposição de dois estados mutuamente exclusivos, vida e morte.

Gravitação quântica: Junção ainda incompleta e puramente teórica entre as duas grandes teorias físicas. De um lado a teoria da relatividade geral, descrevendo fenômenos em largas escalas. Do outro a mecânica quântica, descrevendo acuradamente o mundo microscópico.

Imageamento fantasma: Usando um par de fótons emaranhados, podemos observar um objeto físico medindo uma luz que nunca interagiu diretamente com esse objeto.

Indeterminismo quântico: A ideia de que, mesmo que saibamos tudo que há para saber sobre um sistema quântico (ou seja, mesmo se conhecemos sua função de onda), ainda assim só poderemos fazer predições probabilísticas do que observaremos ao realizar um experimento.

Internet quântica: Um novo tipo de rede, já em construção (ainda que em pequena escala), no qual, ao contrário da internet atual, as conexões entre os dispositivos serão capazes de enviar qubits (informação quântica), ao invés de somente bits (informação clássica).

Limite quântico de Heisenberg: Fenômenos quânticos como o emaranhamento nos permitem ir além do limite quântico padrão e ter um ganho quadrático na precisão de medições. Essencial para o bom funcionamento de sensores quânticos.

Limite quântico padrão: A lei dos grandes números implica esse limite para a precisão com a qual podemos medir uma quantidade física.

Não comutação: Uma propriedade que implica que duas quantidades físicas não podem ser observadas de forma simultânea. Matematicamente, implica que a ordem do produto dessas quantidades importa: o produto *A* x *B* é diferente de *B* x *A*.

Números quânticos: Números que descrevem as órbitas de um elétron ao redor do núcleo atômico e são essenciais para se explicar as propriedades químicas dos elementos.

O experimento do amigo de Wigner: Experimento imaginário que traz à tona o problema da medição. Se Wigner usar a mecânica quântica para descrever seu amigo e a medição que este faz de um sistema quântico, a descrição será distinta daquela obtida pelo seu amigo ao usar a mesma quântica para descrever sua medição. Ou seja, a mecânica quântica parece ser inconsistente na descrição do seu próprio uso como teoria.

Paradoxo da perda de informação: Uma das regras básicas da quântica é a de que todos os processos devem ser fundamentalmente reversíveis. Mas, aplicada a um buraco negro, a teoria quântica parece implicar que alguns fenômenos são irreversíveis.

Paradoxo EPR: Experimento imaginário proposto por Einstein, Podolsky e Rosen que mostraria a aparente incompletude da mecânica quântica, isto é, o caráter probabilístico da teoria seria dissipado uma vez que tivéssemos uma descrição além daquela fornecida pela função de onda.

Postulados da mecânica quântica: Conjunto de regras matemáticas que regem o comportamento de qualquer sistema quântico.

Princípio da complementaridade: Enunciado por Bohr, implica que os aspectos corpusculares e ondulatórios de matéria e radiação não são contraditórios; muito ao contrário, são aspectos complementares de uma mesma realidade física.

Princípio da incerteza: Provado por Heisenberg, mostra que a teoria quântica prevê que algumas propriedades de sistemas físicos não podem ser completamente bem definidas ao mesmo tempo, tal como a velocidade e a posição de um elétron.

Princípio da superposição: Uma das consequências dos postulados da mecânica quântica, implica que uma partícula quântica pode estar em dois estados distintos sem na verdade ser nem um nem outro, como um spin que está em uma superposição de apontar para cima e para baixo. De forma mais precisa, a superposição implica que, mesmo que saibamos tudo o que há para saber sobre o sistema em questão, os possíveis resultados de uma medição nesse sistema permanecem indeterminados até que de fato uma medição seja realizada.

Problema da recomendação: Também conhecido como problema da Netflix. Temos uma base de dados parcialmente preenchida, por exemplo usuários da Netflix e a quais filmes eles gostaram ou não de assistir. Com base nessa informação devemos preencher os dados faltantes e, assim, recomendar títulos a que os usuários muito provavelmente gostarão de assistir.

Problemas de amostragem aleatória: Problemas nos quais o objetivo é reproduzir o padrão de medições de um dado circuito quântico aleatório. Mais especificamente, o objetivo é reproduzir a distribuição de probabilidades das medições realizadas após a aplicação de um circuito quântico conhecido. Não têm aplicações realmente práticas conhecidas, mas são amplamente usados como um teste de supremacia quântica.

Protocolo de teleportação: Mostra como um par de partículas emaranhadas compartilhadas entre partes distantes pode ser usado para o envio de informação quântica. Por exemplo, a informação quântica contida em um átomo pode ser transmitida para seu destinatário sem que o átomo de fato precise ser enviado fisicamente.

Qubits supercondutores: Os qubits mais amplamente utilizados para a construção de computadores quânticos hoje. Em sua versão mais promissora, a informação quântica é codificada na presença ou não de carga em um circuito elétrico supercondutor.

Radiação de corpo negro: A radiação eletromagnética emitida por qualquer corpo aquecido e que se torna visível aos olhos humanos a partir de certas temperaturas, por exemplo um carvão em brasa. Fenômeno que levou Max Planck a chegar à ideia da quantização.

Radiação Hawking: Efeito quântico na fronteira de um buraco negro implicando que, ao contrário das previsões clássicas, um buraco negro deveria perder massa e eventualmente desaparecer.

Redes de mundo pequeno: Redes nas quais o número de conexões necessárias para se conectar quaisquer dois nós da rede é muito menor que o tamanho da rede. Matematicamente, o menor caminho médio escala logaritmicamente com o tamanho da rede.

Redes livres de escala: Redes nas quais os nós não têm um número característico de conexões. A maior parte dos nós da rede tem poucas conexões, mas um número ainda significativo de nós pode ter inúmeras conexões. Ou seja, são redes com a presença de hubs.

Regra de Born: Um dos postulados da mecânica quântica, responsável por conectar os objetos matemáticos da teoria com o que de fato observamos em um experimento, resultados de medição em um detector. Em particular implica o colapso da função de onda.

Saltos quânticos: Conceito introduzido por Bohr no qual os elétrons só podem ocupar algumas órbitas em torno do núcleo atômico e transacionar entre elas de forma descontínua, quer dizer, através de saltos.

Spin: Uma espécie de bússola magnética quântica, propriedade intrínseca das partículas fundamentais e sem um análogo clássico.

Supremacia quântica: Um limiar já ultrapassado, no qual máquinas quânticas são capazes de resolver alguns problemas muito mais rapidamente que computadores clássicos, mesmo os supercomputadores.

Teleportação do emaranhamento: Caso em que não somente a informação quântica de uma partícula mas também seu emaranhamento com uma outra partícula distante são teleportados.

Teorema da não clonagem: Afirma que, ao contrário da informação clássica, bits 0s e 1s, a informação quântica, composta por superposições, os qubits, não pode ser copiada.

Teorema de Bell: Resultado revolucionário, passível de ser demonstrado em laboratório, mostrando que a teoria quântica é incompatível com uma teoria de variáveis ocultas locais. Se assumirmos as hipóteses da localidade e do livre-arbítrio, o teorema de Bell tem como uma de suas consequências o indeterminismo quântico fundamental.

Teorema PBR: Afirma que, se existe uma realidade fundamental, independente de uma medição ser ou não realizada, então a função de onda é um objeto físico real, e não apenas um objeto matemático e epistêmico.

Teoremas da incompletude: Provados por Gödel, o primeiro teorema mostra que não existe nenhum conjunto consistente de axiomas capaz de provar alguns fatos sobre os números naturais. O segundo teorema demonstra que nem mesmo a própria consistência de um conjunto de axiomas pode ser comprovada.

Teoria da relatividade: Proposta por Einstein, implica a interconexão entre o espaço e o tempo, tendo como base o postulado de que a velocidade da luz é uma constante universal.

Teoria de muitos mundos: Proposta por Everett, essa interpretação da mecânica quântica implica que sempre que uma medição é realizada o universo se ramifica. Se um spin estava em uma superposição antes da medição, depois dela haverá um universo em que o spin aponta para cima e outro universo, paralelo e desconectado do primeiro, onde ele apontará para baixo.

Tese de Church-Turing-Deutsch: Fusão entre a física e a ciência da computação, define o significado de algo ser computável via um algoritmo: computável é aquilo que a natureza nos permite fazer.

Créditos das imagens

p. 65: Dr. Tonomura and Belsazar/ Wikimedia Commons
p. 79: Science Museum/ SSPL/ Age Fotostock / Easypix Brasil
p. 99: Alamy/ Fotoarena
p. 120: CERN/ Science Photo Library/ Fotoarena
p. 128: Courtesy of Berkeley Lab Foundation
p. 153: Eye of Science/Science Photo Library/ Fotoarena
p. 279: Zuma Press / Easypix Brasil
p. 285: Erik Lucero

ESTA OBRA FOI COMPOSTA POR MARI TABOADA EM DANTE PRO E
IMPRESSA EM OFSETE PELA GRÁFICA BARTIRA SOBRE PAPEL PÓLEN SOFT
DA SUZANO S.A. PARA A EDITORA SCHWARCZ EM AGOSTO DE 2022